创造历史的时尚法则：着装规范
Dress Codes:
How the Laws of Fashion Made History

U0184590

[美] 理查德·汤普森·福特（Richard Thompson Ford）著
曾早垒 赵蔚嵋 李雪婷 译

重庆大学出版社

时尚是一种即时语言。

——缪西娅·普拉达

重要着装规范和
历史事件时间轴

1516年: 托马斯·莫尔发
表著作《乌托邦》

1517年: 马丁·路德发布
《九十五条论纲》

1509年: 亨利八世继承王位

1521年: 马丁·路德在
沃尔斯姆帝国会议上被
谴责为异端

1510年: 通过《禁止穿着昂
贵服装法》

第一批欧洲反奢
侈法律颁布
第一批大学成立

1431年: 圣女贞
德因异端罪名受
审并被处决

时尚的诞生

1200年　　1300年　　1400年　　1500年

缝纫技术的引进
丝绸之路的开通
汉萨同盟的兴起
反奢侈法律的传播

新教改革

1529年: 巴尔达萨
雷·卡斯蒂利奥奈发
表《朝臣之书》，创造
了"刻意疏忽"一词

1401年: 博洛尼亚禁止女性佩戴黄金和珠宝，或使
用丝绸和天鹅绒

科西莫·德·美第奇称两码红布就能造就一位绅士

1534年:《至尊法案》
将英国教会从罗马天
主教会中脱离出来

1416年:"阿利格拉"因违反犹太
妇女必须佩戴耳环的法律而被捕

反宗教改革

1423年: 贝纳迪诺修士将与犹太
人交往的行为视为"重罪"

1545年: 特利腾大公会议召开

1427年: 贝纳迪诺修士将"虚荣"
视为"妓女的标志"

1599年: 莎士比亚在《哈姆雷特》中写道:"衣着常显人品。" 波斯骑兵将高跟鞋引入欧洲

1670年: 路易十四颁布法令,要求红底鞋仅限于宫廷穿着

1675年: 法国女裁缝行会成立

1689年: 英国《权利法案》废除君主专制

亚历山大·蒲柏谴责穿高跟鞋的男性:"别在我们中间,还是长高点吧!"

1668年: 英国光荣革命; 威廉和玛丽共同继承英国王位

1722年: 本杰明·富兰克林谴责"服装的虚荣炫耀" 富兰克林的时尚席卷巴黎

1558年: 伊丽莎白一世成为英国女王

1735年和1740年:《黑奴法》禁止黑人奴隶穿着"超出其地位"的服装

1600年   1700年

慈善修女会的修女服佩有白布帽

1643年: 路易十四成为法国国王

1746年: 英国《格纹法》禁止在苏格兰区域内穿戴高地服饰

1649年: 路易十四、查理一世被处决, 奥利弗·克伦威尔建立英格兰共和国

1756年: 英法七年战争开始; 军官们带着香水、胭脂、粉扑和睫毛刷上战场 德昂骑士加入路易十五国王情报机构

1660年: 英国斯图亚特王朝复辟 英国查理二世穿着高跟鞋

男性时尚大摒弃

1774年: 路易十六成为法国国王

1775年: 尤斯图斯·默泽尔在奥斯纳布吕克地区倡导穿着国家统一服装

1776年：《独立宣言》

1789年：法国大革命

1791年：塞缪尔·西蒙·维特反对丹麦国家统一服装

1793年：法国宣布着装自由

博·布鲁梅尔吸引伦敦的上流社会帕台农神庙大理石在伦敦展出，激发新古典主义

1856年：美国成立服装改革协会

1851年：灯笼裤热潮席卷美国

1932年："松散下垂的服装象征着松懈软弱的种族……"

1920年：弗朗西斯·斯科特·菲茨杰拉德发表小说《伯妮斯剪发》

1920年：美国宪法第十九条修正案保障了女性选举权

1914—1918年：第一次世界大战爆发

1888年：英国成立理性着装协会

1800年

1900年

1844年：里贾纳诉惠特克一案要求英国出庭律师佩戴司法假发

1848年：俄亥俄州哥伦布市禁止穿着异性服装

查尔斯·弗莱德里克·沃斯成为首批现代时装设计师之一

1863年：颁布《解放黑人奴隶宣言》

1782年：废除《格纹法》

卢梭在《爱弥儿》中写道："针和剑不能由同一双手来挥舞。"

1783年：美国独立战争结束《巴黎条约》确立美利坚合众国的独立

1871年：《纽约时报》认为高跟鞋体现虚荣心，这证明女性不适合参加选举或担任政治职务

1922年：美国计算机服务公司（NCR）禁止穿戴时髦服装

1929年：建立男装改革党

1943 年: 阻特装骚乱

1992 年: 克里斯提·鲁布托开始在高级时装鞋中使用红色鞋底 面对多起商标诉讼,达珀·丹关闭了其著名的哈莱姆专卖店

2019 年: 高盛采取了"灵活"的着装规范

2018 年: 古驰 X 达珀·丹联名系列推出

1965 年:《马尔科姆·艾克斯自传》出版

1966 年: 斯托克利·卡迈克尔发表"我们需要黑人权力"的演讲

2013 年: 科技公司 CEO 拍了旁边一位穿高跟鞋女性的照片,在 Twitter 上发表,并配文"不需要大脑"

2014 年: 彼得·蒂尔:"永远不要投资那些穿着西装的科技公司 CEO。"

1979 年: 伊朗革命

2008 年: 参议员贝拉克·奥巴马:"兄弟们穿好自己的裤子。"

1950 年

2000 年

1957 年: E.富兰克林·弗雷泽出版《黑人资产阶级》

2004 年: 从法国"头巾事件开始",禁止在公立学校使用"明显的宗教标志"

1963 年: 安妮·穆迪坐在伍尔沃斯的午餐柜台前 **华盛顿举行工作与自由游行**

1963 年: 格洛丽亚·斯泰纳姆出版《兔女郎的故事》,刊登在花花公子俱乐部的简介上

2007 年: 坎耶·韦斯特说:"我穿着粉色 Polo 衫很好看。"

1969 年: 爱之夏

1970 年: 汤姆·乌尔夫出版《激进的时尚》

2009 年: 莫尔豪斯学院着装规范争议

2009 年: 埃琳娜·卡根成为第一位女性副总检察长

2011 年: 鲁布托获得红底鞋的独家商标权

引言

根据1797年1月16日伦敦版的《泰晤士报》(*The Times*)，河岸街的服装商约翰·赫瑟林顿 (John Hetherington) 因被指控破坏治安和煽动骚乱而被提审，并因以下罪行而被要求缴纳500英镑的保证金：

> 有证据表明，赫瑟林顿先生……出现在公路上，头上戴着一顶他所谓的"丝质帽子"（这是证据），这是一顶高高的帽子，带着光泽，可以吓唬胆小的人。事实上，政府官员表示，有几名妇女被赫瑟林顿不寻常的打扮吓晕了，孩子们也尖叫起来，狗也汪汪叫着，某位年轻人被聚集起来的人群推倒在地，右臂骨折。由于这些原因，赫瑟林顿被卫兵抓住，并被带到市长大人面前。

　　赫瑟林顿先生和他的帽子违反了什么规定？是成文规定还是默许规定？但无论是成文的还是默许的，显然所有人都知道这一规定。高高的圆柱形帽子早在18世纪晚期之前就十分常见了。例如，17世纪中期的清教徒就戴着一顶黑色毡帽，连现在美国的小学生都知道这是"五月花"号朝圣者的头饰。而在赫瑟林顿先生被捕后的短短30年里，这种高顶礼帽就成为古板而自满的富豪象征，在市面上有"奥赛""惠灵顿"和

"摄政王"等别称。是什么着装规范让当时的人们将佩戴高顶礼帽解读为某种挑衅、"蓄意恐吓"、应受到法律制裁的行为？这种着装规范如今对我们来说晦涩难懂，而我们只能对其进行猜测，因为关于赫瑟林顿案件的记录仅存在于那篇简短的报纸专栏文章中。

帽子引起骚乱这种事情并不是第一次发生，也不会是最后一次。例如，在1922年臭名昭著的"草帽暴乱"中，纽约市的抢劫团伙暴力地实施了某项规定，即自9月15日起任何人不得佩戴草帽。他们将路人头上的"违规"帽子打掉，踩在脚下，并用长矛刺穿帽子。暴乱席卷了从布朗克斯区到炮台区的整个城市。一千多名想要成为"时尚警察"的人聚集在阿姆斯特丹大道的住宅区，袭击佩戴草帽的路人，而在市中心，自发的"治安人员"与试图保护自己帽子的市民发生了冲突，截断了曼哈顿大桥上的交通。

有人可能会认为，这些着装上的限制和规定基本上已经成为过去：曾经无处不在的西装和领带，几乎已属于历史上的服装了，更不用说优雅正式的帽子了。不过，尽管着装规范看起来像是一种复古，但如果要说有什么变化的话，则是规范变得越来越受重视。例如，在1999年至2000年，46.7%的美国公立学校实施了"严格的着装规范"，到2013年至2014年，有此举措的公立学校比例上升至58.5%。数百万人每天在工作或上学时必须遵守着装规范，还有数百万人从餐厅、夜总会和剧院下班后仍面临着着装规范的约束。即使是在轻松的、波希米亚风格的美国咖啡店也会受到着装规范的约束：星巴克的咖啡师不能染非自然的发色、不能涂指甲油、不能穿短裙，以及不能佩戴包括鼻环在内的穿孔饰品（耳环和微小鼻钉除外）。着装规范不仅适用于学龄儿童和注重形象的私营企业，还适用于公共街道。在公共街道上穿着具有挑衅意味或威胁性的服装可能属于违法行为。在某些城市，穿着某些说唱歌手及其粉丝喜欢的"吊裆"裤子，可能会被逮捕。如果警方因裤子而认定穿着者为帮派成员，那么穿着者因违反着装规范而犯下的轻罪甚至会变成死罪。

某些着装规范不仅规定和禁止穿着特定的服装，而且过分关注服装的细节。以瑞士联合银行2010年的着装规范为例：该着装规范多达44页，要求员工不得留颜色斑驳脱落的美甲、不得穿着磨损的鞋子，并要确保所佩戴的珠宝与眼镜的金属的颜色搭配，领带的长度刚好在皮带扣的上端。由此可见，关于着装的严格且详细的规定随处可见。

举一个很小但很有说服力的例子：如今的男性正式服装和半正式服装几乎等同于制服，而只有通过掌握和运用着装规范才可以组合这种制服。男性服装的标准规定，正式礼服的搭配应包括黑色或深蓝色上衣，领型为缎面或罗缎面的戗驳领或青果领，裤子外缝需有丝绸或罗缎条纹。若礼服上衣是双排扣，则领型必须为戗驳领，若是单排扣，则领型可以为戗驳领或青果领，但不得为平驳领，因为平驳领是更为常见的西装特征。除此之外，礼服的腰封必须遮住腰部，且腰封褶皱朝上（这沿袭了男士将戏票塞进腰封时代的传统），但若礼服上衣是双排扣，则不得佩戴腰封。裤子必须用吊裤带或"背带"辅助穿着，不得系腰带，而半正式服装的裤子不得有腰带环。2010年，《华尔街日报》（Wall Street Journal）在回答某位读者的询问时，提出了许多这样的规定，以及某些其他规定：

> 衬衫布料应为白色凹凸纹细布……衬衫外应有一件马甲……
> 必须有法式袖口……
> 必须有领结……并且学会如何打领结……
> 必须有口袋方巾、袖扣、手表（手表应与袖扣相匹配）……

即使遵循了如此详细的规定，穿着者仍然可能会出错。根据男性时尚博客"男子气概的艺术"的说法，在参加正式宴会时，"查看时间的行为对宴会主人来说是无礼的"。换句话说，当穿着正式礼服时，不适合佩戴手表，即使佩戴的手表与袖扣相匹配。

然而，与在阿斯科特皇家赛马场观看一天的比赛相比，典型的正式宴会只是一场随心所欲的狂欢。在阿斯科特皇家赛马场上：

> 女士们需注意……
> 连衣裙和短裙的长度应适中，刚好过膝或更长。
> 连衣裙和上衣的肩带宽度应为一英寸或以上。

允许穿着裤装，裤装长度应为标准长度，且是相配的
面料和颜色。

应佩戴帽子，或佩戴底部直径为4英寸（10厘米）及
以上的头饰……

不得穿着露肩、无肩带、或带有细肩带或绕颈系带的
服装。

腹部不得裸露。

不得佩戴小礼帽，以及底部直径未超过4英寸（10厘
米）的头饰。

至于男士，即使穿着一套完美无缺的晚礼服，并且手表也安全地留
在家里，这种打扮在阿斯科特皇家赛马场也是不合适的，因为在阿斯科
特皇家赛马场上：

男士们必须穿着黑色或灰色的晨礼服，其中必须包括
马甲和领带（不包括领巾）；

黑色或灰色的高顶礼帽；

黑色鞋子；

男士可以在餐厅、私人包厢、私人俱乐部或这些场所
的露台、阳台或花园内摘下自己的高顶礼帽，或在皇
家围场花园内任何封闭的外部座位区摘下高顶礼帽。

皇家围场内不得佩戴定制的高顶礼帽（例如，带有彩
色丝带或饰带的高顶礼帽）。

这种吹毛求疵的要求并不局限于非常严谨的商业活动和传统节日。
凯特·兰菲尔（Kate Lanphear）是《嘉人》（*Marie Claire*）杂志的创意
总监，自称是"朋克摇滚女孩"。当我询问她如今的着装规范时，她指出，
"即使是以打破所有规则为荣的亚文化也遵循着着装规范……你在牛仔
夹克上打的补丁或别的别针，以及身上穿的乐队T恤仍然是其他人认同
的着装规范……他们在说自己是群体的一员……他们遵循的是规则破
坏者的着装规范。"换句话说，那些规则破坏者用新的规则取代了旧的

规则，而新规则往往与他们刚刚打破的规则一样强硬。在这里，我想起了南加州的顶峰牛排餐厅，该餐厅以分量大、氛围朴实而闻名，员工们用剪刀剪掉毫无戒心的商人佩戴的领带：工作时间要求商人系领带的规定，被下班后禁止商人系领带的规定所取代。同样，自由自在的大学生们对大学管理人员强加的着装规范感到畏惧，但他们似乎乐于遵守复杂且不成文的着装规范：校园内的社交团体很容易因其共同的着装风格而被辨认出来，而几年前流行的风格已经完全消失了，就像被法律禁止了一样。这些大学教授对衣着暴露的形象表现出蔑视，着装形象成了某种学术身份认证：天真的助理教授如果穿着杜嘉班纳品牌的连衣裙去参加教师会议，可能需要花几年时间才能恢复自己在学术上的严肃形象。就连硅谷的休闲装风格也已经成为了某种着装规范：如果说运动衫和人字拖能表现出穿着者对创新的专注，那么西装和领带则暴露出穿着者对外表和地位的关注，而这种关注是过时的。因此，某位北加州的投资者建议："永远不要投资那些穿着西装的科技公司CEO……"以上这些不成文的着装规范可以像法律规定和警察执行的规定一样有影响力。

另一种着装规范赋予着装以社会意义。据说，人们只需要三秒钟就能形成第一印象。你的穿着是第一印象中最重要的一部分。服装可以放大和美化自然差异，使抽象的社会等级地位具体化。欧洲贵族和新英格兰贵族预科生的身份不仅取决于财富和家族血统，还取决于其服装的微妙差别。而性别差异体现在服装、发型和化妆品上。种族和族裔群体通过独特的仪容和服装来维持团结和家族血统。即使是宗教信仰（通常被认为是私人信仰）也凭借着装规范所规定或禁止的着装和仪容而具有公共意义。我们的着装不仅仅是为了给他人留下深刻印象，还反映出我们的抱负、自我意识和最深切的承诺。人们经常把最喜欢的衣服作为自己的"名片"：我们选择的服装可以像我们的名字一样具有个性，服装和名字是两个能够彰显个性和社会地位的最显著元素，然而我们常常把这两个元素视为理所当然。

为什么服装如此受规则约束？为什么服装重要到足以成为论文、法规、立法公告和司法法令的主题？服装又是在何时变得如此重要的？当着装规范与有关平等和个人自由的社会规范发生冲突时，会发生什么？着装规范在什么时候是有用的，什么时候又成为了不必要的压迫或不公正的象征？为了成功而着装，或者为了自我表现而藐视规范，究竟意味着什么？我们对服装的选择是否真正具有个性，还是往往为了给他人留下深刻印象或激怒他人而穿着？在远程办公和线上约会的时代，关于服装的规则是否变得不那么重要了，还是我们不太频繁的面对面交流变得更有意义了？本书将回答这些问题，以及许多其他问题，探索历史上的时尚规律，揭示服装的个人、社会和政治意义——服装是我们最亲密、最公开的自我表达媒介。

解读着装：沟通与自我塑造

像许多其他男人一样，我从父亲那里继承了时尚感。我的父亲是一个严谨而细腻的人，也是一个老练的裁缝、学者、活动家，还是一名被正式任命的牧师。多年来，我的父亲默默绝望地忍受着我在着装方面的种种灾难问题，包括不对称的"新浪潮"发型、尼龙降落伞裤和"朋克"装扮（用别针或胶带把故意撕破的衣服粘在一起）。俗话说，儿童乃成人之父，但至少在这种情况下，父亲仍是那个父亲，我终于跟随了父亲的脚步。我开始懂得欣赏剪裁得体的服装、擦得锃亮的皮鞋、干脆利落的衬衫，甚至偶尔也会欣赏某条小小的领带，尽管在21世纪早期的北加州，我很少需要系领带。我学会了如何打温莎结、半温莎结和四手结，以及如何打蝴蝶领结。蝴蝶领结只有在罕见的正式活动中才需要用到，但我父亲坚持认为打蝴蝶领结这项技能值得掌握，因为"到时候，你就不会用上可笑的夹式领结了"。我学会了如何区分全毛衬西装和粘合衬西装（我的父亲会抱怨说，粘合衬西装的毛衬全是粘在一起的）。最重要的是，我了解到服装既可以是一种塑造自我的形式，也可以是一种沟通媒介，我还了解到服装是如何传达尊重或蔑视，严肃或轻佻，有目的或无目的的。这种个人意义和社会意义的结合解释了为什么政府、企业和社会机构要规范着装，以及为什么作为个体的人会经常认为着装规范带有压迫性和侮辱性。

在父亲去世12年后，我决定参加2009年《时尚先生》(*Esquire*)杂志举办的"最具衣着品位男士"评选。我当时的情况对所有初为人父的人来说都很熟悉：我的第二个孩子才10个月大，而我和我的妻子玛琳已经好几个月没有出去吃晚饭或看电影了。我们渴望过迷人而优雅的生活，但这种渴望已经成为一段褪色的记忆，我们时髦的（或者至少是实用的）节日礼服被收纳一旁，以腾出空间放置大量棉质的连体衣和颜色鲜艳的塑料婴儿玩具。我们曾试图找回点成年人的欢愉，最后却变成在喂奶和换尿布之间来回忙碌，只能抽空在厨房匆忙调制些鸡尾酒。有一天下班后，我决定参加《时尚先生》杂志举办的评选活动，并召集朋友们支持我这异想天开的想法，而这将是可喜的改变：一个疲惫不堪的43岁父亲对阵一群有抱负的瘦长脸演员、肌肉发达的时装模特和运动型的兄弟会成员，就相当于大卫对阵阿多尼斯[1]。评选报名截止日期的前一天，玛琳拿出照相机，打算拍一组照片，那时我5岁大的儿子科尔正翻着我那堆旧杂志，而10个月大的艾拉则想尽一切办法来吸引我和玛琳的注意。几分钟后，艾拉大叫起来，想要喝奶或是换尿布，于是我们就此打住，不再拍照。我上传了那些抓拍的照片，并填写了一份简短的问卷，然后点击了"发送"按钮。

这是我的妻子为我竞选《时尚先生》杂志的"最具衣着品位男士"拍摄的照片。照片上，我的儿子科尔正站在我右边看杂志，而女儿艾拉则坐在我的腿上，扭着身子要去找妈妈。

1　阿多尼斯为希腊神话中的植物神，身高九尺且长相俊美。——译者注

之后我认真跟进了评选情况。其他参赛者的照片是在异国他乡拍摄的专业照片，有着精致的背光。其中某些照片已经获得了数万张投票，而我希望我的票数能达到三位数。几周后，网站上公布了前25名半决赛选手的照片，让我惊讶的是，我的照片也在其中，照片上，我正抱着扭动的孩子，同时试图完美地展示自己最喜欢的蓝色细条纹西装。我想这不可能，我刷新了浏览器，等待真正半决赛选手的照片出现，却发现我的照片仍然在其中。几天后，我接到了一个电话，电话里说，《时尚先生》杂志已将候选人范围缩小到10人，而他们正在采访这些候选人，以选出5名决赛选手，这5名决赛选手将飞往纽约，获得丰厚的奖品，并出现在"今日秀"上。他们想和我谈一谈我的个人风格，他们问："您是如何选择穿什么衣服的？您能说得再具体些吗？您会给别人什么建议？您的建议不会仅仅只是'做你自己'，对吧？为什么风格对您很重要？您的风格灵感来源是谁呢？所有人都说是自己的父亲，那还有谁呢？所有人还说有加里·格兰特（Cary Grant）和迈尔斯·戴维斯（Miles Davis）。大卫·鲍伊（David Bowie）？这就对了。大卫·鲍伊的哪个时期？发行歌曲《来跳舞吧》（Let's Dance）时期？真的吗？"几天后，编辑又打来电话告诉我一个坏消息：我的排名为第六，差一点进入决赛。这一切都很有趣，但也让人感到惭愧。谈论我的个人风格本应是很容易的，因为我是一名教授，向人们解释事物是我的工作，但我却把采访搞砸了。单凭直觉，我知道自己为什么会穿这样的衣服，但我怎么也无法解释，否则我就可以在纽约度过一个美妙的、费用全免的周末了。我父亲的教导帮助我克服重重困难，进入了前十，但他却不能帮助我解读难以捉摸的着装规范。

从某种意义上说，这本书就是我对此作出的回应，算是马后炮了。在这本书中，我将探讨古今的着装规范：中世纪的反奢侈法律和现代的反低俗法规，文艺复兴时期的着装规范和维多利亚时代的着装礼仪，以及公路、街道、学校和工作场所的着装规则。

为了理解我们为何如此在意自己和他人的穿着，我必须观察服装和时尚是如何塑造我们的行为和世界观。这做起来并不容易，因为服装往往影响着我们的社会交往和世界观，这是一个习惯问题，是出于本能反应的，并且根深蒂固，我们甚至没有注意到这一点。当然，我们确实注意到了价值数十亿美元的时尚产业，这个产业为我们提供一系列可供选择的时尚、每隔几个月就会改变的风格、报道最新潮流的时尚杂志和报纸专栏、满是服装的商店，以及所有关于服装的着装规范、规则和期望。然而，所有这些千变万化的细节，尽管看起来让人目不暇接，但也只是时尚世界的一小部分，就像西装上面醒目的嵌花。

我们沉浸在这些细节中，却很少从宏观的角度质疑或分析服装。比如，是什么让某些服装变得男性化，让另一些服装变得女性化？为什么有些服装被认为是大胆或前卫的，另一些服装则被认为是保守或端庄的？是什么让高跟鞋变得轻浮性感，让平底鞋变得明智而无趣？我们仅仅只对服装的合身度、剪裁和装饰做出修改，但几乎没有人质疑服装的基本设计。两千年前，政治家们去讨论国家事务时，会穿上一件垂褶服装（我们今天可能称之为"托加长袍"），七百年前的政治领袖和精英们仍然穿着与古代托加长袍没有太大区别的垂褶长袍。但是，如今的大多数政治家们都会穿着剪裁考究的长裤（在古人看来，这是野蛮人或农民的装束），搭配翻领长上衣，组成一套西装。为什么会发生这种变化？这种变化又是什么时候发生的？现在没有人会想穿着长袍或托加长袍去参加重要会议，但许多从事传统职业的女性仍然不会选择穿着裤子，而是选择穿着连衣裙或短裙，这两种裙子本质上都是由古代托加长袍演变而来的垂褶服装。我们认为这一切，甚至更多现象，都是理所当然的。这些更大、更持久的时尚趋势组织着社会，塑造着我们对自己的看法，它们常常是着装规范这一明确规则的主题，而着装规范则决定了服装的含义，以及何人、何时如何穿着。

为了探究更大的时尚趋势，我们需要观察很长一段时间内的时尚变化，不是某几个季节、几年，或者几十年，而是几个世纪。将这些时尚变化与当时的历史事件结合起来，有助于我们理解当时的时尚意味着什么，以及当时的时尚对今天的我们意味着什么。时尚远不只是服装，它有两个重要的功能，那就是沟通和自我塑造。

时尚是一种通过服装传达思想、抱负和价值观的途径。通过服装，我们表明自己是谁，我们关心什么，以及我们在社会中的归属或渴望的归属。有时，服装传达的信息是明显而直接的，比如军官制服传达出权威的信息，而在其他时候，服装传达的信息则更模糊、更形象，比如朋克摇滚女孩的牛仔夹克上满是补丁和别针，传达出叛逆的招摇姿态。

不那么明显，但或许更重要的是，时尚是一种转变自我意识和社会地位意识的方式，借用历史学家斯蒂芬·格林布拉特（Stephen Green-blatt）的说法，我将这称为"自我塑造"。服装也可以改变自我认知，影响我们的学习、发展和相信可能的意识。从某种意义上说，我们的穿着决定了我们的形象：我们的穿着促使我们扮演某个社会角色，给予我们信心或削弱我们的勇气，端正我们的姿势或迫使我们低头垂肩，提供某种身体上的舒适感和支撑感，或是束缚感和刺激感。在这方面，与俗话相反的是，服装确实能造就男人（或女人，服装长期以来一直在帮助建立这种两性差异）。服装成为我们身体的一部分，反映和塑造我们的个性，帮助我们适应各种社会角色，或者让我们难以适应。能够体现这方面的明显例子是19世纪中期的女性服装，包括宽大的长裙、装饰性的褶边和鲸骨紧身胸衣。这些服装都传达出这样一个信息，即女性是装饰品，主要因其美貌而具有价值，然而，这些服装还使女性无法轻松或快速地走动，并且更加难以完成许多体力劳动，这反过来又成了女性不如男性的视觉"证据"。那个时期的大多数女性内化了当时的着装规范，觉得穿着这些服装很舒服，而这反过来又导致某些女性认为自己是无能的，基本上是装饰品，她们的服装决定了她们的社会角色，并最终决定了她们的自我意识。还有一个例子证明了服装能够带来自我塑造的能力，2012年和2015年的心理学研究发现，在智力相当的情况下，穿着实验室白大褂或穿戴整齐参加工作面试的人，能够比穿着牛仔裤和T恤的人表现出更好的抽象推理能力。

着装规范是展现服装的两大社会功能（沟通和自我塑造）的关键所在。"着装规范"有双重含义：规则和标尺，即规范是约束行动或行为的规则（如法律），而规范也是解释或破译文本的标尺或公式。因此，着装规范是约束着装方式的规则或法律，也是限定服装意义的标尺。1967年，符号学家罗兰·巴特（Roland Barthes）仔细分析了高端时尚杂志中对服装的明确论述，以便理解更为平凡且日常的服装。巴特发现，几乎整套服装的每个细节，包括颜色、图案、面料、衬衫领口和裙子长度，都可以传达出激情、抱负、幻想和信念。时尚杂志提供了一个不完整的服装意义词汇库，这意味着它既是对现有时尚的描述，也是完善和改进现有时尚的处方。我对着装规范的研究也有类似的抱负。着装规范简化了复杂的、往往令人不知所措的服装习俗，因为着装规范采取的是规则的形式，其规定和禁止的内容必须是具体的，所以着装规范（像时尚著作一样）让服装的隐含意义和潜在意义变得明确，且是经过深思熟虑的。当某种着装规范要求或禁止人们穿着某件服装时，这种着装规范的背后还暗含着某种社会意义。某一着装规范禁止"不专业"的服装，这同时强化了一种观念，即它禁止的所有服装都是不专业的。与鼻钉相比，鼻环更加前卫；与盖住头顶的帽子相比，女士们的"小礼帽"更加时髦且随意。着装规范可以成为解读服装含义的罗塞塔石碑[1]。

通过查看允许或禁止穿着某件服装的规则，我们可以了解到人们是如何理解这件服装的。有时，着装规范对其所规范的服装之含义有着相当明确的规定。例如，文艺复兴时期的某些着装规范认为，红色或紫色象征着高贵的出身，而另一些着装规范则认为，珠宝和奢华的装饰品是行为放荡的标志。此外，这些着装规范不仅反映了服装与社会地位、性道德和政治地位之间业已存在的联系，还强化了这些联系，有时甚至创造了这些联系，改变了人们对于穿着某种服装之人的看法以及穿着某种服装之人对自己的看法。界定某件服装的社会意义实际上可以改变它塑造个人自我形象的方式。例如，还记得上面提到的那个涉及白大褂的心理学研究吗？该研究还发现，如果事先告诉穿着白大褂的人，称其所穿着的是油漆工外套而不是实验室白大褂，他们则并不会表现出更好的认知能力。

时尚法则

1974年，在约翰·保罗·史蒂文斯（John Paul Stevens）成为美国最高法院联席法官的前一年，他写道：

> 从早期组织化的社会开始……形象和着装问题就一
> 直受到控制和约束，这种控制和约束有时来自习俗

---

[1] 罗塞塔石碑是一块同时刻有古埃及象形文、古埃及草书，以及古希腊文三种文本的玄武岩石碑，是解密古埃及文的钥匙。——译者注

和社会压力，有时来自法律……正如个人在选择不同的形象风格方面都有其利益一样，社会在限制这种选择方面也有其合法利益。

在"米勒诉167学区"一案中，米勒作为一名公立学校教师，因留有"凡戴克"式的胡须[一种在下巴处的尖尖的短山羊胡须，让人联想到弗拉芒画家安东尼·凡·戴克（Anthony van Dyck）]，而违反了学校的着装规定。法院认为"着装和发型是无关紧要的事情"，并驳回了米勒认为着装规范侵犯其宪法权利的主张。

我不知道米勒是否应该继续从事他的数学教学工作。但我想对着装和仪容无关紧要这一概念提出疑问，这种想法在律师、学者和其他从事重要事务和严肃事业的人中太常见了。大多数律师选择穿着安全而不显眼的职业装，典型的知识分子则表现出对时尚的漠不关心，而对于典型的教授着装，人们对其最好的评价是：某种高尚的、对服装的蔑视——这种偏见显然使得所有关于服装的严肃学术研究贬值。事实上，许多年前，在我第一次写下关于着装规范的争议时，我得出的结论也是，这些争议最终都太微不足道了，不值得律师或法院关注。如今，我坚持认为，服装与其他艺术形式或表达媒介一样，是研究、分析的适当主题，甚至是法律关注的适当主题。在这本书中，我试图更深入、更细致地探讨这些问题，强调个人形象在争取平等和个人尊严的政治斗争中的重要性，并探索通过着装规范塑造和限制个人形象的漫长历史。

几个世纪以来，着装规范一直以法律的形式存在。例如，中世纪和文艺复兴时期的反奢侈法律就是根据社会等级分配服装，美国蓄奴州的法律禁止黑人穿着"超出其地位"的服装，有关公共礼仪的法律要求男性和女性穿着符合其性别的服装。这些法律促进并强化了一系列围绕服装的规定。例如，公司、俱乐部和私营企业采用了明确的着装规范，礼仪指南宣传了社会认可的着装规则，非正式的行为准则在社会压力和群众暴力的作用下变成了硬性的不成文规定，例如9月15日之后禁止佩戴草帽的规定。

然而，几百年来一直支持着装规范的法律，现在却常常削弱了着装规范的效力。言论自由的合法权利和反对歧视的法律越来越与多种着装规范相冲突。例如，2015年纽约市人权局告知纽约的商业界，"根据性别……而强加不同标准的着装规范……"是不合法的。这项法令明文禁止的着装规范包括"要求男女穿着不同的制服……要求员工穿着符合自己性别的特定制服……"，以及"要求所有男性在餐厅就餐时必须打领带"。法令禁止的最后一条着装规范，似乎是对曼哈顿中城历史悠久的21俱乐部的某种抨击，因为21俱乐部践行了这一著名的着装规范（但现在已经中止了）。

然而，在大多数情况下，着装和仪容是无关紧要的，只有一小部分关于着装的争议得到了一点关注，而那些引起关注的争议必然与某些"更严肃"的主张挂钩，比如歧视或言论自由。例如，政府强加的着装规范可能会违反《美国宪法第一修正案》对表达自由的保障。然而，在大多数情况下，只有当被禁止的服装具有"象征意义"时，这种说法才会成立，而"象征意义"是一个相当无趣的术语，能够替代某种可以轻易转化为文字的声明。因此，律师和法官会在着装或仪容上寻找明确的、类似宣言的信息。这种笨拙的字面理解忽略了服装自我表达的最深刻之处：服装具有美化、模糊和重塑人体的独特能力。时尚是一种独特的表达方式，无法通过语言或其他媒介反映或传达。时尚传递着信息，但服装的重要性并不仅仅停留于字面意义，它比纸上的文字更加发自肺腑、更加具有写意性。一套剪裁得体的西装会让人联想到富有且精明之人，从而传达出财富和精明的信息，这与其说是一个论据，不如说是一场展示。把时尚当作一种语言的想法过于简单，忽略了服装表达潜力的一切独特之处。这就像某些人坚持认为马克·罗斯科（Mark Rothko）的画作只是某种声明，表明在现代条件下，我们与自然失去了真实联系，这种观点忽视了画作中蕴含的强大审美体验，而这一体验既显而易见，又难以捉摸。

某些着装规范可能违反了禁止歧视的法律。但对于没有接受过法律培训的人来说，究竟哪些规范违反了法律，以及其违反的原因，实在令人难以理解且备感困惑。例如，雇主可以对男性和女性有不同的着装规范，从法律上讲，只要这些着装规范不对某一性别带来"不平等的负担"，也不"有损尊严"，就不构成"歧视"。近年来，某些法院认为，区分性别的职场着装规范可能会非法歧视变性员工，但奇怪的是，这种职场着装规范所包含的明显歧视并没有违反法律，而根据员工的出生性别（而不是员工所认同的性别）来执行该规范的这一决定却违反了法律，目前尚不清楚，那些既不认为自己是男性也不认为自己是女性的人处于何种境地。与此同时，为了避免"歧视"，雇主必须对适用于所有宗教着装的着装规范做出特殊的规定，实际上是为不同宗教的员工制订了不同的着装规范。职场着装规范可能会禁止某些人为的发型，比如编辫子或梳某些夸张的发型，但不会禁止因头发的自然发质而形成的发型。当然，着装规范也会限制头发的长度。与此同时，除了这些概念上不一致的规定和令人惊讶的例外规定外，企业几乎可以制订自己想制订的任何着装规范，即使员工的个人外表与工作没有任何关系。

想想查斯蒂·琼斯（Chastity Jones）的困境吧，她是一名非裔美国女性，因为违反了职场着装规范（把头发梳成了脏辫），所以无法从事呼叫中心接线员的工作。琼斯提起了诉讼，声称自己受到了种族歧视，但不分种族且适用于所有人的着装规范并没有明显的歧视，而琼斯也无法证明该着装规范的适用是不公平的。但是暂且抛开法律的复杂性，显而易见的是，作为一个简单的公平问题，查斯蒂·琼斯理应获胜，而某个强有力的理由可以证明这一点，那就是，像脏辫这样的发型是争取平等尊重和尊严的重要途径。但我们甚至不需要提出这样的理由，就可以看出琼斯的头发对她非常重要。更重要的是，这与她申请的工作没有任何关联。毕竟，这份工作的地点是在电话呼叫中心，没有客户会看到琼斯的头发！由于法官和律师，包括像约翰·保罗·史蒂文斯这样的法律权威，都认为着装和仪容是无关紧要的事情，所以琼斯无法提出那个直截了当的理由，她必须用法律认可的术语来阐述自己的反对意见。然而不幸的是，她的阐述并不为法律所认可。

作为一名律师兼学者，我在职业生涯中花了大部分时间研究、教学和倡导民权改革，而在民权这一法律领域，涉及着装和仪容的争论非常普遍。由于我碰巧也是一个对时尚感兴趣的人，我一直认为，在许多这样的案件中，法律论据忽略了争论中某些最明显、最重要的利害关系。我决定探究着装规范的历史，原因之一是想更清楚地看到这些争论的中心是什么。回顾更早的时代，即在时尚无足轻重、无关紧要的观念深入人心之前，可以发现当时的人们对服装和实施着装规范的原因进行了更为坦诚的讨论。

地位、性别、权力、个性

我以许多历史学家认可的古代的结束和现代感性出现之始，即14世纪，作为节点，开始着手写这本书。在这一时期，中世纪即将结束，文艺复兴开始成形，一种以个人为中心的新的现代感性出现了。这种现代感性最终激发了新的艺术形式，比如小说、现代心理学中关于人类意识的新概念，以及与约翰·洛克（John Locke）、伊曼纽尔·康德（Immanuel Kant）和让-雅克·卢梭（Jean-Jacques Rousseau）等理论家有关的古典自由主义思想的新政治和道德理想。新的服装风格伴随并促进了这些新艺术形式的发展，即人们寻求新的方式来展示自己的身体，并以此作为独特个性的反映和延伸。这些新风格演变成最初的"时尚"，我将使用该术语。虽然我不会声称时尚是现代性不可或缺的条件，但时尚的发展在同时代的社会事件、政治事件和与知识相关的事件中发挥了作用，而且往往是非常重要的作用。在漫长的历史中，人们认为时尚具有政治利害关系，这就是为什么某些人会通过法律和规则来规范时尚，而另一些人则努力抵制和推翻这些法律和规则。

解释服装语言是一项艰巨的任务。服装可以传达出几乎无限的信息，例如几个世纪以来的服装，每一件都可能唤起关于某个历史时刻、某个社会制度、某场政治斗争的记忆，或者勾起性欲。谁又能指望解开时尚历史长河中的无数脉络呢？谢天谢地，我们不需要这么做。用着装规范（关于服装的规则、法律和社会约束）作为我们的罗塞塔石碑，我们可以发现在时尚的主要发展中隐含着四个关注点，那就是地位、性别、权力和个性。

服装是地位的象征，历史上有许多规则和法律，这些规则和法律旨在确保个人的社会地位体现在其穿着上。服装也是性别的象征，社会习俗和法律确保服装能够确定某个人是男性还是女性、有过性行为还是没有性行为、已婚还是未婚、贞洁还是滥交。服装还是权力的象征，它与任何领土边界一样，有助于界定民族归属；它与任何语言或文化仪式一样，区分了种族群体和部落；它与任何经文一样，塑造了宗教派别；它既建立了种族等级制度，又对种族等级制度发出了挑战。最后，时尚是表达个性的媒介，我们整理自己的衣柜和搭配自己的日常服装，以展现自己独特的眼光，并证明自己独特的自我意识。时尚的历史与个人主义的历史并行不悖，随着个人自由的发展，个人在服装上的自由也随之增长。

本书探讨了人们如何试图控制时尚，以及为何控制时尚。书中第一部分探讨了在中世纪晚期和文艺复兴时期，即在时尚和现代感性诞生之时，人们如何利用着装规范来创造地位象征。现代时尚和现代着装规范的历史始于14世纪，当时男性不再穿着垂褶服装，而是开始穿着定制的服装。随着制衣技术的革新，服装成为比以前更具有表现力的媒介。在接下来的四个世纪里，时尚是精英阶层的特权，因此，它经常展现出王权和贵族地位。在一个大多数人都不识字的时代，社会价值观是通过图像来传达的，包括艺术、宗教肖像，以及令人眼花缭乱的仪式，当然还有华丽的服装。但现代时尚的出现对旧的社会秩序构成了威胁，因为时尚允许个人展现独特的个性，独立于传统的社会角色，甚至与之对立。经济活力让小商人、银行家和贸易家这一新阶层变得富有，他们试图通过时尚来炫耀自己新获得的成功。某些社会地位上升的人模仿贵族的着装，以此冒充贵族，破坏了贵族服装的独特性。另一些人则利用时尚来维护自己独特的社会地位，挑战贵族的卓越地位。许多早期的现代着装规范都是精英阶层利用时尚来强化熟悉的社会角色和既定特权的手段，并且是他们谴责和嘲笑其他人的志向、剥夺其他人的法律权益的手段，而这些受精英们排斥的人中包括社会新贵、寻求社会包容的宗教少数群体和主张男女平等的女性。

18世纪晚期发生了深刻的变化，政治革命和启蒙哲学的影响使得贵族所宣称的自命不凡受到质疑。本书第二部分探讨了时尚从奢华到优雅的转变。启蒙思想的兴起引发了着装规范的相应变化。中世纪和文艺复兴时期的精英服装所特有的奢华让位于某种朴素的新理想，即展示国王和王后神权的华丽服装让位于新的贵族服装。在新的政治背景下，较高的社会地位开始与勤奋、能力和开明的理性联系在一起，而不是与荣誉和高贵的出身联系在一起，并以一种新的、朴素的精英风格为标志。男性仍然通过自己的服装来突出自己，但精英地位的标志变成微妙的精致，而不再是引人注目的装饰品。在很多方面，这种转变是在攻击精英主义的幌子下保留精英主义的方式。制造业和贸易的进步，以及二手服装市场的发展，让许多从前罕见的装饰品和奢侈品变得更加容易获得，因此降低了它们作为特权标志的价值。相比之下，新的、优雅的地位象征需要教育和文化熏陶，而这些都更加难以伪造。与此同时，王朝权力的衰落以及民族国家作为一种政治形态的崛起促进了新的着装规范的产生。18世纪和19世纪，西欧国家和美国提出了推行国家统一服装的建议，英国也立法禁止公民穿着少数民族的传统服装。

这种从引人注目的奢华到低调的优雅的转变，在很大程度上是男性独有的。女权主义者及其支持者，如阿米莉娅·布卢默（Amelia Bloomer），抵制性别角色和性别化时尚的限制，但他们在改革女性着装方面所做出的努力却遭到了嘲笑，并以失败告终。要想解除一个多世纪以来一直让女性穿着紧身胸衣和衬裙的性别规范，需要一个更为时尚的反抗形式。随着女性在第一次世界大战期间大量进入劳动力市场，她们最终广泛接受了精简化的新时尚，并开始采用男装的某些服装创新。起初，"新潮女郎"受到嘲笑，就像那些实用的、朴素的女性服装尝试一样。但是，"新潮女郎"倡导的服装为不受传统束缚的女性奠定了改革后的女性着装规范的基础，并且至今仍然存在。尽管这些进步毋庸置疑，但许多女权主义者坚持认为，如今的时尚依然反映着古老的父权主义理想，即女性是装饰品且必须保持端庄。

本书第三部分探讨了权力着装。非洲裔美国人利用服装的影响力来强调自己要求尊重和平等尊严的主张。起初，非洲裔美国人作为奴隶、逃亡者和自由黑人，在不加掩饰的种族主义社会中，要为基本的人权而奋斗。美国黑奴解放运动获得成功后，在民权斗争期间，且在恶毒的吉姆·克劳（Jim Crow）种族隔离法的羞辱下，激进分子们穿着自己的"周日盛装"，努力打破种族偏见。后来的几代激进分子们还创造出了许多服装词汇，以此阐释早期民权运动的体面政治。这些词汇包括"与农业劳动者的时尚团结""黑人权力激进主义时尚的、好战/避世的服装""浪漫的非洲中心主义"等。今天，非裔美国人仍在为某些人认为的体面政治精英主义和另一些人谴责的"激进派时髦"的不切实际之处（和更微妙的精英主义）而斗争。

本书第四部分和第五部分探讨了20世纪晚期和21世纪早期的着装规范。在这段时间内，我们对着装的要求已经变得更加宽松，但我们仍然控制着着装，并通过他人的穿着来评判他人。

本书第四部分探讨了不断约束和定义性别化服装的着装规范变化。随着女性要求平等，并开始享受曾经只为男性保留的特权，女性着装规范的利害关系涉及政治和个性。某些女性试图摆脱传统女性气质的限制，拒绝被强制当作装饰品，转而选择适度的朴素穿着，另一些女性则拒绝保持强制性的女性端庄，转而选择大胆的性别自信。新形式的、有影响力的着装有其独特的前景和风险，与此同时，下一代人挑战了传统意义上的性与性别化服装之间的联系，创造了不涉及生理生殖的新词汇。

第五部分探讨了当今服装象征意义的重新组合（由于缺乏统一的着装规范而引起的），以及这种变化所带来的重新调整的期望。与前几代人相比，我们更能接受个人在时尚方面的选择，事实上，我们不仅能接受，而且还期待服装能够反映个性。如今，我们都有长达几个世纪的时尚历史可供利用，每个人都可以自由地选择过去的任何地位象征，而不必顾及选择的地位象征是否侵占了曾经定义自己的社会角色。当然，着装规范仍然存在，既有规范高中生和服务行业员工着装的书面规定，也有某种不成文的期望，即确保曼哈顿的投资银行家都穿着同样款式的羊毛衫，搭配同样的浅蓝色牛津布的西装衬衫。即使着装规范通常不再涉及政府的官方权威，社会期望和社会压力也会制约个人的自由。大多数人仍然希望服装能够反映出穿着者的社会阶层、种族、宗教和性别，某些人还认为违反旧的着装规范是无礼的，甚至是有欺骗性的。因此，如今的许多着装规范通过谴责新颖且非常规地利用旧的服装象征意义的行为，以及通过创造只有少数人才能理解的新的地位象征意义，确保服装能够继续象征社会地位。个人主义的胜利为时尚的表达创造了新的机遇，也提出了新的挑战。

本书将探讨我们穿着打扮的原因以及我们所做的相应的事情，以揭示时尚是如何创造历史的。

目录

第一部分

地位象征

两码红布就能造就一位绅士。

——科西莫·德·美第奇（Cosimo de'Medici）

在困难时期，时尚总是十分离谱。

——伊尔莎·斯奇培尔莉（Elsa Schiaparelli）

第一章

地位密码

浮夸的宽松短罩裤、皇冠、褶边衣领、天鹅绒和深红色丝绸

1565 年，倒霉的理查德·瓦尔维恩（Richard Walweyn）被捕了，他是罗兰德·班汉姆（Rowland Bangham）律师的仆人，因为穿了一条"十分怪异又大得离谱的短罩裤"而被捕。瓦尔维恩的穿着有违时尚，所以被拘留了，"直到他买了或者自己有一条得体又合法的裤子……在今天下午穿上这条裤子"给伦敦市长大人看，才被释放。法院下令没收那条违规的裤子，"在下厅某个公共区域展示出来，人们可以看到那条裤子，都觉得它愚蠢至极"。

　　历史学家维多利亚·巴克利（Victoria Buckley）将宽松短罩裤描述成"一条充气的大短裤……从腰部向外膨胀，到大腿上部向内收缩"。

　　这裤子"往往……很可笑，里面有大量填充物和硬衬材料，甚至……把花哨的丝绸缝在裤子嵌条上，穿的人可以把裤子拉得蓬蓬的，然后大摇大摆地走开……"。宽松短罩裤是现代的降落伞裤，而理查德·瓦尔维恩是文艺复兴时期的MC哈默[1]。据官方表示，在伊丽莎白时代的英国，宽松短罩裤已经对公众构成威胁。1551 年的一份王室公告哀叹道："怪异又大得离谱的短罩裤……悄悄潜入王国，给王国声誉造成了极大的诋毁，一些人为了穿这种裤子，不惜寻求非法途径，非但未能成功，

---

[1]　即MC Hammer，美国现代说唱鼻祖，正是他让降落伞裤流行起来。——译者注

宽松短罩裤是伊丽莎白时代最时尚的男士服装。

还让他们遭受了灭顶之灾。"

因此，法律对穿这种违禁服装的人施以了严厉的惩罚。与兼售衣料的裁缝托马斯·布拉德肖（Thomas Bradshaw）相比，理查德·瓦尔维恩受到的惩罚要轻得多。布拉德肖在同一年被捕，因为他穿着过度填充的短罩裤"有违良序"，审理他案件的法院下令"将他一边短罩裤里的填充物和内衬全部割掉并取出……再命令他穿上紧身夹克和短罩裤，穿过街道回到他的……家里，在那儿，另一边短罩裤的内衬和填充物也须割掉并取出。"如果时尚罪属于一种虚荣罪，那么，将公开羞辱作为一种惩罚，也许就再合适不过了。

但是，即便是在注重时尚的伊丽莎白女王一世的统治下，衣着品位不好也通常不会受到刑事制裁。即便宽松短罩裤有多么俗气或臃肿不堪，或者穿着它们的人表现得多么虚荣，政府又有什么必要去花费有限的资源来实施这种着装规范呢？理查德·瓦尔维恩和托马斯·布拉德肖不仅违反了着装规范，更是扰乱了社会政治秩序，这种秩序视外在形象为一种等级和特权标志，而瓦尔维恩和布拉德肖引人注目的服装则被人们视为一种假冒伪劣品，贬低了规范服装的价值，从而破坏贵族经济和贵族特权。从中世纪晚期到启蒙时代，法律和习俗都要求服饰彰显穿着者的

006

社会阶级、种姓、职业、宗教，当然还有性别。这些着装规范使服装成为地位的象征，形成了一种服装语言，至今仍然存在。

从某种意义上说，都铎王朝时期禁止穿着宽松短罩裤的法律，其实延续了一种古老的传统。斯巴达人制定了最早的反对奢侈服装的法律之一，因此以朴素闻名，而他们昔日的对手雅典人，早在公元前6世纪就通过了限制奢侈服装的规定。罗马人则第一次用"反奢侈"一词来命名这种立法，他们通过了许多法律，限制奢华的服装、奢侈的食物、豪华的家具和奢侈礼物的交换。1157年，最早禁止过度奢侈的欧洲中世纪法律在热那亚地区通过，到了中世纪后期，反奢侈的着装规范在整个欧洲广为流传。这些早期的着装规范有助于倡导节俭、防止浪费，它们不仅限制奢华的服装，还限制在婚礼和葬礼等宴席上的奢侈开支。

从14世纪开始，反奢侈法律越来越与服装相关。道德主义者认为奢侈服装往轻了说会分散人们追求精神纯洁和宗教虔诚的注意力，往重了说是一种肉体的堕落。而对于宗教权威来说，服装是女性用来引诱男性堕落和挥霍的众多诱饵之一：服装本身就是女性失宠的结果。伊丽莎白女王本人则在1574年6月15日的一份公告中以更现实的理由为着装规定辩护，她认为这事关国家安全，并坚称昂贵的进口纺织品、毛皮和成品服装破坏了贸易平衡："王国每年都要花费相当数目的金钱和财宝，以保持贸易收支平衡。"在服装上的竞争也破坏了法律和秩序，因为奢侈服装的成本可能会让那些收入不高的人破产，迫使他们犯罪：

许多本来有益于社会的年轻绅士，和一些想要通过炫耀服装来获得人们对绅士尊敬的人，都被服装展示的虚荣所诱惑，不仅耗费了自身和财产，以及父母留给自己的土地，还欠下了大量的债务，如果不尝试干非法的事，他们就无法摆脱欠债，继而受到法律的制裁。

这些都是反奢侈法律立法的正当理由，但更有可能的是，这一系列新着装规范背后的主要目的，是为精英阶层保留其地位的象征。反奢侈法律解决的最迫切的问题，并不是伊丽莎白时代公告里所说的那样，"收入不高的人"受诱惑去购买他们买不起的衣服,而是越来越多的收入不高的人有能力在衣着上与精英们竞争。事实上,1533年颁布了一部限制服装的法律,其序言宣称:

> 在这个国度,如果人们习惯于穿戴奢华昂贵的服饰,随之而来的将是每天都会遇到的各种不便,这会极大地损害公共利益,颠覆良好的政治秩序,让国家无法根据财产、地位、尊严和等级来区分人们。

中世纪晚期和文艺复兴时期的许多反奢侈法律明确提到了社会等级和地位。例如,1229年,法国国王路易八世对贵族的着装进行了限制,以便将封建贵族置于中央集权的控制之下;1279年,法国国王腓力三世根据贵族拥有的土地数量,对贵族服装的奢侈程度进行了限制;1363年,英格兰"关于饮食和服装的法令"直接将服装的奢侈程度与财富挂钩,可支配收入相当的城市居民和地主士绅阶级也受到同样的服装限制;1396年,米兰颁布了反奢侈法律,免除了对骑士、律师和法官三类人的妻子在服装和珠宝上的限制,而在1498年,米兰法律的序言则坦率地解释称,这是对贵族和精英抱怨其特权受到侵犯而作出的回应,因此,该法还免除了参议员、男爵、伯爵、侯爵、修士、医生和他们的妻子(在适用情况下),以及修女在该方面的限制。

由于立法者努力跟上新的时尚潮流和社会流动的现状,其制定的条例也带着点疯狂:几乎服饰的每一个方面都可能被法律约束。1157年,热那亚禁止使用貂皮饰物;1249年,锡耶纳限制了女性服装的裙摆长度;1258年,卡斯提尔的阿方索十世下令,只有国王能披上红色披风,只有贵族能使用丝绸;1279年,罗马涅教廷的使节要求在罗马涅的所有女性都要佩戴头巾,相反,1337年,卢卡规定,除了修女外,所有女性都不得佩戴头巾、头罩,以及披斗篷;1322年,佛罗伦萨的法律禁止寡妇以外的女性穿黑色衣服;1375年,在阿奎拉,只有刚逝世者的男性亲属才能不剃头和留胡子,并且只允许十天。

其中,王冠尤其受立法者关注。在13世纪末的法国,腓力四世要求,只有社会上层人士可以佩戴王冠,腓力四世的妻子、纳瓦拉的胡安娜一世曾不止一次对奢华服饰的盛行冷嘲热讽，她抱怨道："我认为自己才是唯一的女王，但在这里，我却看到了数百个！"人们普遍对王冠的滥用感到愤怒，1439年，布雷西亚的一位匿名批评者抱怨道："建筑商、铁匠、猪肉屠夫、鞋匠和织工给他们的妻子穿深红色和特别鲜艳的猩红色的天鹅绒、丝绸、锦缎服饰。他们用缎子给袖子做衬里，就像宽大的旗帜……他们头上的珍珠和贵重的王冠闪闪发亮，上面镶满了宝石，而这些只有国王才配得上……"

根据尼可罗·马基亚维利（Niccolò Machiavelli）的说法，15世纪早期，佛罗伦萨实力强大的银行家和统治者科西莫·德·美第奇曾说："两码红布就能造就一位绅士。"面对这些颠覆性的改变，上层阶级试图维持现状，因此反奢侈法律的数量剧增，在14世纪兴起的文艺复兴时期到达顶峰。在意大利半岛的各个城市，共和国和专制国都对炫耀奢侈品，尤其是奢侈服装，施以新的限制。欧洲各国政府通过了新的着装规范，试图走在新的时尚和财富前端。例如，根据历史学家艾伦·亨特（Alan Hunt）所说，佛罗伦萨在13世纪时有2条反奢侈法律，到17世纪增加到了20多条；威尼斯在13世纪只有1条反奢侈法律，到17世纪则有28条；英格兰在13世纪时还没有反奢侈法律，但到16世纪已经有了20条；西班牙在15世纪时仅有2条反奢侈法律，但到16世纪时有16；法国在12世纪有1条反奢侈法律，到17世纪有20条，那时，奢侈行为已经被纳入了刑法和经济法规中；1656年的一项法律授权警察在巴黎街头拦截和搜查那些违反反奢侈法律的商品，而贩卖这些违禁商品的商人将面临罚款，甚至可能因为屡次违法而失去从事贸易的合法特权。

中世纪晚期和文艺复兴时期的反奢侈法律试图定义服装的社会意义，制定这些法律是为了应对经济繁荣引起的新的社会流动和社会动荡。随着欧洲走出中世纪黑暗时代，新的技术、新的贸易机会、移民增加和人口增长使原有的社会秩序变得不稳定。中世纪后期发生的变革范围和规模可与19世纪的工业革命或当今的高科技及全球化时代相媲美。12世纪，造纸术得到发展，磁罗盘问世，第一架风车也建造完成；12、13世纪，第一批欧洲大学建立，意大利、英国、法国、西班牙和葡萄牙的学者开始翻译古希腊和阿拉伯文本，将失传的古代数学、科学和哲学思想，以及新的数学、科学和哲学思想引入欧洲；13世纪，丝绸之路的贸易形成，为欧洲带来了东方的技术和商品，其中最重要的是中国的技术和商品，因为当时中国是人类历史上最强大的制造业国家；13、14世纪，汉萨同盟达到鼎盛状态，东至俄国，西至伦敦，都设有前哨，并控制了波罗的海和北海的贸易，带来了贸易增长，同时也流入了新的财富和思想。技术和贸易的急速发展让商人、贸易家、银行家和其他小资产阶级能够享受以前只有地主贵族才能享受的奢华生活，与此同时，二手服装市场的繁荣（服装有时是偷来的）有可能进一步弱化了服装的地位，混淆了服装的社会意义。

14世纪，全球性的瘟疫肆虐欧洲、亚洲和中东地区，造成数以百万计的人死亡。历史学家估计，在1347年至1351年，45%~65%的欧洲人死亡；税收记录显示，1348年，80%的佛罗伦萨人在短短4个月内死亡。瘟疫平息后，市场劳动力短缺，劳动者要求得到更高的报酬、更好的工作条件和更多的尊重，这就让社会的流动比以往更加明显。

无论是老牌精英还是新富阶层，服装都是不可或缺的地位象征。服装是展示财富和权力的理想手段，它随处可见，为私人所有，还便于携带。穿戴任何不实用的服饰，都表明其穿戴者具有挥霍资源的能力，因此，奢华的服饰是一种可穿戴的广告，宣扬着穿戴者的成功。正如社会学家托尔斯坦·凡勃伦（Thorstein Veblen）在他著名的《有闲阶级论》（Theory of the Leisure Class）中所说：

> 经济实力是……获得良好声誉的基础，而消遣……可以展现出一个人的经济实力，所以炫耀性的服装消费就有这一优势（可以通过展示经济实力来获得良好声誉）……我们的服装总是明显易见的，所有看到的人一眼就能瞧出我们的经济实力……

如果说奢华的服装是维护社会支配地位的一种方式，那么反奢侈法律则是让专横放肆的暴发户保持原位的一种方式。

时尚提供了一种独特的转变机会，因为只有它能把身体本身转变成一种政治信念。中世纪晚期，大多数欧洲人都是文盲，而扫盲率在文艺复兴时期提升缓慢。例如，历史学家估计，在1500年，90%以上的英格兰人是文盲，而到了19世纪，大多数人仍是如此。因此，当时人们都是依靠口头交流和图像来传达信息，后来才用书面文字。教会通过圣像、绘画、仪式和壮观场面来传播福音，国家向公民和外国使者展示华丽的庆典、宏伟的宫殿、游行和巍然屹立的纪念碑，这些都是能够获得人们敬畏和尊重的可见事物，而服装也是其中的一部分。一位君主可以通过服装展示自己的不凡和注定统治国家的命运，一名神父可以通过服装展现天堂的辉煌和上帝的荣耀。时尚界的新发展放大了这种视觉说服力：14世纪出现的缝纫艺术让服装不仅可以通过华丽的面料、鲜艳的颜色和表面的装饰来传达信息，还可以通过种类和形状来传达，量身定制的服装可以让人变得超凡脱俗，而不是简单地给身体披上华丽的外衣。然而，时尚为服装的表现力提供了几乎无限的可能，也因此引发了新的、可能令人不安的视觉争议。如果女王可以通过穿上精心设计的、带有垫肩的长袍以及膨大而层次分明的裙子，来显示自己的威严，那么地位低下的裁缝也可以大胆地穿上一条特别气派的宽松短罩裤，以此展示自己的重要性。

都铎王朝统治者尤其意识到了个人形象的力量，小心翼翼地维护自己在服饰方面的特权。1510年，亨利八世的第一届议会通过了《禁止穿着昂贵服装法》(*An Act Agaynst Wearing of Costly Apparrell*)，该法律的名称具有误导性，因为它实际上并没有取缔昂贵的服装，而是把颜色高贵、品质精致和异国生产的服装局限在地位高的人身上。例如，该法律禁止贵族身份以下的男子穿"英格兰、威尔士、爱尔兰或加莱以外地区制造的任何由金银布料、貂皮或羊毛制成的服装"；嘉德骑士级别以下的人禁止使用深红色或蓝色的天鹅绒；骑士级别以下的人禁止使用天鹅绒、丝绸或锦缎，"贵族、法官、御前会议成员和伦敦市长等几类人的子嗣"除外。甚至是普通人的穿着，也要根据身份进行分类。例如，侍者的短袍布料不得超过2.5码，长袍不得超过3码；针对农场的仆人、牧羊人和劳工，如果他们手上的货物价值不超过10英镑，则禁止穿每码超过2先令的衣服或每码超过10便士的短罩裤，否则将被监禁三天。随后的服装法分别于1515年、1533年和1554年通过。

伊丽莎白一世比她之前的任何一位君主都更有效地利用了服装的视觉效果，她通过服饰，将皇室的奢华与严苛的、不可触及的女性道德相结合，展现出一种令人难忘且超凡脱俗的气质，在那个由男性主导的文艺复兴时期的英格兰，她成功地把自己的性别劣势转化为优势。她明白时尚的力量，甚至比她声名狼藉的父亲亨利八世更热衷于规范他人的着装。历史学家威尔弗里德·胡珀（Wilfrid Hooper）在20世纪早期写道："伊丽莎白的统治标志着服饰规范进入空前活跃的时代。"许多新公告规定了短罩裤和长筒袜所用面料的数量和质量，为上层阶级贮备了更多天鹅绒和缎子等豪华布料。

这样的法律很难执行，而且经常遭到人们的蔑视，毕竟，如果贵族和平民可以通过着装来区分，那么对于穿着红色丝绸和貂皮衣服的人，人们又如何通过其他方式来辨别他们是否有资格这样穿呢？尽管如此，这些法律仍然得到了严肃对待。伊丽莎白女王亲自告诫伦敦市长，要求他确保市民遵守反奢侈法律，为了强调这一点，枢密院将伦敦市长和高级市政官召集到星室法庭[1]，提出了同样的要求。女王制定了一个周密的监视计划，征募贵族、地方官员和普通民众来执行这些法律，执法的方式包括某种悬赏。例如，除了处以罚款外，伊丽莎白时代的反奢侈法律还授权个人"没收任何违反法规的服装……为己有"。

1559年11月，枢密院在写给伦敦市政府的一封信中要求，在每个教区任命两名监督员，这两名监督员握有一份名单，上面列举了所有有权穿丝绸服装的人，除这些人之外，任何穿丝绸服装的人都会被他们拘留。1562年5月6日，一项公告指派伦敦市长和市政法院在每个区任命4名"富裕且善意的人"，来逮捕违反着装规定的人。1566年，在女王的敦促下，市里指定了4名"该受责备且互不相干的人"从早上7点开始在每个城门站岗：

> 从上午7点到11点，再从下午1点到6点，他们一直在站岗，在此期间，他们死死盯着进入伦敦市的每一个人……观察这些人是否穿着无比宽松的短罩裤，使用丝绸和天鹅绒，或是携带有限制和禁止的武器。

1574年、1577年、1580年、1588年和1597年，王室相继发布了

---

[1] 星室法庭是15至17世纪英国最高司法机构。——译者注

反对奢侈服饰的公告，试图抵制时尚那强大而多样的诱惑。例如，1580年，随着淀粉浆和线框技术的发展，织物的褶皱能够变得硬挺，所以异常大的褶边衣领开始流行起来，于是该年的一项公告增加了数条规定，要求禁止使用"过长过深的褶饰"。

同时，帮助和怂恿他人违反着装规范的人也要面临法律制裁。1561年，一项公告规定，禁止裁缝和袜工向未经许可的人提供衣服，还要求他们缴纳40英镑的保证金以保证遵守该规定，此外，他们的营业场所每8天要接受一次搜查，以检查是否有违禁服装。1554年的服装法规定，主人窝藏违反该法律的仆人将面临100英镑的巨额罚款。

虽然都铎王朝和欧洲各地的贵族颁布了一系列加强传统特权的着装规范，但更激进的思想家们假想出了一个颠覆服装象征意义的世界。亨利八世的大法官托马斯·莫尔（Thomas More）曾描写出一个虚构的乌托邦，在乌托邦，王国所有的衣服都是"相同的样式，相同的自然色……并一直流传几百年……"莫尔的《乌托邦》（Utopia）描述了一个平等主义社会，在这个社会，奢侈乱象的问题不是通过禁止奢华的服饰或为精英阶层保留这种服饰来解决，而是通过故意贬低奢侈服装来解决。在乌托邦里，夜壶和奴隶的锁链是用黄金和白银制成的，罪犯要戴上金牌和金冠来作为惩罚，这样一来，贵金属就会成为"恶名的标志"。乌托邦人把宝石送给孩子当玩具，这样，"当他们长大一些，发现只有小孩子才会玩这种玩具后，他们就会把这些玩具扔在一边，不是因为父母要求他们这样，而是因为他们自己觉得羞耻，就像我们的孩子长大后扔掉自己的弹珠、摇铃和娃娃一样"。在莫尔的想象中，这种奢侈品的象征意义被颠覆了，所以在外国大使们穿着华丽的衣服访问乌托邦时，乌托邦人误以为他们是小丑或者奴隶。

在都铎王朝，着装规范将奢侈品视为高贵地位的象征和特权，莫尔对奢侈品社会意义的乌托邦式颠覆，是对都铎王朝思想的尖锐批评。然而《乌托邦》也反映了都铎王朝的精英们对时尚快速变化产生的焦虑。在《乌托邦》中，王国里每个人穿的服装都是同一种类型，而且历经数个世纪都如此。对莫尔来说，良好的社会不仅没有阶级差别，也没有变幻无常的时尚。莫尔时代的精英们将服装定义为地位的象征，试图通过着装规范来应对时尚的变化。时尚既是精神上受到鼓舞的激进平等主义者的敌人，也是小心翼翼地捍卫其特权的贵族的敌人。14世纪到16世纪，着装规范的数量迅速增加，这反映出新的时尚正在迅速形成，同时，关于社会地位全新的、颠覆性的观念也在迅速形成。新时尚不断涌现，立法者则用新的着装规范来应对，以跟上、控制并定义最新的时尚风格。14世纪晚期意大利作家弗朗科·萨凯蒂（Franco Sacchetti）写的一个故事戏剧性地描述了这一问题。在他的故事中，执法人员命令一群妇女拆除当地法律禁止的奢华纽扣，而这群妇女回答道，衣服上没有相应的扣眼，所以这些根本算不上是纽扣。这群妇女通过某种服装创新，间接地藐视其城市的反奢侈法律。时尚总是走在法律的前面，所以每一种新的时尚都需要新的着装规范。为了应对这些变化，威尼斯元老院在1551年直接宣布："禁止一切新的时尚。"

在文艺复兴初期，宽松短罩裤和紧身上衣盛行，着装规范首先试图理解和控制服装的意义。经济上的变化创造了新的财富和新的社会流动，而服装技艺上的创新，尤其是合身的定制服装的发展，正好与这种经济变化同时发生，所以社会地位不断上升的商人、金融家、小贵族和成功的贸易者都在把服装从一种可预测的、相对稳定的社会地位标志，转变为一种更丰富多样的自我表达媒介。随着人们涌入城市寻找新的机会，建立在现有社会关系基础上的等级制度被打破。在一个小村庄里，每个人都清楚自己的位置以及邻居的位置，而在一个满是陌生人的大城市里，屠夫的妻子可以冒充贵族，一个人用两码红布就可以成为一个绅士。因为经济蓬勃发展，创造了新的财富机会。屠夫可能会赚到足够的钱，为自己妻子买一顶王冠，并为自己买两码昂贵的红色丝绸来定制紧身上衣，或者定制一条大得离谱的宽松短罩裤。对于这些社会新贵来说，时尚是一种彰显地位的方式，他们不仅仅在服装上冒充贵族，更危险的是，他们坚持认为自己就是一种新的贵族，这种贵族不是靠继承头衔，而是靠财富、才能和个性形成的。这些变化威胁着基于地位和外在形象的社会秩序，在这种秩序中，政治权力与塑造形象的能力交织在一起，而治国方略则是一个精心设计的仪式戏剧。文艺复兴时期的着装规范试图控制时尚，迫使它为较传统的社会阶层服务，反过来，时尚则利用了服装和地位之间的旧联系，服务于现代的、富有表现力的个人。

第二章

自我塑造

宽外袍、长袍、礼服和定制服装

中世纪晚期之前，服装的内涵都是由约定俗成的习惯和等级森严的反奢侈法律所确定的。但从中世纪晚期开始，尤其是在文艺复兴时期，出现了莎士比亚、莱昂纳多·达·芬奇、米开朗琪罗等一些个性十足的人物，以及一些不那么著名的人物，如穿着惊人宽松短罩裤的理查德·瓦尔维恩等，在这一时期，着装已成为自我创造和自我塑造的一种方式。

　　在中世纪早期，一些重要的服饰体现着血统、传统和世袭地位。风格的变化是缓慢的，并且一直以令人熟悉的方式持续变化着。尽管服装并没有像托马斯·莫尔所希望的那样"历经数个世纪"一成不变，但它仍然有非常缓慢的变化，人们仍然可以很容易地识别出新风格是旧风格的轻微变化。但是在文艺复兴早期，这些传统服饰的特征为快节奏的时尚所取代。新的技术、新的资本以及新的人群以轻快而又沉重的步伐推动了现代时尚的出现。新服饰的要求不是要延续过去而是要表达当下的时代精神以及对新事物的冲击。

　　经济的发展让人们拥有更多的资源和更强烈的愿望，去通过服饰来表达自己，同时新技术也为服饰的设计提供了巨大的进步空间，这些都促进了现代时尚的出现。最重要的技术革新是现代缝纫技术，出现于14世纪。在引入缝纫技术之前，大多数欧洲精英人士的服装都是某种形式的垂褶服装，比如古罗马的托加长袍以及中世纪的礼服和长袍。在古代社会，裤子很少见，要么是劳动者的低微服装，要么是东方文明的异国服饰

（如波斯服饰）。根据历史学家格莱尼斯·戴维斯（Glenys Davies）和劳埃德·勒韦林-琼斯（Lloyd Llewellyn-Jones）的说法，"据希腊和罗马人的理解，形状适合腰部和腿部的遮腿衣是'野蛮人'的独特标志"。历史学家安妮·霍兰德（Anne Hollander）提到，中世纪晚期出现的缝纫技术最初用于制作亚麻裤子和衬衫，这些亚麻裤子和衬衫可以穿在全身板甲下面，这种新式盔甲是锁子甲和板甲的高技术改进，后者只能遮盖身体的某些部位，比如胸部、前臂或小腿；新盔甲很昂贵，专为战士和精英所锻造，因此，量身定做的内衣演变为外衣，成了地位极高的象征。精英阶层的男性采纳了这种最早的定制服装，舍弃了以前男女通用的垂褶长袍。

古代男性和女性的服装为典型的垂褶长袍。

缝纫技术让服饰更为合身,突显穿着者的个人形态,使服装更具有个性化特征。垂褶长袍通过颜色、装饰以及面料来彰显其身份地位,而缝纫技术的革新使服装能够贴合身体,显现出穿着者的身形。男性的服装采用了新的模式,所以曾经随处可见的垂褶长袍成为受传统约束的职业人员的独特服装(如神职人员、学术界、法律界以及妇女等)。在此之后,女性服装也开始借鉴一些男性缝纫服装的元素,但并非全部,比如贴身的袖子和胸衣,但腰部以下仍然保留着传统的垂褶长袍形式。男性和女性的服装在变得更加合身的同时,也变得更加具有表现力。这些设计的改进让服装能够表达更为广泛的社会意义,即使这些社会意义没有垂褶长袍那样为人所熟悉。除了贵族和神职人员之外,屠夫和他的妻子等来自不同社会阶层和职业的人首次有机会可以穿上改进过的服装。服装是个人表现力的载体,一些历史学家将服装设计的变更称为时尚的诞生。

历史学家斯蒂芬·格林布拉特指出,在16世纪,用"时尚"一词来表示"自我个性的形成……这一个性的形成既有身体形态的变化,又有个性的改变"。缝纫服装的出现是人类意识发生深刻改变的体现,即现代个人意识的出现。

此处需要多解释几句,一直以来都存在个体认知,但是个体认知并不总是政治和社会理想所探讨的焦点。事实上,人们并不会先将自己视为个体,而是将自己视为群体成员,由集体事业和身份以及所在团体的角色和地位来定义自己。而认为我们首先是个体,有着跳脱于社会地位、职业以及家族传统的个性,这样的观点是比较新颖的。个人主义在中世纪晚期和文艺复兴时期开始出现,随后而来的便是时尚。就时尚一词而言,我认为它是个人主义精神的一种展现,没有个人主义,时尚也就无从谈起。如果说个人主义需要时尚来充当其主要载体,这样的说法也毫不夸张。根据哲学家吉勒·利波维茨基(Gilles Lipovetsky)所说:

> 在中世纪末,我们可以看到主观身份意识有所提升,表达个人独特性的渴望有所增强,赞扬个性美的呼声高涨。对展现个性标志的狂热追求,以及为个人而举办的大型庆典都加速了对传统的打破,并激发了个人想象力对新颖性、差异性和独创性的追求。到了

中世纪末，外观的个性化已经合法化，通过展现自身的与众不同之处，以及独具特色的个性来吸引他人眼球，也都成为合法的愿望。

人们可以将时尚的诞生与同时代文学领域的转向进行比较。在中世纪前，西方文学的主要形式是史诗，这一文学形式记载了伟大男性和女性的重要事迹，如国王和王后、战士、骑士、圣贤，以及那些在他们的重大事业中起到帮助或阻碍作用的人。史诗中的男主人公和女主人公是由其在历史中的身份和地位来定义的，例如国家之父、人民的解放者、启蒙运动的探索者。从某种程度来说，史诗英雄展现的是个体心理，这通常是驱动史诗叙述的相对简单的性格特征：狡猾的奥德修斯智胜塞壬女妖；在特洛伊人击溃希腊人之际，虚荣骄傲的阿基里斯在帐篷里生闷气；俄瑞斯忒斯丧失忠诚，驱使他杀死自己的母亲来报复父亲；兰斯洛特和王后桂妮维亚之间的私情以及他们不当的行为举止摧毁了亚瑟王的卡米洛特王宫。总体上来说，史诗英雄人物的性格不是通过心理来展现的。而我们关注行为胜于其动机，关注身份地位胜于其内心情感，才会有此看法。

这种前现代的感性更普遍地适用于政治和社会生活。国王因为神授的国家元首而显得尤为重要；贵族则是大户人家的象征，是土地的管理者，是战时王国的保卫者；神职人员则是上帝的代表。这些个人之所以受到关注，是由他们地位所象征的事物所决定的。因此，重要人物的服装尤为重要，因为服装不仅仅反映了个性特征，更重要的是它象征着身份地位。在大多数情况下，寻常人的服装仅仅只有服饰的基本功能作用，没有身份地位的象征意义。

小说的出现反映出人们对个性有着新的认识与重视。在小说中，主人公（不再是英雄）和他们所遭遇人物的心理活动推动了剧情的发展，剧情的发展不再需要涉及伟大事迹。事实上，在现当代小说中出现具有重大历史意义的事件时，这些事件通常仅充当个人心理剧的背景。许多优秀的小说不包含任何具有政治或历史利益的事件。相反，这些优秀的小说往往都是日常生活的缩影，其特征为记录相对平凡的事件和社交互动的微妙之处，以及个人反思。对照荷马（Homer）笔下的奥德修斯（就史诗英雄来说，他是一个心理活动极其不同且复杂的人物）和普鲁斯特（Proust）的《追忆似水年华》（*A la Recherché du Temps Perdu*）中叙述者的反思，以及詹姆斯·乔伊斯（James Joyce）的《尤利西斯》（*Ulysses*），都可以体现小说是日常生活缩影这一特征。小说特征的形成是一个缓慢的过程，经历了几个世纪的积淀。在最为精练的古典式史诗中就有了小说特征形成的线索，而这一线索早在14世纪就已经出现了，例如，薄伽丘（Boccaccio）的《十日谈》（*The Decameron*）为古代寓言增加了人物心理活动的深度。但小说的这一特征是在17和18世纪，也就是启蒙运动的自由主义哲学时期和文学评论家伊恩·瓦特（Ian Watt）所称的"小说兴起"时期达到顶峰的。

诚然，这并不是说人们不用服装来表达自己的个性，也不是说在这些发展之前，他们缺乏丰富的情感生活，而是说他们缺乏现代意义上对心理动机的自我认知。当今，心理评估、检测和分类在我们生活中无处不在。"人格类型"是通过严格的心理测试，以及流行的心理学"人格测试"[如迈尔斯-布里格斯（Myers–Briggs）测评]来定义的。我们决定有罪或无罪是基于主观动机和客观行动：犯罪是由犯罪意图定义的，而违反平等待遇是由"歧视意图"的概念来定义的。对我们来说，心理学对现代人的定义是人的本质所在。我们用恶意的念头替换了罪恶的概念，用心理治疗室代替了忏悔室，用不可变的心灵取代了不朽的灵魂。

小说关注的中心是个人心理而非英雄事迹，这也是一种民主传播的媒介——平民的编年史。虽然只有君主、武士和圣人在地缘政治的史诗剧中发挥作用，但每个人都有着丰富的心理活动，这些心理活动都与日常生活的小事紧密联系。在小说中，被雇佣的劳动者和中层管理者享有和富人及权贵之人同等的关注与尊严。

时尚在过去（和现在）是民主的一种表现。通过将服饰的象征意义从传统认识的观念中解放出来，让权贵人士的专属服装慢慢转变为展现个性的服饰。可以这么说，是时尚打破了传统认知，它让经济条件允许的人都能穿着象征着精英阶层的服饰。这打破了传统服饰所具有的排他性，并改变了传统服饰本身的含义。

毫无疑问，有时会有非精英人士利用时尚之便，试图通过服饰将自己伪装成精英人士，或至少通过服饰来证明他们同精英人士一样成功，以此来提高自己的声誉和威望。这就是托尔斯坦·凡勃伦提到的"金钱上的模仿"。但这一观点，被研究反奢侈法律的历史学家艾伦·亨特（Alan Hunt）认为"这就是嫉妒的一种模式，职位低下的人总会被认定为渴望模仿他们的上级"，但这并不是全部原因。如今，实证研究已经否定了此观点：时尚总是从上层社会人群开始，并慢慢渗透平民阶层，而平民阶层会以此模仿精英人士。如果说有什么不同的话，那么最近的趋势正好相反，例如朋克、垃圾摇滚和嘻哈等昂贵的、高级时尚的街头文化的迭代发展。向上层社会流动的下层阶级，用服饰来展现身份地位从来都不仅仅只是模仿，还涉及借用这些象征身份地位的服饰，来反映他们自己的野心以及对服饰的鉴赏力，这些都源于他们自己新的社会地位。可以肯定的是，谄媚的新贵一直都存在，但对旧社会秩序更大的威胁是新兴资产阶级，他们坚持不加入或模仿贵族，但却坚持自己在社会中的独特地位。正如历史学家丹尼尔·罗切（Daniel Roche）所写的那样，时尚的兴起促进了"一种新思想发展，即变得更加个性化，更加享乐主义……更加平等以及更加自由"。时尚允许人们对个性进行展示，其个性展示独立于社会阶层、种族、职业，或任何其他群体身份之外。

如今，服饰不仅展现着个人财富，也需要体现个性。新兴的富裕有权群体以新的时尚服饰展现其传统的身份地位，以坚持自己在精英中的身份地位，挑战和改变旧的等级制度，宣扬新的社会机构。商人的妻子可能会头戴珠宝饰品，这不是为了效仿皇室，而是为了在商人圈中炫耀其新的、更高的社会地位。理查德·瓦尔维恩穿上宽松短罩裤，可能不是为了模仿贵族，而是为了坚持自己在社会中的身份地位。也许这引发的问题并不在于他穿着冒失的服装，看起来很滑稽，而是这一服饰看起来很时尚，有可能会掀起一股新的时尚潮流，使得社会地位和服饰之间的联系进一步复杂化。

着装规范是人类鉴赏力发生深刻变化的结果。反奢侈法律不仅是控制社会阶层流动的一种方式，而且随着时间的流逝，也成为破译奇异服饰风格以及了解社会角色和自我认知的一种方式。因此，将服饰与传统地位联系起来的着装规范，与现代人对自我时尚的追求是相互抵触的。因为在服饰上的自我表达，从来都不仅仅只是违背传统和穿自己喜欢的衣服那么简单，它要求人们呼吁着装规范，与此同时又要颠覆这一着装规范。

第三章

信仰的标志

裙摆过长的连衣裙、耳环和其他虚荣服饰，以及女性修道服 —— 灵感源自克里斯汀·迪奥（Christian Dior）

在中世纪和文艺复兴时期，教会和贵族阶层的地位同样高，是欧洲社会最重要的阶层之一，即构成法国革命前的旧政治制度的三大阶层之一，以及英格兰的两大贵族阶层之一。与贵族阶层一样，教会以独特的服饰来彰显其地位，并与贵族阶层一起谴责时尚所带来的破坏性影响。

对神职人员来说，时尚鼓励感官享受，对传统的性别角色构成威胁，模糊了将非基督教徒和信徒分开的象征意义。最糟糕的是，时尚鼓励人们强调自我价值，这是启蒙运动人文主义的早期形式，而人文主义最终取代了上帝、教会和神学的宇宙中心地位。中世纪和文艺复兴时期，人们对自我价值的强调发展到了一定规模，还有了确切形式，教会预见了这种威胁，所以对时尚发动了"圣战"，用道德训诫、神的惩罚威胁和世俗的政治权力来强制执行限制性的着装规定。尽管有这些努力，时尚还是蓬勃发展，事实上，它甚至影响了传统的宗教服饰，使其宗派象征变得更加复杂和混乱。

犹太人的穿戴标志

1427年，锡耶纳的贝纳迪诺修士（Friar Bernardino）编写了一套着装规范。他没有用立法公告的形式，而是用修辞问句来赋予时尚服装以意义，并制裁穿着时尚服装的女性：

你怎么知道在哪里借钱？通过遮阳棚上的标志知道的。你怎么知道哪里有酒卖？通过标志。怎样才能找到一家旅馆？通过标志。你看到酒馆老板的招牌标志，所以你去找他买酒，你对他说："给我一些酒……"那现在若有一个女人因虚荣而穿戴某些服饰，而这些服饰却是妓女的标志，那该怎么办呢？你会要求她……你知道我的意思，就像你要求一个妓女一样，或者如果你喜欢的话，就像你要求一个酒馆老板提供酒一样。

这种对着装的道德评判与当时的反奢侈法律双管齐下，同时起着两种作用：一是让大众能够理解大量令人困惑的新时尚，二是为正式或非正式地制裁时尚服饰提供理由。世俗的反奢侈法律的主要关注点是社会地位，而宗教训诫的主要关注点是稳定服装、性别和宗教信仰之间的关系。就像反奢侈法律让服装成为社会地位的标志一样，这些宗教和道德的着装规范让服装成为性别、罪恶和宗教信仰的标志。服装不仅是性别的标志，还可区分罪恶和道德的性表达，特别是对妇女而言。

贝纳迪诺修士是宗教长期的反时尚道德传统的一分子。最早的基督徒告诫信徒要衣着得体，特别谴责使用化妆品、穿戴鲜艳颜色的服饰或珠宝的妇女。到了公元2世纪，基督教神职人员开始正式确立教会的习俗，其中最重要的一些内容是关于衣着的详细规定。德尔图良（Tertullian）神父在公元2世纪用拉丁文撰写了第一部基督教文本，他基于节俭和朴实的原则，对服装提出了全面的限制。他抨击了所有种类的奢侈品，强调珠宝的虚荣，并在书中写道："尽管我们称它为珍珠，但它绝对只是贝壳里面的一个又硬又圆的东西。"对于染成各种各样颜色的衣服，他告诫说："我们不能认为上帝能够创造出长有紫色或天蓝色羊毛的羊……所以我们必须认为这些是由破坏自然的恶魔创造的。"德尔图良神父建议基督教妇女用头巾遮住自己的脸，"这样她们就可以满足于一半的自由，享受一半的阳光，而不是放荡地露出整张脸"。他还坚持认为基督徒应该 "厌恶成为他人的欲望对象"。对于化妆品，德尔图良写道："那些在脸上抹面霜，在脸颊上涂胭脂，或在眉毛上涂锑的女人，显然不满足于上帝给她们创造的外表，而这无疑是冒犯了上帝。"他反对梳精致的发型和辫子，或者使用染发剂和假发，并指出虚荣的女人在面对最后的奖励（或惩罚）时，无法与其共存："为什么不让上帝看到今天的你？就像他会在末日审判时看到的你一样。"

贝纳迪诺修士沿袭了这一传统，他周游意大利半岛，宣讲反对过度奢侈的行为。他把女性的装饰等同于巴别塔，称"这就像尼姆罗德试图建造这座大塔来违背上帝的意志一样，所以女人在头上花功夫……也被认为是一种自我陶醉和对上帝的反叛。你绝对可以看到上面的'城墙'和'箭缝'……头发和宝石；前面是脸和化过妆的眼睛，以及地狱般的微笑；脸颊上是胭脂的红晕"。中世纪的基督徒把夏娃在伊甸园里的罪过看作女性的典型弱点，女性身体固有的罪恶已经成为一种信条。人们认为女性天生就有犯虚荣罪的倾向，她们穿着华丽服装就说明了这种倾向。根据某个中世纪寓言所述：

> 一个女人"在教堂里，打扮得像一只孔雀，却没有注意到她华丽服装的长下摆上，坐着许多小恶魔……他们鼓掌欢呼……因为这个女人不得体的服装只不过是魔鬼的圈套"。

因此，许多法律禁止妓女通过穿着毛皮，佩戴银饰、宝石和其他被认为是"表达……女性对装饰的热爱"的装饰品来提高自己的吸引力。所有穿着奢华、招摇和时髦服装的女性，即使是那些因阶级地位高而有权这样穿的人，都面临着道德谴责。但许多中世纪和文艺复兴早期的着装规范并没有试图消除奢华的服装，相反，它们把所有的衣服都变成了性的象征——既是生理性别的象征，也是美德或罪恶的象征。事实上，许多城市的法律要求妓女穿着颜色鲜艳服饰的和佩戴繁复的装饰，例如丝带等，作为其职业标志。从某种意义上说，这些法律试图利用托马斯·莫尔在《乌托邦》中描述的反向心理学来强化反奢侈的规定，法律通过给堕落的女人配上华丽的服饰，从而让体面的女人厌恶这些服饰。例如，14世纪的锡耶纳为妓女配上反奢侈法律禁止的丝绸和厚底鞋。同样，1434年，一个宗教委员会认定带裙摆的衣服是"不雅的、不道德的、严重过度的、妓女的装束"，于是费拉拉的主教下令，只有妓女才能穿这种衣服。14世纪和15世纪，意大利的比萨和米兰市要求妓女佩戴明亮的黄色丝带或独特的斗篷，以此作为她们的职业象征。15世纪，佛罗伦萨的妓女们被迫在头巾上系铃铛，用来表明自己会随声而至。

1416年夏天，大约在贝纳迪诺修士发表谴责女性虚荣心演讲的10年前，一位称为"约瑟夫之妻阿利格拉"的女人在意大利费拉拉市被捕，她因在公共场合不戴耳环而被罚款10金币。她犯的时尚罪在于没有表现出她所属社区的明显标志。阿利格拉是犹太人，而法律规定犹太妇女要"双耳挂环……不加遮掩，对所有人都可见"。这种象征意义再清楚不过了：在一个将过多的装饰品谴责为罪恶标志的时代，法律要求犹太人佩戴显眼的珠宝。着装规范谴责珠宝是一种虚荣，也让珠宝成为犹太教的强制性标志。直到15世纪，意大利北部的犹太人才在大多数情况下与基督徒和谐相处，共享邻里关系以及许多世俗习俗和时尚。根据历史学家黛安·欧文·休斯（Diane Owen Hughes）的说法：

> 犹太人往往成为一些意大利城市的正式成员，这些城市不仅承认他们的公民权利，偶尔还任命他们担任公职……他们的房子散布在整个城市，与基督徒的房子并排在一起……而要区分犹太人和基督徒已经变得极其困难。他们说着同样的语言，住在类似的房子里，穿着同样的时尚服饰。

犹太人不仅在社会生活上融入了这些城市，而且对当地经济也起着至关重要的作用，他们向贵族提供货物、技术贸易和金融资本。讽刺的是，他们也经常向教会提供这些，"修士们需要钱时，把《圣经》抵押给犹太放债人；需要一个新屋顶时，去找犹太铁匠……修道院的床垫开始散架时，他们找犹太床垫制造商……"

简而言之，在日常的交流中，典型的意大利北部人不区分也无法区分基督徒和犹太人，而对于教会权威来说，这就是问题所在。自1215年第四届拉特兰会议以来，宗教法令就要求犹太人佩戴标志，以区分基督徒和犹太人。例如，1221年，西西里岛的腓特烈二世要求该王国的犹太人佩戴独特的标志，尽管根据休斯的说法，"似乎没有一个城市的政府要求市内的犹太人遵守……该法规"。1322年，比萨要求"犹太人……在胸前的衣服上佩戴一个明显的、用红布做的'O'字标志……这样人们就可以认出他们来，并将他们与基督徒区别开来"。1360年，罗马要求犹太男子穿上红色搭肩衫，犹太妇女穿上红色套裙。

15世纪，强制给犹太人标记的法律增多，执行力度也加大。1423年，锡耶纳的贝纳迪诺修士在帕多瓦发表了一篇演讲，鼓吹厌恶犹太人，这预示着后来原始的种族主义的出现："如果你和他们一起吃喝，你就犯了重罪……一个想要恢复健康的病人不得找犹太人医治……不可与犹太人一起洗澡。"根据历史学家理查德·塞尼特（Richard Sennett）的说法，一个反犹太教的谣言谴责那些借钱生息的犹太银行家是性变态，"他们以利滚利，用非自然手段赚钱"，同时犯下了贪婪罪和淫欲罪。坚持宗派隔离的神职人员同样也把珠光宝气的荡妇表现出的欲望与犹太人的贪婪联系在一起。例如，贾科马·德拉·马尔卡修士（Giacoma della Marca）坚持认为，女性的虚荣心既是贪婪的犹太人的标志，也是其手段：对奢侈品产生的欲望让基督徒家庭欠下债务，最终迫使他们"以10个铜币的价格将一件衣服典当给犹太人，而犹太人又以30个铜币的价格转卖出去……"。因此，犹太人变得富有，而基督徒变得贫穷。根据休斯的说法，15世纪在整个意大利半岛出现的犹太人标志，几乎在任何地方都可以追溯到一些宗教教义，这些宗教教义将犹太人的不洁与大都市的腐败相联系，在这些大都市里，基督徒和犹太人混杂在一起。反犹太种族隔离运动也是一场反城市运动，这场运动声称要保护所谓纯洁和谦卑的乡下人，免受罪恶和颓废的城市居民的伤害，"巧妙地将犹太人的不洁与城市社会的不洁联系起来……"

因此，新的法律要求犹太人穿上独特的服装，这样人们就能一眼认出他们。这些着装规范使宗教信仰显而易见，从而强化了这样一种观念，即犹太人从根本上是与众不同的、不正常的。

耳环成为犹太人虚荣心的象征几乎是偶然的，因为基督教权威利用了二者的偶然联系。根据休斯的说法，就像在北欧其他地区一样，在意大利北部，人们没有广泛佩戴耳环，意大利北部城市的反奢侈法律也和法国、德国和英格兰的反奢侈法律一样，并没有提及耳环，这些地区的公共记录也没有将耳环列为富人的财产或列为能够担保债务的抵押财产。而在意大利南部，耳环却很受基督徒和犹太妇女的欢迎，南部的犹太人为了躲避宗教裁判所最极端的惩罚，于是首次向北迁移，他们带去了自己的时尚感，犹太妇女曾一度因为佩戴的耳环而在人群中脱颖而出。但到了15世纪，在阿利格拉因不佩戴耳环被捕之前，意大利北部城市的大多数犹太妇女早已不戴耳环。然而，由于宗教权威谴责耳环是一种虚荣，并将其定义为羞耻和罪恶的象征，新的着装规范又迫使犹太妇女重新佩戴耳环。

在许多意大利城市，尤其是在那些用耳环无法区分犹太人和非犹太人的南部城市，法律规定犹太人必须穿戴有特色的服饰，比如红色裙子、黄色头巾、红色或黄色的圆形徽章或红色外套。新的着装规范让犹太人受到侮辱，因为这些着装规范让他们使用的是与妓女相同的彩色织物或服装。例如，15世纪着装规范要求罗马的犹太妇女穿上妓女也会穿的红色套裙，意大利其他地区的犹太妇女必须戴上黄色头巾，而黄色头巾在14世纪到16世纪的意大利城市是妓女的标志。1397年，威尼斯的法律要求犹太人佩戴黄色徽章，1416年则要求妓女和皮条客佩戴黄色围巾。在维泰博，任何敢在街上不戴黄色头巾的犹太妇女都可能被第一个逮捕她的人剥光衣服，而在其他城市，妓女若离开了自己的拉客地区，也会遭到同样的惩罚。

根据法律规定，耳环成为异样性欲的标志，犹太妇女和妓女都要佩戴耳环。宗教艺术对重罪进行拟人化描绘时，经常给虚荣罪穿戴上华丽的服装和珠宝耳环，相比之下，宗教艺术里受人尊敬的女性则不往耳垂上戴任何装饰。贝纳迪诺修士的布道鼓动信徒们焚烧珠宝、高档服装和化妆品等奢侈品，这些焚烧仪式预示了在1497年佛罗伦萨臭名昭著的狂欢节上，由修士吉罗拉莫·萨沃纳罗拉（Girolamo Savonarola）监督的焚烧虚荣的那团篝火。那时，许多意大利城市的法律禁止基督教妇女佩戴耳环。就如贝纳迪诺修士所坚持的那样，如果虚荣是堕落妇女的标志，那么虚荣也将成为犹太人的标志。

意大利犹太人竭力抵制这些反犹太人的刻板印象。1418年，他们制定了自己的着装规范，他们尽量不穿由黑貂皮、白貂皮、丝绸和天鹅绒制成的披风，除非这些奢华的面料完全不出现在公众视线范围之内，"以便他们可以在上帝面前保持谦卑谨慎,避免引起外邦人的嫉妒(这一点是重点补充)"。

有些宣传将犹太人与不健康和不自然的性行为联系在一起,让基督徒更易于将疾病的传播归咎于犹太人。例如,根据塞尼特的说法,在威尼斯梅毒泛滥时,这座城市依靠犹太医生来治疗这种疾病,但同时又指责他们造成了这种疾病的传播。1520年,威尼斯外科医生兼科学家巴拉塞尔苏斯(Paracelsus)抨击威尼斯的犹太医生,称这些犹太医生"净化梅毒患者,为他们清洗身体、涂抹药膏,并对他们进行各种不虔诚的欺骗"。治疗梅毒、麻风病,尤其是治疗鼠疫患者的犹太医生,经常穿着独特的服装,以保护自己不受雾病的感染,因为这种雾病当时被人们认为是传播疾病的罪魁祸首,而那些独特的服装是17世纪瘟疫医生穿戴的标志性鸟嘴面具的前身。由于威尼斯的许多医生,尤其是那些被招来治疗传染病患者的医生,都是犹太人,因此那些独特的服装以及与疾病和死亡的关联就与犹太人联系在了一起。人们由此产生的厌恶情绪在1516年威尼斯犹太隔离区达到了顶峰,从那时起,隔离的种族社区被命名为"ghetto"(即犹太人区和隔离区),它源于意大利语动词"驱赶"(to pour)或"倒垃圾"(gettare)。

意大利强制要求犹太人穿上属于犹太人的独特服装,让别人在社会上孤立他们的同时,仍然允许犹太人把自己的才能和资源为社会特权成员所用。但是,像耳环这样吸引人的东西不可能长久地成为边缘人群的专属财产,于是耳环很快就在社会上有权势的人群间流行起来。15世纪,意大利许多城市的反奢侈法律禁止基督教妇女佩戴耳环;而到了16世纪,新的着装规范让华丽的服装和珠宝成为贵族的专属标志,仅限于社会精英。例如,1401年,博洛尼亚禁止所有女性,无论社会地位如何,佩戴黄金和珠宝,或使用丝绸和天鹅绒,而到了1474年,著名行会成员的女儿则可以穿着金银色织物。1521年,博洛尼亚的法律规定犹太妇女只能戴三个指环和三个金饰针,还禁止她们佩戴那些曾经被强迫戴上且作为耻辱标志的耳环。同样,1543年威尼斯的一项法令就禁止妓女"使用金、银或丝绸……或佩戴项链、珍珠、珠宝或普通戒指,无论是佩戴在耳朵上还是在手上"。

受宗教启发的着装规范曾让耳环成为一种侮辱宗教和堕落的性行为

标志。但时尚的非正统逻辑也许从禁忌的诱惑中汲取了力量，将耳环变成了令人垂涎的地位象征。因此，当权者改变了策略，通过立法将奢侈品与特权地位联系起来，并坚持要求犹太人放弃这些奢侈品时。尽管教会和国家尽了最大努力，但奢侈品已然成为地位的象征。

终身修道院生活

15世纪意大利的着装规定迫使犹太人穿戴规定的犹太服饰，与此同时，一些最虔诚的基督徒则自愿进入"终身修道院生活"。着装规范规定了天主教妇女（俗称为"修女"）的宗教服装，让服装成为宗教虔诚的象征。他们独特的修道服中的每一个元素都有特定的象征意义，因此修道服似乎是最纯粹的地位象征，将信仰的形象提升到任何特殊的个人宣誓之上。但即使这样，时尚也在发挥着作用，有时还会与更传统的象征主义发生冲突。围绕着修道服的规则和习俗既古老又现代，每一次试图通过着装规范来建立一个明确意义的尝试，都会因为时尚的发展变化而变得复杂。

虽然早期的基督教会没有权力规定其少数分散成员的着装，但许多早期基督徒自愿采取了一种独特的着装规范: 放弃世俗的奢侈品，表达个人对宗教的虔诚。根据历史学家伊丽莎白·库恩斯（Elizabeth Kuhns）的说法，"改变着装的行为是那些渴望成为圣洁之人的宗教誓言"。事实上，从早期基督教堂时期到整个中世纪，大多数修士和修女都没有正式宣誓，所以与众不同的服装往往是唯一明确表达宗教虔诚的方式。到了6世纪，人们认为修道服是承诺一生服务于宗教的象征，与正式誓言一样重要。例如，坎特伯雷大主教在11世纪给哈罗德国王的女儿冈尼尔达的一封信中写道:"尽管你没有被主教祝圣……但无论在公开场合还是在私下，你都应穿着修道服，过着圣洁的生活，向所有看到你的人宣告你献身于上帝，正如你宣告自己的誓言一样，这本身就是一个显而易见且不可否认的誓言。"

在中世纪，随着服装成为承诺的象征，最虔诚的基督徒更有力地支持基督教的着装规范。根据库恩斯的说法，当一些宗教信徒开始沉迷于世俗的奢侈品时，"主教对修女的服饰进行了抨击，包括金发夹、银腰带、珠宝戒指、系带鞋、色彩鲜艳的衣服、长裙和毛皮……"，同时，反奢侈法律和宗教法令都试图控制宗教男女在服饰上的堕落。例如，1283年，卡斯提尔国王阿方索十世坚持"他宫廷里的所有神职人员都要剃掉头顶的头发……而且不得穿鲜红色、绿色或粉红色的衣服……不得穿鲜红色或黄色的束腰外衣、有细绳的鞋子或封闭式的可拆卸衣袖……他们必须穿着保守的衣服……"。一位15世纪的英国神秘主义者声称，他曾看到过一种幻象，在幻象里，过度打扮的修女遭受着审判："在炼狱里，她们穿着用钩子做的衣服，戴着用毒蛇做的头饰。"这些反对奢侈品的告诫有助于界定宗教的修道服。

无论以何种形式出现，修道服都是一种严肃而朴素的服装。几乎所有形式不同的修道服都有三个共同的元素，那就是长长的束腰外衣、肩胛衣（这是一种长长的布条，上面有一个套头开口，穿上之后肩胛衣会垂在身体的前后，直到脚踝附近）和一层头巾，覆盖在头发和脖子后面。随着时间的推移，人们将修道服的各种元素正式纳入着装规范，并赋予其精神上的意义：束腰外衣呈现的"T"字形与加略山的十字架相呼应；肩胛衣象征着十字架和宗教召唤的"枷锁"；绳子或腰带代表将耶稣捆绑在十字架上的绳索。衣服的颜色也有意义：白色代表纯洁和天真，棕色代表贫穷和谦逊，黑色代表对基督之死的哀悼和对虚荣心的舍弃。尽管节俭是修道服的一个共同特征，但修道服在其历史和宗教秩序中有许多不同的形式。根据库恩斯的说法，一些修道服"作为修道院的制服，是专门给献身于上帝的女性穿的"；其他修道院的修道服……则是为了融入社会，以及融入修女们的服务对象之中。

起初，修道服的某些部分是不分男女的：修士和修女都穿束腰外衣，修女用头巾遮住头发象征性地对应修士的冠状发式——这是一种独特的发式，需要剃掉头顶的头发，只在头部周围一圈留发。但在大多数情况下，修女的修道服象征着独特的女性品质：忠贞、纯洁、不受男性的玷污。修女的修道服也是对女性社会地位低下的一种回应，即成为基督的新娘，这样修女就可以避免成为世俗男人的新娘，也可以避免遭受未婚女性所遭受的性侵犯。正如修道院提供了一个不受男人支配的环境，修女的修道服也让修女能够在修道院之外的区域安全活动。事实上，一些修女的修道服原本就是一种伪装，例如，17世纪，法国修女穿的是传统的寡妇服饰,因为受人尊敬的单身或已婚妇女需要有男性陪伴,而法律和习俗允许寡妇有独自走动的自由,所以修女们会穿上朴素的黑色礼服并戴上头巾,以便可以自由地游历。在天主教神学中,修女们有最无懈可击的伴侣——基督,她们是基督的新娘,无论走到哪里,基督都会陪伴着她们。早至10世纪,一直到20世纪60年代,许多修道院都会以一种结婚仪式的方式为修女祝圣:"她的父亲在大弥撒仪式中送她出嫁,而她将改变姓氏,穿上白色礼服、戴上头巾。"某些教派还会给修女一个银质的结婚戒指。入会后,教会甚至会在招待会上为修女准备一个结婚蛋糕。

到了中世纪,"终身宗教生活"成为贵族婚姻之外的一种选择。对于寻求独立的女性来说,女修道院是"成为伟大的作家、思想家和神秘主义者的理想场所"。但是女修道院和修女服(石头修建的修道院和服饰所代表的修道院)也可能成为陷阱。历史学家海伦·希尔斯(Helen Hills)将17世纪那不勒斯女修道院里戴头巾的做法描述为一种诱惑行为,让人们注意到戴头巾这种行为所掩盖的性感。"修女的身体,尤其是修女的脸,是精神新郎和世俗新郎之间潜在的竞争之处。头巾……表明基督是修女的新郎,但它本身也成为一个标志,承认了头巾下修女的美丽和诱惑……戴头巾的做法象征着与外界隔绝的戴头巾修女的性诱惑。"

这种更苛刻的修女服,以及全脸头巾,恰好与修女在修道院内与外界隔绝相吻合,这是特利腾大公会议发起的众多改革之一,会议发起反宗教改革,是天主教会对新教的威胁作出的回应。改革规定,除紧急情况外,修女不得离开修道院。这一规定在必要时将由军队执行,这表明教会预料到会有修女抵抗。耐人寻味的是,封闭的修道院以华丽的格栅、护栏、屏风和窗帘为特色,这些就像头巾一样,确保没人能够看进来或者看出去,但也会引起人们的注意,"矛盾的是……墙壁上的孔隙和可能接触到修女的地方成为了修道院最显眼的部分"。根据希尔斯的说法,修道院的石头围墙与修女服饰所象征的围墙互相映衬——每堵围墙都创造出一场复杂的视觉戏剧,隐藏而显露,端庄而诱惑:

> 女修道院的建筑首先代表了对性的控制……女修道院的建筑通常带有夸张的防御……集中在修道院中修女和外人最可能接触的地方,即门和窗这些必须

> 被遮住的象征性通道处……尽管木条和铁条看起来只是为了加固这些通道，但它们也引起了人们的注意……同时确实美化了这些通道……修道院的防御也可以是对这些象征性通道的诱惑和对其封闭进行的颂扬。

在男性权威的影响下，修女服的象征意义并不是否定女性的情感，而是宣传女性的情感，同时也模糊女性的情感。修女作为基督的新娘并不是无情感的，相反，她们把自己因纯洁而更加强烈的情感引向上帝。

修女服传达的复杂信息不仅仅是反宗教改革的教条自相矛盾的结果，它还与16、17世纪意大利更广泛的社会变革联系在一起。修道院有一个独特的阶级结构，最封闭的修道院里反而住着最富有家庭的女儿。为了确保未婚女儿的贞洁，富裕家庭支付了一大笔嫁妆，让她们进入修道院。这些少女穿着最漂亮的衣服来到这里，从而凸显了她们家族的富裕。根据某位评论员的说法：

> 随着她必须穿上修女服的日子越来越近，她尽力穿得像个女王……带着想象得到的极致奢华，华丽地在城市里转一圈，这样就没有人不知道她将要做出巨大的牺牲了。

新修女将身上华丽的服装交给教堂，在那里，奢华的装饰点缀了修道院的内部。修道院的着装规定禁止修女穿戴"贵重的衣服"、珠宝（比如耳环）或"其他世俗的亵渎物"。但是，希尔斯说："贵族修道院教堂的华丽装饰公开展示了修女们的家族世俗和精神的富裕。"而朴素修女服的象征意义总是让人想到富裕的相反面，即修女为了侍奉上帝而放弃奢侈的生活。因此，这些看似低调的修女服不仅成了家族巨额遗产的替代品，而且还显示出一种独特的个人故事：这个女人出于精神信仰而放弃了世俗特权。通过这种方式，修女服丰富了时尚语言，将古代禁欲和自我克制的标志转变为更复杂的社会地位和人格的象征。

败坏的修女服

　　修女服是一种复杂甚至矛盾的服装象征，通过显而易见的端庄唤起被抛弃的性欲，通过引人注目的节俭展现放弃的奢侈。16世纪，随着新教改革席卷北欧，修女的形象以及其独特的服装，成为了天主教腐败和伪善的象征。许多新教改革者，尤其是马丁·路德（Martin Luther）本人，不仅关注神学中他们判定的错误之处，还关注天主教会败坏的道德。1517年，路德在他著名的《九十五条论纲》（Ninety-five Theses）中，抨击了出售赎罪券的行为（教会声称通过这种方式可以减轻对罪行的惩罚），认为这是教会世俗腐败的例子。新教的批判还集中在10世纪上半叶的教皇阴谋时期，后来被称为"色情统治"（又称"妓女统治"）时期，当时许多教皇表现得像前基督时期的罗马贵族一样，密谋控制教皇的继承权，有些教皇还豢养情妇。在这些记述中，天主教会不仅腐败，还在肉体上越轨。

　　欧洲在宗教上不再统一，分裂成南方的天主教国家与北方的新教国家，在北方，新的神学在路德的基础上进一步对天主教进行批判，国家和个人都提倡反对天主教。在随后的几个世纪里，穿着引人注目的修女变成迫害的对象，也成了淫秽文学的主角，即使在以天主教为主的法国，性感的、受虐或受害的修女也是一个常见的主题。1780年，德尼·狄德罗（Denis Diderot）的小说《修女》（La Religieuse）讲述了一个年轻女子被囚禁在修道院里，遭受院长无端虐待的故事。1837年，奥诺雷·德·巴尔扎克（Honoré de Balzac）的作品集《趣话百篇》（Les Cent Contes Drolatiques）中也有一篇短文，标题为"普瓦西修女的风流韵事"。

　　在维多利亚时代的英国，对修道院中淫乱不堪、酷刑折磨和亵渎神灵的描述已经成为一种特殊的文学体裁。在这些淫秽的故事中，神父和修士的性欲被禁欲的要求所扭曲，于是，他们在修道院的女人身上找到了发泄欲望的出口。与此同时，怀着怨恨的老修女们，手握着鞭子和其他刑具，兴奋且残酷地管教着年轻的修女。这些对修道院生活的叙述耸人听闻，描绘出一个危险的邪教组织，他们私底下拒绝接受《圣经》，还折磨和糟蹋修女，甚至把反抗的修女囚禁在修道院的围墙内，让她们慢慢痛苦地死去。一位名为科尔里奇的神父撰写了一本小册子，名为《白衣修女或女间谍朱莉娅·戈登小姐的可怕披露!》,这本小册子讲述了一个新教女孩朱莉娅,不明就里地皈依天主教并进入修道院的可怕故事。故事里,修道院实际上是一个监狱,而神父是好色之徒,他们要求修女提供性服务,于是朱莉娅很快意识到自己的错误,但一切都太晚了。在一次被迫前往罗马的旅途中,茱莉娅看到神父和修女的私生子被扔在圣彼得大教堂前的一个石灰坑里,还看到了拒绝皈依天主教的新教徒被烧焦的残骸。在发现自己怀上了神父的孩子之后,朱莉娅逃了出来,在巴黎一个善良的新教徒家庭中找到了庇护,但最终死于难产。类似的文献也在其他国家流传,在美国,1836年出版的《玛丽亚·蒙克的可怕披露》一书提供了修道院的"第一手"资料,称修道院遍布秘密通道,神父可以潜入修女的卧室私会偷情,还会杀死偷情产下的婴儿。

诸如此类的故事引发了暴民的暴行,也引起了人们的色情幻想,在维多利亚时代的英国,不时会看到人们在街上向修女扔石头。同时,修女服成为了一种恋物癖偏爱的物品:挥舞着鞭子的修女成了一种流行的撩人形象,许多妓院的服装库里就有修女服。修女服最初是一种质朴的套

在维多利亚时代,修女服成为了一种恋物癖偏爱的物品,这种奇怪的联系一直延续到今天。

装，在某种程度上是为了保护独身女性免受男性的骚扰，但后来却被色情化了，而这种联系一直持续到今天。

在某些情况下，中世纪和文艺复兴时期的服装激发了设计师对修女服的设计灵感，而在这些服装成为博物馆藏品之后，那些当时发展起来的修女服设计却仍然长期存在。同时，宗教团体要求修女服具有独特性，这就导致了大量新的设计出现，根据库恩斯的说法，有些设计"十分怪异，过度关注细节"。因此，许多教团保留了最初传统朴素的设计样式，而世俗服装已经朝着相反的方向发展，变得越来越精简。例如，从中世纪到17世纪，头巾是贵族已婚妇女的传统头饰，而当时修女也会佩戴头巾。慈善修女会的标志性修女服是以头巾或白布帽为特征的——一种大而硬挺的头饰，两旁有上翘的角。当然，女性时尚在不断发展，而修女服却一直停留在过去，直到1964年，修女会才舍弃了白布帽。

1917年，教会法典制定了一项新的着装规定，要求所有"有宗教信仰的女性"在任何时候都要穿修女服，并规定新教团体不得穿着国教教会的修女服，有效地将这些已过时的修女服设计编入法典。到了20世纪中期，许多修女认为修女服使他们与她们努力服务的人疏远，不利于传教和慈善工作。1950年，教皇皮乌斯十二世（Pius XII）对修女们的担忧表示赞同，他建议："关于修女服，要选择一件能表现个人内在、不做作、朴素且谦逊的。"在教皇皮乌斯十二世的告诫下，意大利时装设计师们对修女服有了新的想法，有些设计师设计出实用的成衣，而有些设计师则设计出精致的高级时装。1962年，教皇约翰二十三世（John XXIII）宣布召开第二次梵蒂冈大公会议，明确表示要"抖落自君士坦丁时代以来聚集在圣彼得宝座上的灰尘"，自此这一趋势便有了新的势头。同年，梅赫伦-布鲁塞尔教区大主教莱昂·约瑟夫（Leon Joseph）出版了一本名为《世界上的修女》（The Nun in the World）一书，书中宣称："如今的世界，对纯粹的装饰、供品或其他奇异的东西，无论是硬挺的还是能飘起来的，都没有耐心……任何不自然或不简洁的东西都会被人们厌弃……任何让人觉得修女不仅远离世界，而且与世界的演变完全不相关的东西也都会被人们厌弃。"于是，教团向时尚寻求帮助，以寻找新的服装样式。例如，慈善修女会求助于纽约精品百货公司波道夫·古德曼，而圣文森特·德·保罗慈善修女会则采用了一种新的服装设计，即别致的箱褶连衣裙和方巾式头巾,其灵感来自克里斯汀·迪奥的作品。

　　第二次梵蒂冈大公会议强调了这种新式观点,1965年,《爱的完美》(*Perfectae caritatis*)(副标题为"适当更新宗教生活的法令")坚称:"修女服……一定要简单朴素……与时代、场所和使徒工作相适应。不论是修女服还是修士服,如果不符合这些规范,都应该换掉。"

　　在20世纪60年代,天主教女权主义者对教会进行了批判,谴责教会给予女性不平等的待遇,其中,修女服就非常具有代表性。1968年,神学家玛丽·戴利(Mary Daly)在《教会与第二性》(*The Church and the Second Sex*)一书中抱怨说,天主教会"假装支持女性,但实际上却阻止女性真正实现自我"。库恩斯称:"一些修女把修女服与中东的罩袍相提并论,对她们来说,修女服和头巾代表了男性统治的理想状态。"甚至在第二次梵蒂冈大公会议之前,许多新教团已经采用了简化的新式修女服:朴素的深蓝或黑色定制连衣裙,以及朴素的头巾或帽子,与当时的世俗服装只有些许不同。随着女权主义者对修女服的批判与日俱增,洛雷托修女会在1966年再次采取措施,完全舍弃了修女服,而改穿朴素的套装。

　　面对这些针对传统和权威发出的挑战,罗马天主教教廷试图阻止现代化改革,告诫信教的女性要保持信仰。教皇保罗六世(Paul VI)在1971年写道:"我们不得不说这非常恰当……修女服作为修女献身的标志,在某种程度上需要与世俗时尚有所不同。"1972年,宗教与世俗机

左边是慈善修女会受到克里斯汀·迪奥的启发而改造的修女服,右边是传统的带有白布帽的修女服。

构圣会坚持认为，"修女应该遵守的基本准则是，穿上教会规定的修女服，即使经过了修改和简化，修女服也应该有别于世俗的服装"。相比之下，全美修女联盟支持女权主义者对天主教父权制进行批判，立誓要"反对神父对教会的任何统治，无论他们的等级地位如何"。她们认为宗教女性的自决权是不可侵犯的。到20世纪70年代末，修女服已经成为一种政治象征，也是一种宗教象征，根据库恩斯的说法，"自由和'进步'的修女穿着世俗服装，而保守的修女则仍然穿着修女服。从修女对服装的选择可以看出她们的政治、哲学倾向以及忠诚程度"。

从这个意义上说，修女服成为了一种个人声明，不仅具有传统的精神意义，还具备所有现代服装所包含的社会及政治意义，而这正是天主教传统主义者在抵制修女服现代化时所担心的问题。但是，早在波道夫·古德曼百货公司开始制作修女服之前，以及美国修女选择简帽而不是头巾之前，这些变化就已经开始了，而且至少在17世纪就开始了，当时那不勒斯的新修女们还在用家族的珠宝换取能够终身住进修道院的生活。影响修女服的着装规范，就像英格兰都铎王朝的反奢侈法律一样，不仅仅对古代习俗进行编纂，还抵制在新式服装中重新使用古代服装标志。

在时尚诞生后的动荡年代里，着装规范试图确保服装能够保留某种特定的、容易识别的意义。对政治当局来说，社会阶层的问题是最紧迫的，而对宗教领袖来说，信仰和性道德问题是最重要的。无论是法律规定的着装规范，还是在布道和训诫中明确表达的着装规范，都是通过定义贞洁女性的服装和堕落女性的服装，将信仰与性和感官享受联系在一起。但是，着装规范与时尚日益增长的影响力发生了冲突，后者回收、重新利用并记录了传统的服装标志，让个体通过服饰得以自我表现。法律规定犹太人佩戴耳环，吸引了非犹太人的关注和羡慕。罪恶女人的服饰在受人尊敬的人和敬畏上帝的人眼中，变得时尚起来。最虔诚的教徒穿着的朴素服装，不可避免地暗示了他们试图掩盖的地位和性欲。时尚把这种不经意的朴素变成了一种自我主张，而男性的性幻想则把它变成了一种性癖好。无论是神圣的传统服装标志，还是世俗的传统服装标志，都转变成为个人故事的视觉元素，在一场绝望而又徒劳的斗争中，创造出新的着装规范，以求努力跟上时尚的快速变化。

第四章

性别象征

盔甲及盔甲里衣、面具和装扮服装

服装性别化似乎是理所当然的，就像手套设计成适合手戴，鞋子设计成适合脚穿一样，裤子设计成适合男性穿，而礼服设计成适合女性穿。这是一种传统的理解，但并没有在关于服饰的每一种仪式、习俗和道德约束中表达得那么明确。然而，服饰的性别并不反映人类的生物特征，它是由约定俗成的社会角色和反思性行为所定义。服饰所展现的性别意义总是反映出我们对性、繁育和家庭的期望、恐惧以及幻想，而不是反映男女之间身体构造的差异。古代服饰以用衣服蔽体这种相对简单的方式来标识这些文化性别角色。时尚诞生后的着装规范则使用了一种新的、更复杂的、更有表现力的服装词汇，极大地提高了服饰性别化的风险：定制服装可以更有效地唤起传统的性别角色，但同时也创造了某种新的性别象征，挑战和颠覆了传统的性别角色。

一个假小子是如何成为历史上 第一个时尚受害者的

1429年，一名17岁的女孩很快就要以"圣女贞德"之名而闻名于世，当时英格兰游击队扬言要取代法国王储查尔斯七世，而查尔斯七世的军队在一场旷日持久的战争中即将要败给英格兰游击队，于是贞德离开了法国东北部的某个小镇，向查理七世提供军事战略计谋。起初，没有人把她当一回事，但贞德的决心克服了最初的阻力，她的本领和洞察力帮助法国制订了新的作战计划，她的勇气鼓舞了士气低落的军队。在贞德的领导下，法国军队成功地挫败了英格兰对奥尔良市的围攻。后来，她又领导了一场战役，夺回了兰斯城和兰斯大教堂。因为自从法兰克部落统一之后，法国的王储就会按照古老的传统在兰斯大教堂加冕，从而正式成为国王，所以贞德的卓越成就就似乎是神的旨意，这就意味着查理七世有神圣的权利来统治法国。

1430年，贞德在战争中被俘并入狱。一个由英格兰游击队员组成的教会法庭以异端罪名对她进行审判。但贞德的信仰是无可非议的，她对错综复杂的经院神学异常熟悉，让法庭无法引诱她发表异端言论。由于无法通过贞德的口头证词来诋毁她的信仰，法庭便借贞德的着装给她扣上罪名。在战争中，贞德穿着盔甲，这需要用皮带把亚麻打底裤和合身的束腰外衣系在一起，而这些都属于传统的男性服装，除此之外，贞德在离开战场后，也会像与她并肩作战的男士兵一样，穿着这种军服。法庭在指控贞德时，援引了"申命记"第22章第5节的规定，该规定警告说："女性不可穿男性的服装，男性也不可穿女性的服装，因为所有这样做的人都是耶和华所憎恶的人。"于是，在1431年，贞德被烧死在火刑柱上。

贞德死后，教会对她进行了重新审判，并在1456年推翻了对她的定罪，其中就引用了圣托马斯·阿奎那（Saint Thomas Aquinas）的《神学大全》（Summa Theologica）。《神学大全》中记载了《圣经》里禁止异性装扮的一个例外："然而，有时出于某种必要，要么为了隐藏自己不被敌人发现，要么由于没有其他衣服，穿着异性服装没有罪过……"圣希尔德加德·冯·宾根（Saint Hildegard von Bingen）也曾写道："除非在必要的情况下，男性和女性不应该穿对方的衣服。除非男人的生命或女人的贞洁受到威胁……男人不应该穿女性的服装，女人不应该穿男性的服装……"所以新的审判得出的结论是，贞德是出于必要情况而穿上男性服装的。

尽管贞德在生活中从未使用过"达尔克"这个姓氏，但传说中她随她的父亲姓"达尔克"。1909年，教会为贞德·达尔克行宣福礼，并在1920年封贞德为圣徒。由于贞德莫须有的恶名，她的故事被人们一遍又一遍地讲述、修改，以服务于众多议程。教会对贞德的最初判决是，她穿着男性的衣服是为了满足自己的变态心理，而这是对宗教法规的故意蔑视，但当时整个审判过程是一场基于莫须有的指控和伪造证据的政治报复。贞德死后，教会对她的重审判决是，贞洁正直的贞德只是在必要时才穿上男装，而这一重审结果无疑是受到了当时人们期望的影响，因为人们想要恢复贞德的名誉并接纳她，贞德在此期间已经成为宗教和国家的偶像。近年来，一些历史学家提出，圣女贞德是一个"男性化"的女同性恋或变性人，这是一个看似合理的假设，其动机可能是希望在当今社会政治中找到一些历史回响。

"圣女贞德"是自愿选择穿男性服装来蔑视宗教法律的吗？还是出于保护贞洁的需要？又或者是因为自己是变性人？还是只是因为穿在身上好看？在当时的情况下，男装确实更实用，也比当时的女装更吸引人、更具有象征意义。贞德长大成人时，正是时尚服装开始补充，甚至取代传统服装的时候。14世纪的男装采用了最初用于制作盔甲里衣的制衣技术，以合身的长筒袜、裤子和紧身短上衣为特色。从剪裁考究的军装中衍生出来的男性服装，在接下来的3个世纪里一直处于时尚最前沿。男装注重显示身形，而女装则用布料遮掩身形，尽管在贞德那个时代，女性的紧身胸衣会露出上身的一部分，但腰部以下都被裙子遮盖住，这种传统一直持续到20世纪。由于男性的紧身服装展示了下半身曲线，因此比女性遮掩性的服装更性感，凸显了男子气概和性自信。历史学家安妮·霍兰德说：

> 贞德穿着她的男性服装，看起来非常性感。她没有伪装成一个男人，并且她不仅仅看起来像军人，还很务实……她抛弃了当时女性服装中过分浪漫的端庄，而没有掩盖自己是一个女人的事实……

在中世纪文学作品中，身着男装的女性已经是为人所熟悉的、受欢迎的形象。在这些作品中，有参加比武大赛的女骑士，有为了继承和保护家族财产而扮成男孩的女孩，还有早期穿着男装的基督教圣徒，大胆地追求启蒙精神。根据历史学家瓦莱丽·霍奇基斯（Valerie Hotchkiss）的说法，这些文学作品里的故事表明，中世纪的读者对性别的模糊很感兴趣，并同情那些穿着男装以追求美德的女性。圣女贞德的传说正好符合这种浪漫的传统，她作为骑士传统中的女英雄，不仅是一个浪漫的人物，也是一个性感的人物。贞德身着男性紧身服装，借由这种创新，凸显了自身的精神美德和女性特征，直接从视觉上挑战了她所处时代的宗教道德，因为当时的宗教道德将女性的美德与谦逊的朴素联系起来。

在贞德的时代，穿着异性服装是一种既定的做法，但也是一种有争议的做法，只有在明确的社会界限内才能被容忍。在中世纪的节日、庆典、嘉年华、戏剧和娱乐幻想中经常出现各种各样的异性装扮，这些装扮总是具有颠覆性又充满色情意味。某些异性装扮仅仅只是服装的个例，可能跨越阶级和社会角色以及性别的传统界限。舞会和庆典通常以服装和面具为特色，这可以让穿戴者摆脱人们对他或她的社会地位的预期，享受成为其他人的自由。一些服装确实隐藏了穿戴者的身份，并且许多反奢侈的法律禁止人们在这类节日之外佩戴面具和化装。但大多数服装并不具有这样的功能，也不想混淆视听；相反，它们是为轻松愉快的角色扮演而设计的，是一种对既定社会角色的精心限制和仪式化的逾越。例如，文艺复兴时期的意大利作家巴尔达萨雷·卡斯蒂利奥奈（Baldassare Castiglione），向有抱负的侍臣们建议：“即使他被所有人认出……伪装也会给他带来某种自由和许可……”巧妙的异装包含了一种外在形象和内在真实之间的良性张力，而服装成为一种对个人的评注，一种自我表达的间接形式。

历史学家朱迪思·贝内特（Judith Bennett）和香农·麦克谢夫里（Shannon McSheffrey）指出，“无论是在妓院还是在舞台上，跨阶层的着装都带有强烈的色情色彩……在伊丽莎白时代的英格兰，妓女穿着高于其社会地位的服装是很常见的现象，最早可以追溯到13世纪末，当时伦敦禁止妓女效仿有名望的女士戴皮草兜帽，以‘减轻过度穿着的妓女的性欲’。对工人阶级的男性来说，迷恋上层阶级的‘女主人’或妻子的着装，既是一种对女性家庭权力的焦虑，也是对社会抱负的表达。”与此同时，上层阶级则会穿着低于其地位的服装，比如他们会在充满情欲的化装舞会中，穿上异国情调的服饰和亡命之徒的服装。在某个关于这种跨阶级装扮的描述中可以看到，1509年，亨利八世与阿拉贡的凯瑟琳结婚后不久，就和其他几位贵族冲进了“王后的寝宫，屋里所有人都穿着短裙……头上戴着兜帽，还有……弓和箭，剑和盾牌，就像罗宾汉或一群亡命徒"。

尽管（也或许是因为）大众支持穿着异性服装，中世纪晚期和文艺复兴时期的反奢侈法规还是禁止各种异性装扮的行为，以确保服装与身份相符，并防止各种因异性装扮而产生的性骚扰和非法行为。例如，1325年，佛罗伦萨的一项法律规定，禁止人们穿着异性服装，禁止年轻人装扮成老人，以及禁止"任何改变着装"的游戏。1481年，布雷西亚的一项法律规定，禁止人们佩戴面具伪装自己。1476年，费拉拉的一项法规将遮掩面部定义为非法行为，理由是，遮掩面部会更容易使不诚实的女性和装扮成男性的女性行为不检。1507年，古比奥市的一项法律规定，佩戴面具、穿着异性服装属于犯罪行为，非宗教人士穿着宗教服装也属于犯罪行为。

异性装扮可能与服装性别化一样历史悠久，但在14世纪，随着男女性别的时尚开始分化，异性装扮变得更加引人注目，且更能激起性欲。中世纪晚期的男性服装更加性感，让女扮男装变得更色情，更能引起性欲。就像奢华服装及其他"虚荣事物"一样，异性装扮也与性侵犯联系在一起，经常作为通奸、妍居或卖淫的证据。例如，1395年，约翰·瑞克纳（John Rykener）装扮成女人，并使用埃莉诺（Eleanor）这个名字，与另一个男人发生了性关系，于是被捕。瑞克纳在伦敦市长和高级市政官面前称，他从妓女那里学会了如何像女人一样打扮和做爱，还称自己有很多性伴侣，包括"许多神父和修女"。1477年，凯瑟琳·海泽尔多夫（Katherina Hetzeldorfer）装扮成男人，并与另一个女人发生了性关系，而后被人发现，最后被淹死在德国施派尔镇。1502年，在佛兰德斯的布鲁日市，纳斯·德·普尔特（Nase de Poorter）被人指控穿着异性服装与一名神父苟合。

在所有报道的非法异装案件里，大多数案件都涉及被指控卖淫或"放纵"性行为的女性。在中世纪晚期的意大利城市，妓女经常装扮成男性。事实上，根据贝内特和麦克谢夫里的说法，"女扮男装的确会向他人传递诱惑的信号……16世纪晚期，描述时尚的书籍开始流行，威尼斯妓女会在裙子下穿着男性套裤。同样地，在14、15世纪的伦敦，教会和市政当局……在长期存在的女性性混乱的范畴内理解女性异装。因此，与其说异性装扮是一种犯罪，不如说是女性性混乱的一种标志"。

上述历史记载可能会让人觉得，异性装扮（尤其是女扮男装）是一种癖好，是妓女和放荡的男女用以唤起和满足性欲望的手段。但这无疑是由于现有资料的描述造成的，除了小说，这一时期大部分关于异性装扮的描述都出现在法律起诉的背景下。毫无疑问，许多异性装扮者没有被指控从事其他非法活动，因此也没有出现在这些资料中，他们的故事也被历史所遗忘。此外，即使某些异性装扮者被人指控犯罪，他们也可能并没有犯下这些罪行，因为异性装扮与性侵犯之间的联系足够有力，所以异性装扮就算不可以作为其他罪行的直接证据，也可以充当佐证。此外，官员们并不总是仔细区分性侵犯的类型，他们有时将同性恋性行为、卖淫和女性"放纵"的性行为混为一谈。一些因"卖淫"而被捕的人，实际上犯下的罪行很可能只是通奸：一种婚外性行为。然而，异性装扮也有出于某些实际的、非色情的原因，特别是在女扮男装的情况下，包括女性被排除在许多工作类型之外、女性不能参加公共娱乐活动，以及女性总是面临被侵犯的风险。对于独立女性而言，女扮男装会给她们带来很多好处。毫无疑问，某些异性装扮者是如今所说的"跨性别者"，他们深深地认同自己所穿着的性别，并从自己的着装中获得心理安慰和满足感。但是，我们能否通过如今身份认同的视角完全理解过去的异性装扮者，这一点还不清楚。几个世纪以来，性别化服装的意义和强制要求穿着性别化服装的着装规范一直在变化，而违反这些规范的意义也一直在变化。

从根本上说，异性装扮是利用新兴时尚创造独特个人形象的众多方式之一。服装表达个性的唯一方式，是将社会地位的标志以独特的方式组合起来，以此来暗示某种超越地位的东西，即某个独特的个体。随着时尚的普及，这种对服装俏皮且颠覆性的使用变得越来越普遍，也越来越具有威胁性，就像中世纪和文艺复兴时期的其他着装规范一样，该时期还禁止穿着异性服装，旨在加强服装的传统意义。例如，这些着装规范确保长裙代表女性，盔甲下的裤子代表男性。

圣女贞德违反了强调服装性别化的着装规范，也破坏了区分道德和罪恶的服装象征。她以一种非传统的方式借鉴了服装的传统意义，塑造了一个独特的、现代的人物形象，吸引了她同时代的人，也同样吸引着如今的我们。因此，她成为了历史上第一批时尚受害者之一。

中世纪晚期，时尚的诞生反映并激发了在地位、性别、权力和个性上的巨大变化。古代的垂褶服饰可以通过饰品和奢华的面料来表现社会地位，而剪裁上的创新则让服装具有更多更微妙的效果。在文化程度不高的时代，创造视觉效果是最重要的宣传方式，因此利用好时尚的感召力显得尤为重要，教会和国家就是通过图像、图标和盛大的庆典活动与人们沟通的。服装能够改变身体本身，因此具有塑造社会关系的独特能力，而时尚使服装成为视觉表达的重要媒介之一。然而，与建筑、雕塑、音乐和绘画不同的是，时尚具有私人性和可移动性——时尚是穿着者的个人陈述，也随着穿着者的移动而移动，这两种特性让时尚具有极大的诱惑力，并且难以控制。而中世纪晚期的着装规范却试图控制时尚，以创造和维护地位的象征，确保服装象征着社会等级和地位，包括阶级、宗教、职业，以及最重要的性别，以此为教会和国家的政治权力服务。但时尚既能巩固这些古老的社会角色，也能破坏它们，因为时尚还秘密地服务于另一个"主人"：个性。因此，这将有助于开创一个新的时代，创造出由新的服装语言构成的新的地位象征，在这种新的服装语言下，人们在服装上的交流是优雅的，而不是炫耀的。

第二部分

从奢华到优雅

尽你的财力购置贵重的衣服，但是不要显摆炫耀，
必须做到富丽而不浮艳，因为服装往往可以展现人格。

——威廉·莎士比亚

粗人遮掩自己，富人或愚人装饰自己，而绅士则穿好衣服。

——奥诺雷·德·巴尔扎克

第五章

男性时尚大摒弃

礼服外套、苏格兰格纹和格纹短褶裙、
国家统一服装，以及大号和小号扑粉假发

根据历史学家法里德·切诺尼（Farid Chenoune）的说法，"在18世纪中叶的英法七年战争中……军官们带去战场的装备包括香水、胭脂、粉扑和睫毛刷……考尼茨的王子……文策尔·安东·冯·考尼茨（Wenzel Anton von Kaunitz）是哈布斯堡王室的外交官和神圣罗马帝国的贵族，他每天都需要四名仆从为他搽粉"。精致的扑粉假发、色彩鲜艳的缀有鸵鸟羽毛的帽子、带有高跟的鞋子和闪闪发光的珠宝是18世纪欧洲男性时尚的巅峰。

　　直到18世纪晚期，这种情况才开始改变。大约从1760年到1790年的30年间里，整个欧洲都放弃了几个世纪以来象征财富和权力的服饰风格。精英男士选择了素净的、自我克制的服装，这种服装是托马斯·莫尔在《乌托邦》中预想的、最初受清教徒青睐的服装，通常由简单的羊毛和亚麻布制成，以深蓝色、棕色、灰色和黑色等色调为主。1930年，英国心理学家兼服装改革者约翰·卡尔·弗吕格尔（John Carl Flügel）将这种服装形容成"18世纪末男性对服装装饰的大摒弃"。男性放弃了所有明亮、华丽、精致、多样装饰的权利，他们把这些装饰都留给了女性，从而让自己的服饰变成最素净、最清心寡欲的艺术。

　　"男性时尚大摒弃"是一份用布料制成的政治宣言，标志着17世纪严肃宗教以及18世纪启蒙运动理想主义的胜利对服饰的影响。"男性时尚大摒弃"起源于17世纪，那时法国和英国开始对宫廷服饰进行简化。1649年，英国国王查理一世被处决后，奥利弗·克伦威尔（Oliver Cromwell）建立了英吉利共和国。共和国议会通过某些法律，关闭了剧院并且禁止许多周日活动，因此圣公会失去了某些特权，而新教徒有了更大的影响力。在激进的共和主义和严肃宗教的共同影响下，精英男士的着装开始变得简约。在其他受新教影响的地方，如德国、瑞士、荷兰和斯堪的纳维亚，宗教影响也促使人们摒弃富贵。后来，在西班牙和法国等天主教主导的国家中，反宗教改革同样开始倡导简约的新风格。

新教徒普遍对感官享受表示怀疑，抵制宗教法衣和盲目崇拜。马克斯·韦伯（Max Weber）关于新教伦理的著名论述解释了宗教、资本主义与这种新的服饰上的简约之间的联系：

> 宗教对浮语虚辞、余食赘行和虚荣炫耀的谴责……不是为了上帝的荣耀，而是为了人类的光辉，引导人们偏爱实用的简约事物，反对不实用的精美事物，这一倾向在服装等装饰方面尤其如此。正是由于人们摒弃一切对肉体的崇拜，于是他们在生活上追求一致的倾向越来越强烈，非常有助于如今资本主义在生产方面的标准化。

在处决国王查理一世之后，英国贵族不再需要那些仍活跃在凡尔赛宫的政治生活和时尚中的礼仪了。为了取代宫廷里的浮华服装，他们选择穿着一种古怪的服装，而这种风格的服装将定义现代的男装：

> 这是一种由早期清教徒和居住在乡村的贵族和绅士所建议的服装，既时髦又简约……因此，18世纪末的英国男士服装早已为男士服装的现代化……做好了充分准备。在英国，简约的大衣、实用的靴子、朴素的帽子和亚麻布料已成为一个绅士的标志，不仅表明其穿着者拥有许多土地和财富，而且还表明其拥有理智的头脑，能够蔑视落后的制度以及华而不

实的饰品。

切诺尼指出，在18世纪的英国，"昂贵的服饰与法国时尚和法国情结联系在一起……特别是在清教徒革命和克伦威尔制定联邦制之后，那时英国王室被迫在法国宫廷里生活了20年"。事实上，在1660年英国恢复君主制时，查理二世从他父亲的悲惨例子中吸取了教训，建立了一种新的、朴素的宫廷着装模式：一件马甲加一件礼服外套，这成为西服三件套的原型。根据历史学家大卫·库奇塔（David Kuchta）的说法，"在介绍西服三件套时，查理二世试图利用共和国时期的反传统、反君主制的意识形态来重新定义宫廷文化……文化权威将通过精英阶层反对奢侈表现出来，而不是通过将奢侈变成宫廷特权表现出来"。随后最引人注目的1688年光荣革命，确立了英国《权利法案》，强化了贵族从富裕到节俭的转变：在伦敦街头，贵族和平民都在穿着上表现出某种新的朴素。根据当时的观察，伦敦人"很少穿金戴银，他们只穿一件小外套，并将其称之为礼服，上面没有褶皱或装饰。他们还戴着一顶圆的小假发和一顶普通的帽子，手里拿着一根手杖而不是一把剑……一般有钱的商人、绅士，甚至最尊贵的贵族会穿着这种装束……"

强调个人自由、理性科学和人类繁荣的启蒙哲学强化了这一着装趋势。启蒙运动有效地将个人主义思想融入着装规范，而这种思想与时尚的诞生相吻合。1637年，勒内·笛卡尔（René Descartes）的名言"我思故我在"简洁地概括了一种世界观，这种世界观摒弃了教会和王权的超自然权威，取而代之的是处于中心地位的人类个体意识。科学逐渐动摇了宗教宇宙论的权威，转而构建出一个可以通过人类逻辑和感知来理解的世界。启蒙运动以人为道德中心，以人的理性为指导，摒弃了基于传统和教条的古代政治体制，开始发展民主和人权。

许多英国人属于最早一批抛弃贵族装饰并拒绝炫耀的欧洲人，他们开始将自己低调的着装与民主和人权联系在一起。例如，1752年，一位英国游客到达巴黎后，觉得自己被迫穿上了华丽的法国服装，他抱怨道："我觉得自己就像在巴士底狱一样，被剥夺了自由。我常常想念我那件宽松的小礼服，它是我们幸福宪法的象征，因为我们的宪法不会让人们觉得约束，而是让人们可以随心所欲地做自己喜欢的事。"18世纪，英国取代了法国在男性时尚上的主导地位（至少在接下来的三百年里，法国在女性时尚方面仍然保持着至高无上的地位，可以说这种状况一直持续到了今天）。某些生活在君主专制统治下近一个世纪的法国贵族，也把英国简约的着装风格视为政治自由的象征。除此之外，某些党派人士拥护个人权利并支持宪法限制政府权力，同样将长礼服外套和朴素的假发视为着装规范，而这种着装规范在思想自由的法国贵族中成为一种时尚潮流。在英法之间的地缘政治冲突打击到法国的亲英主义后，法国的自由主义者把目光转向了英国的叛乱殖民地（如今的美国），低调着装以及不戴假发被称为"富兰克林的时尚"，它以美国开国元勋本杰明·富兰克林（Benjamin Franklin）的名字命名。

在还是英国殖民地的美国，"富兰克林的时尚"是爱国主义者的必备物。某种限制服装的风气始于殖民时期，部分原因在于改善与英国的关系，因为英国控制着殖民地的奢侈纺织品和服装贸易。着装上的朴素和谦逊成为美国人明智和节俭的象征，也证明了人们对欧洲奢侈、不朴素且过分精致的着装有着合理的怀疑。1722年，富兰克林以笔名"沉默的行善者"为《新英格兰报》撰文，抨击道："自从我们与朴素的服装分别之后，服装的虚荣炫耀就在我们身上滋长……"与伊丽莎白女王在一个半世纪前为捍卫反奢侈法律而提出的理由相呼应，"行善者"富兰克林评论道：

> 在这种罪恶的支配下，富裕阶层很少考虑自己是否能维持在服装上的地位，而是努力模仿他们的上层阶级，或努力与他们的上层阶级平起平坐，这样相当愚蠢……他们努力显得富有，却因此变得贫穷，还失去了谦卑的穷人所拥有的同情和仁爱……那些缥缈的凡人，除了穿着华丽的服饰之外，没有其他办法使自己变得引人注目，他们吸引了大批的模仿者，这些模仿者在努力追求相似的同时，却彼此相互憎恨。

作为服装的另一种选择，富兰克林提倡"简单朴素的着装"，这种着装席卷美洲殖民地，其灵感源于平等主义和清教徒的宗教狂热。美国的平民领袖提倡穿着朴素的服装，把个人的勤奋和民主平等的美德结合起来："富人和穷人都转动纺车"成了爱国口号。正如历史学家迈克尔·扎基姆（Michael Zakim）所说："在纳拉甘西特和纽波特，朴素抹掉了'体面女士们'在传统上维持其地位的布料质感。"宗教狂热也起到了一定的作用，就像文艺复兴时期的意大利一样，在新大陆点燃了焚烧虚荣的篝火，烧掉了华丽的衣服和书籍。这并不是对旧的着装规范的唯一回应：朴素促使人们更改着装规范，让人想起了伊丽莎白时代，"学院演说家们讨论'美国是否应该制定反奢侈法律'，而关于着装的立法规定实际上是在制宪会议上提出的"。

"男性时尚大摒弃"运动在法国流行的时间要晚于英国和美国（尽管当时在美国，时尚的影响有限），但在法国的着装规范发生变化后，这种改变的影响就尤为明显。法国大革命的激进分子是"无套裤汉"，意思是不穿贵族特有的套裤和长筒袜的人。劳动者宽松的裤子变成了团结的象征，成为劳动阶级和资产阶级激进分子抗议不平等旧政权的一种标志。而被称为"纨绔子弟"的反动派[1]则穿着紧身及膝的套裤、丝绸袜、精致的带扣鞋子或擦得锃亮的靴子——这些是18世纪贵族的传统服饰。这种精致的服饰体现了贵族的高贵身份，是贵族的权杖，贵族将其称为自己名义上的"宪法"，但这实际上是用来制服政敌的棍棒。1793年10月29日，法国新一届共和政府否决了凡尔赛宫贵族提出的着装规范，宣称"每个人都可以自由选择自己喜欢的并且适合自己性别的服装"。正如约翰·卡尔·弗吕格尔所说："穿着服装的目的之一是强调人们在等级和财富上的区别……服装的华丽与精致完美地表达了旧政权的理想，所以在法国大革命期间不受欢迎，这并不奇怪……"政治平等主义，以及人们对工作和劳动人民的尊重，促进了新的着装规范的产生：

> 新的社会秩序需要某种能表达人类共性的东西，而这只能通过统一的着装来实现……废除以前区分富人和穷人、高尚者和卑微者的差别……更大程度地

1　纨绔子弟指法国1794年热月政变后的年轻保王派。——译者注

> 简化服装，使之更符合平民标准，让所有人都有可能
> 穿得起……

工作这一理想现在变得受人尊重了。从前，人们认为，任何形式的工作或与经济活动有关的一切活动，都会损害时尚引领阶层的尊严。生命中真正重要的时刻是在战场上或在客厅里度过的，因为这两种时刻在传统上都要求人们穿戴昂贵而优雅的服饰。而在革命的新理想下，人们最重要的活动不是在客厅里进行，而是在作坊、会计室和办公场所进行，而这些地方历来都与相对简单的服装联系在一起。

从贵族的奢华到共和主义的朴素之间的转变反映了宗教的谦逊、启蒙运动的人文主义，以及新旧世界的平等主义政治理想。这种转变开始于克伦威尔共和国时期的新教禁欲主义，在政治解放的英国贵族中成为一种世俗的时尚，并在法国大革命之后，成为整个西方男性服装的新标准，摧毁了最具影响力的服装等级制度以及华丽的服装。

随着英国、法国、美国对服装的改良，促使其他国家也对本国服装加以改进，"男性时尚大摒弃"运动得到进一步传播和加强。就像法国人曾经受到美国时尚的影响一样，美国人也受到法国革命风尚的影响。根据迈克尔·扎基姆的说法，托马斯·杰斐逊（Thomas Jefferson）在担任美国驻法大使期间，对没有套裤的服装风格进行了改良。他放弃了及膝套裤，把劳动者穿着的宽松裤改成了合身的、剪裁考究的裤子。他回国后，这种低调而优雅的新风格开始在美国流行起来。到19世纪初，"丝绸袜"一词在美国已经成为一种侮辱，指的是迂腐的老一辈人坚守过时的贵族服装风格。

国家统一服装

席卷欧洲的低调服装的新风气象征着独特的政治理想：自由主义、平等主义，在某些情况下，还包括国家自豪感。就像时尚可以表达个性一样，它也可以显示民族和国家认同：英国人穿着简约的长礼服，传达出自由解放的感觉；美国殖民者穿着朴素服装，表现出脚踏实地的心态；法国人不穿套裤，体现出法国激进的政治。在一些历史学家称之为国家主

义的时代，即从18世纪末开始的时代，服装自然而然地反映出国家认同。西方社会依靠共同的象征，如旗帜、地图、国家博物馆、新兴的国家媒体以及共同的着装规范，来加强国家认同，而新的着装规范也反映并强化了这一新兴理念。

虽然我们如今认为民族国家的概念是理所当然的，但在18世纪晚期，国家主义只是许多地缘政治组织形式中的一种。在许多地方，国家主义是新奇而陌生的，所以在这些地方创造国家认同感极为迫切。教会的政治权威和欧洲庞大的、相互关联的帝国王朝统治正在衰落。独立的城邦、较小的公国和神圣罗马帝国的分支在战争中被慢慢征服，或者通过条约被分割，合并成相邻的、在领土上和民族上划分的欧洲主权国家。正如历史学家本尼迪克特·安德森（Benedict Anderson）所言，这是一种想象的壮举，在这种想象中，共同的符号与共同的经验和传统一样重要。倡导国家主义需要持续的努力，以说服那些认为自己是村民、农奴、自由城市的市民，或者是王子、皇室王朝臣民的人，将他们自己首先视为国家的公民。

着装规范成为争取民族和国家认同的重要部分。独特的民族服饰可以标志一个国家内不同民族之间的差异。一些着装规范禁止人们穿着带有民族特色的服饰，这似乎是对民族服饰的某种蔑视；而另一些着装规范则重新将少数民族群体，以及他们特有的服饰作为民族文化的组成部分。同时，18世纪末，关于国家所有公民都要穿着官方公民制服的建议在欧洲出奇地普遍，这反映了一种信念，即地位和种族的划分对公民团结造成威胁。

1746年，英国议会颁布了禁令，其中包含的部分规定后来被称为《1746年服饰法》《1746年脱去高地服装法》《格纹法》或《废除和禁止高地服饰法》。该法认为：

> 在大英帝国的苏格兰区域内，除了受雇于国王陛下军队的军官和士兵之外，任何男子或男孩都不得以任何借口穿戴高地服饰（即格纹长披肩、格纹短褶裙、紧身格纹裤、肩带等）。除此之外，上衣或大衣上不得有格纹或半彩格纹，如果任何人打算穿上或已经穿上上述服饰或上述服饰的任何部分……那么这个

人将遭受六个月的监禁，不得保释……如果第二次
被判违反该法……将被押送到国王陛下在海外的任
何种植园，并关押7年。

《格纹法》是一种服装上的殖民。18世纪中期，大不列颠（由英格兰、
威尔士、爱尔兰，以及时含时无的苏格兰组成的联合国家）依然非常脆弱。
自从伊丽莎白女王一世去世，以及苏格兰女王玛丽的独生子詹姆斯六世
于1603年登上英格兰和苏格兰的王位后，英格兰和苏格兰一直处于同
一君主的统治下。尽管詹姆斯自称是大不列颠的詹姆斯一世，但苏格兰
仍然是一个独立的国家，有自己的法律和议会。直到1707年，经过多年
的紧张谈判，英格兰和苏格兰议会才通过了《联合法案》，将两国置于英
国议会之下。

英格兰和苏格兰的联合在天主教教徒较多的苏格兰引起了争议，许
多苏格兰人对新教占多数的议会和新教君主的统治表示不满，他们坚持
认为，苏格兰已经保留了自己独立的继承顺位。雅各布派（追随雅各布，
即拉丁语的詹姆斯）也寻求恢复詹姆斯一世的后代（即斯图亚特家族）
作为王位的合法继承人。在持不同政见的雅各布派中，许多苏格兰高地
氏族表现突出。

1746年，詹姆斯一世的后代查尔斯·爱德华·斯图亚特在苏格兰领
导了一场反对英格兰的起义，但没有成功。在这场起义中，高地氏族发挥
了核心作用。事实上，雅各布派非常认同高地氏族，所以高地氏族的传统
服装已经成为一种非官方的雅各布派制服，苏格兰高地和低地的雅各布
派人都会穿这种制服。英国议会在平息叛乱后，开始采取行动，彻底制服
高地氏族。英国议会通过立法解除了高地人的武装，解散了高地人的军
队，废除了高地氏族首领的传统权威，并在整个苏格兰确立了英国的法
律管辖权。《格纹法》禁止人们穿着苏格兰传统服饰，这是对苏格兰人最
后的侮辱。禁止穿着高地服饰的规定，是为了摧毁雅各布派最后的象征，
挫败高地人的意志，并将他们快速同化为英国臣民。

但适得其反的是，《格纹法》反而促使人们更广泛地认同高地服饰。
19世纪中期的一篇评论对制服高地人的行为提出了以下看法：

禁止穿着高地人的特殊服饰……非但没有消除高地人的民族精神，让他们在各方面与低地人同化，反而加强了他们的民族精神，让他们坚信自己是一个独立而特殊的民族……《格纹法》给高地服饰戴上了某种神圣的光环，将高地服饰提升为民族的象征，还可能是延续和普及高地服饰的手段，因为如果对高地服饰不加理会，高地服饰可能早就自然消亡了，只能在博物馆里与洛哈伯斧、双手剑和镶钉盾牌并排放在一起。

此外，通过列举高地服饰的精确要素，《格纹法》可能有助于创造某种比以往更容易识别的民族风格。历史学家休·特雷弗-罗珀（Hugh Trevor-Roper）称："1745年大起义爆发时，我们所知道的格纹短褶裙是英格兰人最近才发明的，'高地氏族'格纹更是不存在的。"1715年，许多为雅各布派军队作战的高地人"既不披格纹长披肩，也不穿格纹短褶裙"，而是穿"爱尔兰式"衬衫，一种长长的及膝衬衫或宽松外套，这是当时苏格兰和爱尔兰服饰的特点。苏格兰高地的上层人士穿着的长裤，要么是英国其他地方的上层人士所穿的紧身套裤，要么是军官们所穿的格纹紧身裤。阿尔斯特的约翰·辛克莱爵士（Sir John Sinclair）在1794年和1795年组建了苏格兰军团，分别是罗撒西军团和凯斯内斯军团。他坚信苏格兰高地人的古老服装是格纹紧身裤而不是格纹短褶裙，他不仅据此设计了自己军团的制服，还谱写了一首进行曲来宣传其更古老的历史：

让别人去夸耀
格纹短褶裙和束腰格纹长披肩吧，
而我们将穿上古老的格纹紧身裤，
我们的祖先曾在上面流过血。

1727年，一位派驻苏格兰的英格兰军官将"褶裙"描述为一种有简单的褶皱、无裁剪的服装，"把它折起来，束在腰部，做成一条短衬裙，长度达到大腿的一半，其余部分放在肩膀上，然后系紧……"也许这就是我们所知的格纹短褶裙的雏形——这也表明，典型的高地服饰是后来发明的。事实上，有证据表明，我们现在认为是古老苏格兰高地服饰的格纹短褶裙是英格兰工业家托马斯·罗林森（Thomas Rawlinson）创制的，他在格伦加里和洛哈伯地区建立了钢铁厂，并为钢铁厂里的高地工人设计了更适合工业工人穿着的服装。1785年，爱丁堡杂志上刊登了一封来自亚伯里亚坎的伊凡·贝尔先生（Ivan Baille）阁下的信，标题为"格纹小褶裙（即格纹短褶裙）不属于古老的高地服饰"，信中称："罗林森是个英格兰人……我可以确认，因为我已经和他很熟了……把衣服简化成'褶裙'，为工人提供方便，这没有什么大不了……这件衣服……在盖尔语中被称为'格纹小褶裙'（felie-beg，在盖尔语中，beg是小的意思），而在我们苏格兰语中被称为'格纹短褶裙'。"

关于格纹的记录则比较混杂，有证据表明，18世纪早期的格纹具有地域特色。例如，1718年，爱丁堡诗人艾伦·拉姆齐（Allan Ramsay）写了一首名为《格纹》（*Tartana*）的诗，在诗中，他提到了独特的氏族格纹。苏格兰作家马丁·马丁（Martin Martin）在18世纪早期出版的《苏格兰西部岛屿描述》（*A Description of the Western Islands of Scotland*）中写道："穿过苏格兰高地……只要看到某个人身上的格纹，就能猜出他的住处。"然而，人们似乎更赞成特雷弗-罗珀的说法，特雷弗-罗珀坚持认为："关于1745年高地氏族叛乱的同时代证据显示……氏族并没有根据格纹的类型进行区分，氏族内部的格纹也不完全一致。辨别苏格兰高地人是否忠诚的唯一方法不是看他的格纹，而是看他帽子上的帽徽。格纹只是个人品位的问题。"

1782年，《格纹法》被废除。下面这份公告展示了高地人对服装解放的庆祝：

> 英国国王和议会已经永远废除了从创世之初一直延续到1746年的反对高地服饰的法律。这一定会给每一个高地人带来巨大的欢乐。你们不会再被低地人没有男子气概的衣服束缚住。这是在向每一个人宣布，无论是年轻人还是老年者，无论是普通人还是绅

士，都可以穿上格纹紧身裤和格纹短褶裙，格纹大衣和条纹长筒袜，以及束腰格纹长披肩，而不用担心法律的约束……

但那时，高地人已经不再穿着高地服装了，"在整整一代人穿着裤子之后，高地的普通农民认为没有理由再披上束腰格纹长披肩或者穿上带格纹的服装了……"

正是苏格兰的上层人士（这些人士从来没有穿过格纹短褶裙，也很可能从来没有穿过"家族"的格纹服装）在严格的着装规范被废除后，找到了穿上这些服装的理由。1778年，苏格兰的律师和贵族们成立了伦敦高地协会。这些高地上层人士创制出传统高地服饰的现代化版本，并为其注入古老的高地血统。讽刺的是，他们在这方面得到了大英帝国的帮助，大英帝国野心勃勃，雇用高地人在印度和美国建立殖民统治。海外高地军团不受《格纹法》的约束，为了方便起见，这些军团开始穿着格纹短褶裙，就像罗林森的工人那样。不同的高地军团也使用不同风格的格纹来区分彼此。特雷弗-罗珀认为这种军装是独特的格纹服装或"格纹套装"的起源：现代帝国军队的着装规范促进了古老高地服饰的"复兴"。

根据特雷弗-罗珀的说法，这个古老的"血统"是通过未经证实的断言、伪造的文件，还有纺织品制造商相互合作建立起来的，这些制造商知道这是一个机会，并及时与伦敦高地协会结盟，证明他们库存里的每个图案实际上都是某个特定氏族的格纹。因得到格纹而自豪的购买者并不知道，许多"氏族"格纹的起源并不是在浪漫的、浓雾笼罩的苏格兰高地上，而是在英国工业城市烟雾弥漫的街道上以及潮湿的加勒比殖民地上。例如，特雷弗-罗珀称，"克鲁尼·麦克弗森……得到了一匹格纹呢……现在被贴上了'麦克弗森'的标签……在此之前，这样的格纹呢曾批量出售给基德先生，用以给基德先生在西印度群岛的奴隶做衣服，这些格纹呢被贴上了'基德'的标签，而在此之前，这样的格纹呢标签只是'155号'"。

但毫无疑问的是，格纹已经成为了苏格兰人民强有力的象征。英国人先是试图将其取缔，然后又试图将其纳入多民族的国家认同，即盎格鲁-凯尔特人合而为一。事实上,雅各布派起义本身就被编入了英国统一的历史中,其中最著名的是沃尔特·斯科特爵士(Walter Scott)在1814年写的小说《韦弗利》(Waverley)。这本小说描述了一位年轻的英格兰绅士韦弗利爱上了一位热情的苏格兰女子,并加入了雅各布派起义。在小说中,年轻的韦弗利在战争中拯救了一名英国军官。当起义被镇压后,韦弗利得到赦免,并娶了一个低地贵族的端庄女儿为妻。这两个女人似乎象征着两个苏格兰——雅各布派叛乱的蛮荒高地和赞成英国合并的文明低地。这样的历史修改,将雅各布派起义浪漫化,淡化了激发起义的民族主义威胁,使得苏格兰高地人的服饰被重塑为一种古朴的地区习俗。到1822年,英国国王乔治四世在画像上身着高地格纹服装,1853年,维多利亚女王制定了一种皇家格纹——巴尔莫勒尔格纹,这一习俗至今仍为女王和王室保留。1746年的《格纹法》解决了英国统一时代人们对服饰含义的新担忧。该法的通过和废除证明,独特的服饰可以分裂或团结一个国家,而着装规范可以淡化或强调社会的分化。国家政府和民族团体都利用服饰和着装规范来表达集体的理想和抱负。

根据历史学家丹尼尔·莱昂哈德·珀迪(Daniel Leonhard Purdy)的说法:"关于所有成年男子都应该穿着标准化服装的想法,在18世纪是一个反复受到争议的小要点。"在法国大革命时期,对许多人来说,给予人们选择服装的自由似乎是旧政权等级制度的一剂合理妙方,但有些人希望得到更有力的平等保障: 共和国的所有公民都必须穿上国家统一的服装。同样,1775年,著名的法学家兼奥斯纳布吕克(现德国境内)主教顾问的尤斯图斯·默泽尔(Justus Möser)坚持认为,国家统一服装可以将分散的人民团结在共同的爱国主义理想下:

> 我们要求君主穿上制服,并使制服成为一种荣誉服装,所有以值得赞扬的方式为共同利益做出贡献的人都能穿上,这再合适不过了。可以肯定的是,乍一看,穿上贵族规定的颜色或者剥夺根据喜好选择衣服的高尚自由,似乎是一种新的奴役形式……然而……一位王子现在可以穿着自己同胞的服装颜色而不会降低自己的身份,而为国家冒着生命危险不

计付出的人，当然也有不止一项能够获得尊重和荣誉的权利。

国家统一服装将成为爱国的普遍象征，但平等主义并没有完全消除旧时对社会阶层区分的需要。默泽尔认为的国家统一服装，与早期的反奢侈法律一样，可以凸显出人们的地位，将贵族与平民、负责任的公民与不负责任的公民、富有的纳税人与贫穷的不纳税者区分开来：

> 当然，如果不确定……有权穿着国家统一服装的人……是否拥有必要的土地或可靠的资本……从而排除所有低一等级的人，那么国家统一服装就无法对人们进行区分。显然，服装必须要分一定数量的等级，地位高的人必须穿上与普通人不同的服装。

整个欧洲都在就国家统一服装的提议进行争论。例如，1791年，律师塞缪尔·西蒙·维特（Samuel Simon Witte）在丹麦皇家艺术学院前反对国家统一服装。他坚持认为，通过服装表达自我是西方文明的伟大成就之一，它将开明的社会与压迫的社会、先进的文化与原始的文化区分开来。维特还认为，服装不仅仅是社会地位的标志，更是一种自我创造的途径：

> 一个人通过服装来描绘、展示和宣告自己，并通过服装来表达、表现和说明所有类型的品行、个性和情感，如伟大、高尚、高贵或卑微的出身、权力、财富、胆量、自尊、天真、谦虚，甚至是年龄和各种德行。服装及其时尚对民族性格和习俗的影响比所有法律法规的影响都要大，而且服装的影响也更加强大，因为服装发挥作用时是无声的，非暴力的……

维特坚持认为，规定穿国家统一服装的法律将会"压制和扼杀民族的品位，使民族品位沦为纯粹野蛮人似的动物感受……"

虽然关于国家统一服装的提议没有得到采纳，但讽刺的是，在随后的几十年里，国家统一服装不是通过立法或法令，而是通过习俗和惯例慢慢发展起来的。正如默泽尔所希望的那样，国家统一服装成为了国家元首和低层官僚、工业巨头和工薪职员、文化精英和小资产阶级的公民道德的服装标志，而且国家统一服装允许有无限的变化来显示社会地位。在大约半个世纪的时间里，从慕尼黑到曼哈顿的男性普遍穿着简约的、搭配裤子和夹克的套装。西装成为西方社会的统一服装和礼服，随着西方文化的影响和传播，西装将成为现代、工业和启蒙运动的全球象征。

摒弃假发

扑粉假发是旧政权最后的地位象征之一，也是旧政权显眼的规范。但有假发，就有"假假发"：拿出一张5美元钞票，你会看到托马斯·杰斐逊戴着当时流行的假发（在这样的背景下，人们会普遍认为，乔治·华盛顿也戴过类似的假发，但事实上并没有；相反，华盛顿是往自己的头发扑上粉，定型为假发的样子），这顶朴素的假发配得上杰斐逊这个民主国家的民选代表；找出一幅画，画的是太阳王路易十四，法国旧时代的绝对君主，你会看到画像上的假发。男性假发的演变，从路易十四青睐的象征皇室特权的大号假发，到杰斐逊戴的小号假发，反映了在"男性时尚大摒弃"年代里，地位象征所发生的变化。就像服装一样，假发也变得不那么华丽了。此外，假发的社会意义也发生了变化，不是简单地随着尺寸的缩小而减弱。杰斐逊那顶朴素的假发不仅反映了一个共和国的公仆相对于一个绝对君主有更朴素的政治抱负，还反映了一种完全不同的社会地位——一种基于现代人的实用性和个性的价值观，而不是古代神圣宏伟和华丽的价值观。"男性时尚大摒弃"将过去的地位象征，从继承特权和正式地位的标志转变为个人功绩和个性的标志。

路易十四还普及了扑粉假发——一种地位象征，最初由他的父亲路易十三采用（据说是为了掩饰他的秃顶），但它反映了一种古老的象征意义。长久以来，长发一直与皇室血统联系在一起。事实上，18世纪法国文化的权威书籍——德尼·狄德罗（Denis Diderot）的《百科全书》（*Encyclopédie*）指出："在古代高卢人中，长发是荣誉和自由的标志……是王族的特征……其他臣民则剪短头发……而且发型或多或少都很短，这取决于地位等级……君主的头发变成了……社会等级的衡量标准。"

在17世纪的法国，扑粉假发成为一种时尚，到了18世纪早期，假发贸易成了一个庞大的产业，雇用了成千上万名熟练工匠。根据历史学家迈克尔·科沃斯（Michael Kwass）的说法，1771年，仅巴黎就有近一千名假发制作大师，"而假发制作大师仅仅是这个行业的冰山一角，在大师级别之下，据估计有……近一万名熟练技工，这些数字还不包括那些未经行会同意而生产假发的无数工匠……"在18世纪的法国，假发的生产由专属行会控制。在法国的旧体制下，行会控制了大多数技术行业，行会的官方职能是保护其成员的生计和行业的声誉，同时也有效地保证了产品的独特性——也就保证了产品的高价格和高地位。即使按照当时的标准，假发的生产也受到了极其严格的控制：假发制作大师通过向君主买通职权来获得从业权——这是一种不寻常的、昂贵的凭证，而这笔费用当然会转嫁到购买假发的顾客身上。此外，由于当时流行白色假发，假发必须扑上粉——这是一笔需要持续维护而产生的费用。因此，假发尽管不实用且烦琐（表明佩戴者过着一种悠闲的生活），但仍是昂贵的奢侈品，是一种完美的地位象征。

假发的流行从太阳王路易十四的宫廷传到英吉利海峡对岸的英格兰和整个欧洲大陆，成为贵族地位不可或缺的象征。朝臣、执政官、牧师、律师和想要成为贵族的人形成了典型的凡勃伦式[1]地位竞争模式，这股风气日渐增长，假发也逐渐进入了各社会阶层。事实上，到了18世纪中叶，假发被人们广泛佩戴，以至于奢侈品的批评者不得不对其进行抨击。根据历史学家大卫·罗奇（David Roche）的说法，尚普朗和维巴奎教区牧师让-巴蒂斯特·希尔斯（Jean-Baptiste Thiers）谴责普遍戴着假发的神职人员，他抱怨称："现在很多牧师都佩戴假发，我们有充分的理由相信，这些牧师认为自己并没有完全被禁止佩戴这种奇怪的头饰，且认为，这在本质上与他们体面的职业并不违和。"希尔斯告诫人们要抵制"外貌

1　凡勃伦在其《有闲阶级论》中阐述有闲阶级力图提高消费水准，以满足竞争心理和所谓"歧视性对比"。——译者注

的诱惑"，坚持认为假发用人类的诡计代替自然的祝福，冒犯了上帝，浪费时间和资源，与《圣经》中节俭的要求相矛盾，也暴露了佩戴者的虚荣心。这使得佩戴假发的神职人员无法惩罚那些穿着奢华服装和进行其他放纵行为的信徒，否则就会招致伪善的指责。根据科沃斯的说法，富绅经济学家米拉波侯爵（Marquis de Mirabeau）抱怨说："佩戴假发的下层阶级成员装腔作势，每个人……都是'先生'……某个人穿着黑色丝绸衣服，戴着一顶扑粉假发，当我向他致意时，他却自我介绍说是铁匠的大儿子。"另一位旁观者也对假发在巴黎普通民众间泛滥表示哀叹，佩戴假发者里包括了"校长……老唱诗班指挥、抄写员、法庭引座员、店员、法律职员和公证员、家仆、厨师和厨房帮工。"

总之，假发是地位的象征。然而，事情的演变越来越复杂。根据科沃斯的说法，随着假发时尚在商人和劳动阶级中流行开来，人们越来越少地从奢侈品或地位的角度来描述假发，而更多地从现代的、平民的便利价值来描述假发。社会评论家、时尚专家、礼仪指导者和假发制造商都对假发的便利性赞不绝口："在一个文明时代，人们对头发的清洁、梳理和造型都有一定的要求，因此剃光头和戴假发比自己梳头要容易得多……"随着假发的流行，人们设计出了更短、更轻的款式：与路易十四相关的"全底"或内折式假发适合在正式的宫廷事务中佩戴，而更实用的假发则用于贵族、乡绅和铁匠之子的日常生活。

假发得以流行，与其说是由于平民试图模仿贵族，不如说是由于假发制造商把市场有限的精英地位象征，作为一种实用的商品重新制作和销售到了大众市场。短而轻的假发不是穷人对全底假发的模仿，而是假发的现代化、精简化、日臻完善的结果。科沃斯指出：

> 路易十四时期之后的假发……绝不是凡勃伦式炫耀性消费的物品，而是一种便利的头饰。时尚领导者强调了假发给身体带来的便利和个人效用……时尚评论家认为，假发的便利标志着健康、实用的美学的到来……而假发制造商则利用便利这一概念，将假发推销给相对广泛的客户群。

假发对大众的吸引力更像是手表：便携式手表最初只是一种可以在晚会上用来炫耀的奇特配饰，但后来作为一种工具，戴在从事实际工作的劳动者手腕上，因此大受欢迎。

假发也成为了一种个人表达的方式。人们认为假发制作商的艺术在于设计一种假发，通过强调一个人面部的"总体印象"来表达个性。假发制造商吹嘘他们能够定制假发，并开始强调他们能够提供假发的个性化选择——适合每个人的面部和风格的假发。假发和发型成为个人情感甚至哲学信仰的表达方式。例如，让-雅克·卢梭放弃了自己的长假发，而换上了朴素的短假发，以示他在哲学上对社会约束的摒弃。本杰明·富兰克林1776年在法国时，放弃了自己的假发，而选择戴上一顶普通的帽子，成为了法国人口中"富兰克林的时尚"。

当然，这种扑粉假发最终完全过时了。如今，只有英国出庭律师在法庭上辩护时仍然戴着这种传统的"司法假发"。根据历史学家詹姆斯·G.麦克拉伦（James G. McLaren）的说法，英国法官和律师最初佩戴假发是作为一种时尚配饰，属于18世纪早期的贵族风格。但随着时间的推移，假发在其他地方不再流行，于是变成了职业地位的象征，佩戴假发也成了一种惯例。在1844年里贾纳诉惠特克一案之前，着装规范还没有明确要求佩戴假发，然而在该案中，出庭的律师如果不佩戴假发，法官就不会"看见"他（根据古代英国法院之一林肯律师学院的图书管理员的说法，"法官若称没有'看见'律师，表明律师穿着不当"。）从那以后，在英国法庭上出庭的律师就必须佩戴假发。

即使沦落为普通人的头饰，假发仍然很受欢迎，因为假发长期与贵族身份联系在一起。18世纪晚期出现的现代、低调的着装规范（并伴随我们到如今）并没有完全舍弃地位的象征。相反，"男性时尚大摒弃"创造了一种新的地位象征，以其精致、真实和适用性为特点，这些特点不再是正式的社会地位的标志，而是个人美德的标志。这种新的地位象征将在未来两个世纪里成为着装规范。

第六章

风格与地位

男士黑色基础套装和八件女士日常便服的重要性；
丝绸和天鹅绒马甲的流行以及完美系结领巾的艺术

在"男性时尚大摒弃"之前的几个世纪，华丽的服装一直作为政治权力和经济地位的象征而受到保护。难道在18世纪晚期，男性突然就对作为声望标志的服装失去了兴趣？穿着礼服和狩猎服装的英国绅士是否放弃了特权的象征？在仍然是殖民地的美国，那些穿着简约服装的虔诚清教徒和激进的法国时尚追随者，真的放弃了华丽的服装吗？

讲求理性、勤奋和效率的新的社会和政治理想正在取代旧的崇尚壮观和炫耀的价值观，因此，全新而微妙的、不成文的着装规范开始重视低调，而不再重视过去被编入法律的引人注目的奢侈。在启蒙时期，地位成为了一种风格。

16世纪早期，巴尔达萨雷·卡斯蒂利奥奈在《朝臣之书》(*The Book of the Courtier*) 中建议读者：

> 在所有的人际交往中，无论是言语还是行为……都要尽可能地避免矫揉造作……在所有事情上都报以"刻意疏忽"（sprezzatura）的态度，以便掩盖所有的艺术，使所做的或所说的一切看起来都几乎不花任何心思、不费吹灰之力……因为每个人都知道做好一件稀罕的事情很难，因此，在做这些事情时表现出的熟练会让人们感到惊奇，而……劳心劳力……会

使一切事情，不管事情有多困难，都显得微不足道。

几十年后，威廉·莎士比亚在《哈姆雷特》中也提出了这一主题，书中的波洛尼厄斯建议说："你的钱包可以买到昂贵的服装，但不要用花哨的形式表现出来；要富裕而不俗丽；因为衣着常显人品。"同样，17世纪英国诗人罗伯特·赫里克（Robert Herrick）建议年轻女性以浪漫的方式战胜对手，他在某首诗中写道："凌乱的穿着/让服装显得放浪……翻动的衬裙/迷人地飘荡，让人留意/系鞋带时漫不经心/我却认为放浪而有礼/艺术在每一部分都过于精确/而这凌乱却更让我着迷……"

这些建议贵族低调的劝告，标志着服装精致化的长期趋势开始了，这种趋势在"男性时尚大摒弃"时达到顶峰。18世纪的殖民扩张和19世纪的工业革命创造出新的经济机会和新技术，这两者都削弱了奢华的排他性：越来越多的新富商人、贸易者和金融家甚至买得起最奢华的服装，而新的生产技术将制作精良的服装推向了大众市场。正如中世纪晚期的情况一样，显眼的奢华不再能够准确地区分精英阶层。但与中世纪晚期和文艺复兴时期的精英阶层不同，18世纪的精英们已经无法争取国家来支持奢华服饰的排他性。无论是经过英国向君主立宪制过渡的渐进且断断续续的变化，还是经过法国大革命更剧烈的变化，欧洲社会已经或正在推翻其旧的王朝政权，因此炫耀地位特权不仅与时代精神格格不入，而且可能非常危险。

但是，地位等级制度肯定会以某种新的形式延续下来，显示地位等级制度的着装规范也是如此。因此，在18世纪和19世纪，新的着装规范诞生了，它颠覆了旧的着装规范的过时价值：如果法律不能阻止新富和新贵享受奢侈，那么奢侈本身就不再是地位的标志。从那时起，一直到现在，拥有反向势利心态的人断言，太过奢侈是品位低下和教养不高的标志。就如苏斯博士（Dr. Seuss）所画的腹部有星星的高傲史尼奇一样，当社会地位低下的史尼奇发现有办法在自己的腹部贴上星星时，腹部有星星的史尼奇就把自己的星星去掉了，所以当显眼的财富变得太普遍时，精英们就放弃炫耀财富了。低调、淡然和优雅曾经在强调奢华的社会表现中是次要主题，现在却成为了新时代的地位象征，而这些必须通过长期与精英阶层接触才能学到。礼仪手册取代了法令和公告；同时，在制定后启蒙时期的着装规范时，社会民众、父母和看护人的意见取代了警员和地方法官的裁决。

在美国，家纺服装让位于"现成服装"——布鲁克斯兄弟品牌套装系列中民主化的黑色套装就是典型代表。资产阶级的服装标准几乎无处不在，而平等主义就体现在其中。法国知识分子兼外交官米歇尔·谢瓦利埃（Michel Chevalier）在1834年访问美国期间写道："我们欧洲和美国之间有多么鲜明的对比啊！……在美国，所有男性都穿着暖和的外衣，所有女性都穿戴着巴黎最时髦的披风和帽子……"英国诗人埃米琳·斯图尔特-沃特利夫人（Lady Emmeline Stuart-Wortley）说："这些美国暴民是穿着精纺服装的暴民。如果我们要谈论美国暴民，那一定是一群穿着黑色丝绸马甲的暴民。"

许多人都在庆祝时尚服装的民主化，并将这种优雅的服装与公民道德联系在一起。例如，后来成为伊利诺伊州州长的托马斯·福特（Thomas Ford）在1823年指出："随着人们对服饰产生自豪感，他们开始有了雄心壮志，开始变得勤奋，开始渴望知识和体面。"然而，尽管并不总是出于平等主义的原因，另一些人则渴望回到早期的简朴时代。例如，一位美国评论家抱怨说，高档服装的盛行削弱了"贫富之间的差距……出身最卑微的人都力争在衣着上与当地的富人平等"。到了19世纪中期，纽约的精英们都在公开表示担忧：

> 一个特权阶级可以垄断华丽服饰的时代，也许已经一去不复返了……我已经看到至少十几名穿着廉价靴子的学徒同时穿着天鹅绒马甲了，而如果在几年前，著名的法国花花公子奥赛伯爵或许会很高兴看到这种马甲。

这段话揭示了人们普遍能买到优雅服装的"问题"，也揭示了其解决方法：人们仍然能够通过廉价的靴子认出学徒。高质量的鞋子更难以低成本仿制，也更容易被自以为是的社会新贵所忽视——事实上，人们最容易通过鞋子来辨别一个人是否穿着考究，而这种看法一直延续到今天。时尚的民主化促使人们改进服装，以制造更细微的差别，从而将上流社会的时尚服装与表面上相似的廉价服装区分开来。

博·布鲁梅尔[1]（Beau Brummell）以其低调而闻名，他的名字是男性时尚意识的代名词。他的天才之处在于将简约转化为苛求的完美，要求对细节一丝不苟。事实上，乔治·布莱恩·布鲁梅尔是一位平民，18世纪晚期，他在伊顿公学就读期间与威尔士亲王交上了朋友，从此成为伦敦上流社会的人物。关于布鲁梅尔的很多事情都笼罩在神秘之中，并在传说中被歪曲。据说，在亲王任命他为精锐的第十轻骑兵团（又称"皇家轻骑兵团"）的军官后，布鲁梅尔坚持要改变兵团制服，以符合他自己的优雅标准。据传，他雇了两个手套工匠来制作一双手套：一个负责缝制手套的手指，另一个负责制作手套套体。布鲁梅尔系领巾时非常细心，这是他最出名的一点：据说他会在镜子前待上好几个小时，他的地板上堆满了被扔下的领巾，这些领巾在他试戴时被弄得褶皱，已不适合穿戴。他的朋友和崇拜者说，他每天要花五个小时穿衣服，还声称要用香槟擦靴子。作为一个衣着讲究的绅士，当布鲁梅尔被问及每年要花多少钱来添置衣柜里的衣服时，他回答说："如果经济允许的话，大概800英镑。"这相当于今天的16万美元，而在当时，一个熟练工匠每年的家庭生活支出大约是60英镑。

尽管布鲁梅尔的奢侈出了名，但他最与众不同之处在于他衣着简约。在他经常光顾的贵族沙龙里，大多数男人仍然偏爱锦缎、珠宝和其他华丽的装饰品。相比之下，布鲁梅尔白天穿的是一件简单的礼服，晚上穿的是蓝色西装和白色背心——这套服装"几乎没有变化，没有珠宝修饰，也没有喷上香水，甚至也没有通过任何特殊或独特的细节来突出"。据他同时代的人说，布鲁梅尔是"他认识的人中最稳重、最严谨、衣着最朴素的人。如此不屈不挠的节制……使人们无法模仿他，因为没有什么可以模仿的"。

历史学家菲利普·佩罗（Philippe Perrot）指出，在19世纪中期的法国，精英阶层受到两方面的威胁：一方面，被"穿着盛装的杂货商模仿"；另一方面，又被"喧闹又粗鄙的暴发户模仿，他们笨拙而激烈地追求真

1　原名乔治·布莱恩·布鲁梅尔。

正上流社会人士穿着的服装……穷人的廉价模仿，是对富人进行的夸张模仿"。作为回应，一种微妙而复杂的着装规范（虽然大部分是没有成文的）确保了有心者能够明显从服装上看出一个人的阶级地位。早晨在家时穿着适合的装束，中午见访客时穿着适合的装束，下午在外面散步时穿着适合的装束，傍晚喝茶或放松时穿着适合的装束，晚间和晚餐时穿着适合的装束，在家里招待客人时穿着适合的装束，白天在教堂做礼拜时穿着适合的装束，晚上在教堂做礼拜时穿着适合的装束，婚礼、葬礼、洗礼和购物时穿着适合的装束。这些装束会随着诸多因素发生变化，包括季节和人们所处的区域（城市或者乡村），当然还包括性别。

要想穿着得体，既需要有大量的服装，也需要掌握大量的知识：一个人需要在各种场合穿着不同的服装，而且需要知道哪件衣服适合哪种特定的活动。服装十分昂贵，知识也受到严密保护——通常是通过榜样学习或口口相传的方式传达给合适的社会圈子，或者编纂成礼仪专著。在当时的社会里，装订成册的书籍仍属于奢侈品，识字也还远未普及，所以这些礼仪专著本身就是高档独家的。在合适的场合穿着适宜的衣服是高等级社会地位的明确标志，而即使穿着与礼仪规则只有细微偏差，也意味着一个人的经济实力和知识技能还不足。偏差的数量和程度越大，其社会地位就越低，喜欢过分装饰又爱炫耀的新贵暴露了自己的无知、拙劣以及缺乏自信。相比之下，优雅的人通过在合适的时间穿着合适的衣服来展示自己的知识，通过选择只有其同类人才会认可的微妙的地位标志来展示自己的自信，通过表现出某种刻意疏忽的、不在乎一切的态度来展示自己的技巧，同时又能使一切都恰到好处。

礼仪手册大量涌入欧洲和美国市场，详细介绍了关于优雅的新的微妙之处。这些手册通常以贵族的笔名写成，详细介绍了人们的行为、说话方式以及最重要的着装方式。根据一位举止合宜的法国导游所说（或者应该如他所说）：

> 正如一个词足以透露某人的出身或揭示可疑的过去或现在一样，在有洞察力的人眼里，一块别扭的花边、一条飘带、一根羽毛、一只手镯，特别是一只耳环或任何矫揉造作的装饰品，都可以揭示穿戴者的社会

地位或其所属的社会等级。服饰上的矫揉造作是对优雅的破坏，正如某些表达方式与文雅的语言格格不入一样。

简约具有双重而矛盾的意义：它标志着对贵族特权的断然拒绝（尤其对男性而言），也标志着对资产阶级节制美德的欣然接受。但与此同时，简约也是一种宣扬阶级地位的新方式。"男性时尚大摒弃"并不意味着精英阶层放弃了奢侈，相反，他们摒弃了浮华的、显而易见的、容易被模仿的奢侈，而选择了克制的、微妙的、难以模仿的奢侈，人们将这种奢侈称为"优雅"。昂贵的装饰品所体现的奢侈被需要"培养"的、需要消耗时间和知识的奢侈所取代，或者至少奢侈的定义得到了补充，于是，反奢侈的法律让位于不成文的礼仪规则。

尤其对于女性而言，女性的着装仍受旧时的着装规范所约束，在穿着得体和过度打扮之间有一条细微的界限。女性身上的饰品过少，会显得懒惰且不得体，而饰品过多，又会表现出粗俗或不自信。例如，19世纪法国的一篇礼仪专著建议：

一个想要穿着得体的女人……每天至少需要穿着七八套服装：晨衣、骑行服、午餐时穿的优雅简单的礼服、走路时穿的便服、下午乘马车出门走访时穿的礼服、开车经过布洛涅森林时穿的时髦服装、晚餐时穿的礼服以及晚上或在剧院时穿的礼服……还可以更复杂一些……夏天穿着泳衣，秋冬则穿着狩猎服和滑冰服……

当然，仅这些要求就让所有经济条件一般的人无法达到衣着讲究之人的地位。但最严格的考验不是一个人能否买得起所需的服装，而是一个人是否知道何时以及如何穿着它。例如，虽然在某些社交场合，佩戴珍贵的宝石是合乎礼仪的，但"巴桑维尔伯爵夫人"（Comtesse de Bassanville）告诫说："知道如何打扮的人绝不会在夏天佩戴钻石……即便是在舞会上，他们会用鲜花或丝带代替钻石……"同时，在礼拜仪式上，优雅之人践行了历史学家菲利普·佩罗所说的"明显的消费克制",在优雅的低调中增添了基督教谦逊的道德合理性。而"德罗霍若夫斯卡伯爵夫人"(Comtesse Drohojowska)用以下警示故事告诫读者:

> 我坐在一条主过道上,尽管过道很宽,但是那些漂亮女士们的宽大裙子还是会擦碰到我的椅子,于是她们的丝质连衣裙和浆洗过的蓬松衬裙都发出响声……她们大幅度的肩膀动作和快速急促的步伐使这种震耳欲聋的隆隆声更响了……我问自己:"一个优雅的女人应该有这样的举止吗?在主的神殿里,她是否显得过于专注自己了?"

根据佩罗的说法,法兰西第二帝国的贵族家庭"通过摒弃明显的炫耀",践行了某种反向势利:

> 贵族表现出的简约在于他们与贵重物品之间的距离,在于对财产漠不关心的态度,这种态度本身就是至高无上的财产,这一切将贵族与新贵区别开来,对贵族来说,这种胜利是对之前被新贵压制做出的反击……

当然,这种精英主义的简约着装实际上并不随意,它将对细节的密切关注作为一种武器,在一场为地位而进行的无情斗争中发挥着作用。精英阶层看似禁欲的感觉是经过精心设计的,以显示精英身上毫不费力的优雅。正如"达什伯爵夫人"(Comtesse Dash)建议读者:"如果你想与优雅的人竞争,唯一的办法就是用精致的简约来取胜……一件衣服最大优点是看起来自然,像是临时制作的,实际却花费了穿着者和制作者数小时的研究和准备。"

在19世纪,简约成为一种普遍的风气。从前法律规定奢侈象征着地位,而如今非正式的规则却表明,优雅、得体、刻意疏忽象征着地位。潜在的、对奢侈的摒弃变成了一种新的、更隐蔽的地位意识,并伪装成了对美德的宣扬。衣着简约是一种理智、务实的头脑和令人钦佩的不做作的标志。从浮华的富裕到微妙的优雅的转变是把双刃剑：它象征着对明显的地位等级的拒绝，符合启蒙运动的理想；但它也强化了一种新的阶级分层，其特点是对"服装适合性"的展示不需要太明显，但却有着更高的要求，而这能够以规则的形式表现出来，即新的着装规范，它们将贵族与平民区分开来。这种着装规范还可以表现出更难以捉摸的品位，人们常说，这种品位既不能教也不能学。

浮华的简约，明显的低调——这些转变了人们对奢侈的摒弃，从清教徒式的禁欲主义现象变成了一种新的放纵形式，从平等的姿态转变成权力的较量。对于精英阶层来说，摒弃奢侈是对特权象征容易被复制的旧世界的一种调整。

第七章

性别与简约

定制外套、鲸骨紧身胸衣、长裙和衬裙，
以及新古典主义长袍的优点

为什么"时尚大摒弃"是由男性引领的？为什么男性放弃了奢华和迷人的服饰，把时尚领域留给了女性？

　　其实从重要的意义上说，男性并没有放弃，相反，他们只是抛弃了笨重的、日益过时的、显眼的装饰品，并将它们留给了女性，而女性则替男性将这些装饰品的象征意义体现出来。男性仍然可以享受古老的特权，通过他们的妻子、情人和女儿来炫耀自己的奢侈，同时与之保持足够的距离，以避免给人留下任何虚荣的印象。为了取代古老的、堕落的富贵象征，男性采用了适宜自己所用的全新的、现代的服装标志。

　　正如历史学家安妮·霍兰德指出的那样，直到现在，最勤勉地推动和追随时尚的人都是男性，而不是女性："只要看看1200年以来的服装，你就可以看到文化发展的突飞猛进……而人类外貌的新形象……最初是男性化的……很明显，西方服装中最快速、最时髦的进步……是在男性时尚中获得的……"从13世纪时尚的诞生到18世纪的"男性时尚大摒弃"，时尚的进步都体现在服装上，体现在缝纫技术的进步上。新的缝纫技术让带有袖子和裤腿的服装取代了简单的垂褶服装，让单一的套装既有合身的外形（紧身衣、裤子、紧身胸衣、袖子），又含有造型元素（宽松短罩裤、蓬蓬袖、越来越成形的裙子，而不是简单的褶皱）。新的缝纫技术创造的视觉艺术，似乎改变了身体本身的形态。服装的创新通常出现在男装上，然后为大胆而时尚的女性所采用，最终融入更传统的女性服装中。例如，文艺复兴时期女性礼服上的紧身胸衣，借鉴了最初为男性设计的适合穿在盔甲下的紧身上衣。

由于男裁缝们创制了男性服装的女性版本，因此男性服装和女性服装实质是相同的，只是形式不同，互为补充。男性服装和女性服装表达了相同的社会价值，在意义上重叠，具有独特的性别象征意义。但在"男性时尚大摒弃"之后，这一切都改变了，合身和简约成为最重要的元素，而浮于表面的装饰物则遭人嫌弃。从某种意义上说，"男性时尚大摒弃"使服装工艺（时尚最先进、最有活力的方面）成为一种新的男性地位的象征。与此同时，"男性时尚大摒弃"也将原本作为精英特权标志的、更具装饰性的服饰变成了过时的价值观和社会落后的标志——或者将其转变为女性的标志。

针与剑

男性的理想主义和虚荣可能促进了"男性时尚大摒弃"，但试图在男性世界里出人头地的职业女性，却把时尚变成了女性特权。一群法国女裁缝改变了服装的制作方式，加速了男性服装和女性服装的分化。

为了说明这一点，我必须稍微离题一下，展开一个不太流行的话题——政治经济学。在17世纪的欧洲大部分地区，许多企业和大多数技术行业都是在政府的许可下运作的。公司的特许经营许可证或法律认可的行会特权，既向商业提供了营业执照，又提供了由国家权力保障的寡头垄断。当时重商主义的经济理论认为，商业应该由政府计划和控制，以造福国家，避免国际贸易逆差。理论上，整个重商经济是通过特定的法律特权规划发展起来的，这些特权由国王、立法机关或议会授予。此外，那个时代的法律理论并没有明确区分政府机构和私营企业：所有机构或企业都是在政府授予的某种法律权限下运作的，其中许多机构或企业既有经济权利又有监管权力。例如，许多特许经营许可证既授予公司商业垄断权，又授予其在特定领域执法的权力。商业行会和工匠行会既参与商业活动，又监管商业活动，并制造和销售他们的产品，同时确保创造公平的贸易条件、推行公开透明的度量衡和质量标准。

在拥有如此广泛权力的同时，伴随而来的则是社会责任及限制。商业时代的公司和行会只能做其特许经营许可证明确授权的事情。在巴黎被授权生产和销售假发的公司不能生产香水或将业务扩展到兰斯市，否则就会非法侵犯另一家公司的特权。同样，在17世纪和18世纪早期的法国，裁缝可以制作和销售成品服装，但不能销售毛料，因为毛料必须要从有许可证的纺织品商人那里购买，而纺织品商人可以制作连衣裙和长袍，但不能制作定制服装。任何公司未经特许经营许可证授权而从事的活动都是越权行为，因此是非法和无效的。超出特许经营许可证授权范围的协议将无法执行，在行会管辖范围之外生产的商品也会被侵权实体的干事没收。

在17世纪晚期的法国，男性裁缝已经不仅为男性制作服装，也开始为女性制作服装了，而女性裁缝却被排除在行会之外，只有少数女性除外，例如，裁缝的妻子可以和丈夫一起工作，一位高级裁缝的遗孀可以继续经营家族生意，前提是她不再婚。因此，男性裁缝控制着男性和女性服装的设计，正如历史学家安妮·霍兰德所认为的那样，"从14世纪到18世纪，服装中不同的性别象征之间保持着某种和谐……它们都是……按照同样的手艺原则，用同样的材料构思和制作而成。几个世纪以来，男性服装和女性服装的华丽程度不分高低"。

17世纪中叶，一群巴黎女裁缝挑战了男裁缝的垄断地位。根据历史学家詹尼弗·琼斯（Jennifer Jones）的说法，法国的女裁缝们虽然没有组织行会，但有些女裁缝相当成功，并拥有权势显赫的贵族女性作为客户。而男裁缝们通常会以暴力的方式没收并销毁女裁缝制作的服装，因为他们认为女裁缝已经篡夺了他们的法律特权。为了维持自己的生计，女裁缝们不得不维护自己的制衣权利。然而，女裁缝们并没有在男性主导的制衣领域寻求平等，相反，她们利用当时的性别规范，为自己的女性影响力争辩，她们坚持认为，出于对女性端庄的尊重，女性客户可以选择由女裁缝为自己制作服装。她们辩称，女裁缝因此需要有合法的权利来制作各种女性服装（以及小男孩的服装，反映了儿童属于女性领域的传统）。1675年，一项皇家法令将所有女裁缝召集起来，组成了一个行会。由此，女裁缝可以为妇女和小男孩制作垂褶服装，而男裁缝专门为8岁以上的男性制作服装以及制作所有的定制服装（无论是男性还是女性），且男裁缝仍保留了对女性正式礼服、紧身胸衣、带裙摆的裙子以及丝带、蕾丝和穗带等装饰的缝制的垄断。

这种紧张而不稳定的妥协引发了新的冲突。例如，女裁缝有权使用鲸骨和其他坚硬的材料来制作一件垂褶服装，而男裁缝却坚称，只有他们才有权制作需要将鲸骨缝进布料的服装，例如紧身胸衣和裙箍。根据琼斯的说法，1725年，在一次十分令人吃惊的冲突中，男裁缝和男裁缝行会的干事们"在女裁缝玛丽·特蕾莎（Marie Therese）的房子外大声示威……谩骂"，后他们冲进她的工作室，把几件带鲸骨的紧身上衣……摔在地板上，谴责她没有权利制作这些衣服……那些男裁缝不顾她已是怀孕晚期，粗暴地抢走了她制作的衣服……玛丽·特蕾莎……开始呕吐并大出血……最终流产……

几起类似的纠纷都被诉诸法庭。男裁缝们强调了他们高超的手艺和其工作的重要性：由于鲸骨紧身衣不仅用于制作时尚服装，而且还具有医疗作用，如纠正畸形的脊柱和错位的器官，所以为了公众利益，人们要求这种服装仍由熟练的男裁缝制作。值得注意的是，女裁缝们对此进行反驳时，并没有坚持认为她们的手艺与男裁缝处于同等水平，或者认为她们的工作与男裁缝的工作同样重要，而是重申"礼仪、得体和端庄"要求女性可以选择同性裁缝来完成试衣和穿衣这种亲密的举动。女裁缝们还补充说，她们的工作是"女孩和妇女"群体为数不多的正经谋生手段之一——这意味着如果剥夺了她们作为裁缝的生计，许多女性将被迫在更古老的行业中从事不光彩的工作。

这些关于女性在服装制作中扮演独特角色的观点，至今仍在影响着我们对时尚的思考。在争论时尚为女性提供了为数不多的体面生计时，女裁缝们默默地接受了女性在社会中的从属地位，并帮助形成了一种现在普遍存在的观点，即时尚具有独特的女性特征，不像典型的男性活动那么严肃。正如霍兰德解释的那样：

> 现在由女性进行的新的服装制作工艺，实际上只是简单地使用布料，通常是将其折叠起来，不需要多少裁剪，就能穿上身……这不需要富有想象力的裁剪和构造……因为制成身体基本形状的剪裁和贴合感是由男性紧身衣制造商设计的……

> 女性的优雅……是由时尚女商人……创造的，她们专门制作和搭配饰品及小配件，使女性时尚因轻浮和奢侈而日益名声败坏……"时尚"逐渐被人们重新注意到，很快就成为了一个主要供女性消遣娱乐的领域。

随着时尚与女性之间的联系愈加密切，人们对美丽和奢华服装的兴趣开始被打上女性化的烙印。到了18世纪晚期，许多人认为女性应该拥有制作女性服装的专属权利。某些人更是坚持认为即使男裁缝有手艺，制作服装也有损男性尊严，因此所有的服装都应该由女性制作。例如，让-雅克·卢梭在其颇具影响力的作品《爱弥儿》（*Emile*）中坚持认为：

> 从来没有哪个小男孩会渴望成为一名裁缝。缝纫技术却需要为这个女性化的行业带来其所不具备的性别——男性（古代没有裁缝，男性的服装由女人在家制作）。针和剑不能由同一双手来挥舞。如果我是君主，我将只允许女性和沦落到从事女性职业的瘸子干缝纫和针线活。

越来越多的人认为，任何形式的缝纫都有损阳刚之气，从事时尚工作的男人成了被嘲笑和蔑视的对象。一位作者曾讽刺地建议，制作和销售女性服装的男人"应该穿上女性服装，这样才能完成蜕变，而他的羽毛会回应他美丽的歌声"。另一位作者也坚持认为：

> 拿着针的男人……是销售亚麻布料和服装的商人……他们篡夺了女性的平静生活，而女性则被剥夺了其维持生活所需的手艺，而不得不被迫去……卖淫……我随处可以看到身为男性，强壮而健硕的男性，懦弱地侵入属于女性的自然领域，这让我为男性感到羞耻……人们应该谴责所有忘记自己身份的男性……谴责所有男性服装商人，以及谴责所有制

作女性服装的男裁缝……让他们穿女装。

男裁缝们则强调制作合身的服装需要工艺技术，以此来反对这种描述。他们强调了合身服装（如外套、衬衫和裤子，主要是男性服装）背后的缝纫技术与制作裙子"纯粹"的褶皱和装饰所需技术之间的区别，因此他们坚持认为男裁缝是手艺人。服装的构造要求裁缝严格应用技术知识，制作一件夹克就如同建造一座桥一般。相比之下，除了包括缝纫在内的少量工作，制作女装其实只是一种装饰艺术，而事实上，多余的表面装饰比构造更重要。女性可能天生就适合选择引人注目的面料，并用亮片、褶边和缎带来装饰这些面料，但制作一套合身的西装则需要精细的工作，这应由男性来完成。

这一论点成功了，正如安妮·霍兰德注意到的那样，"男性服装，以及男性对个人外表的重视，继续受到所有严肃的男性事业的尊重……"一种新的缓和关系的条件已经确立。男性将时尚留给了在审美上有直觉，但在风格上缺乏创新的女性，她们制作并装饰华丽的礼服，穿着这些礼服的女性优雅且具有装饰性。当时，缝纫技术仍然为技术娴熟的男性裁缝所有，他们为世界上严肃的男人制作实用的精简服装。从那时起，男性和女性的时尚不仅在细节上，而且在基本的象征用语上开始出现分化，这种分化的第一步且必不可少的一步，是坚持认为男性时尚根本不是时尚。

新古典主义摒弃

18世纪末到19世纪初，政治理想和经济流动性不断变化，时尚不仅将这种变化反映在服装上，还反映出了某种新的审美感觉，这种审美感觉超越了服饰，其灵感来源于古希腊和罗马的艺术及建筑。18世纪中期，庞贝古城和赫库兰尼姆古城的发掘，以及19世纪前十年帕台农神庙大理石运抵英国，促使了时尚、建筑和设计向新古典主义转变。

19世纪早期，男性和女性服装都表现出了新古典主义的影响，但方式截然不同（恰恰正好相反）。女性服装基本上效仿了古典服饰，并对其进行改良，以反映当代女性端庄的标准。和往常一样，女装保留了曾经男女通用的垂褶服装的基本形式。由于女裁缝们遵循法国女裁缝的制衣模式，精通制作褶皱和表面装饰，但不擅长于剪裁和缝制构造，所以她们很自然地创造出古典垂褶服装的风格化版本，以此唤起古典主义。因此，女性的新古典主义服装模仿了希腊和罗马雕像的长袍：轻盈、透明，最终充满虚幻，但就像任何过时风格的复兴一样，缺乏想象力，这符合并放大了女性与传统和奇思异想的性格之间的古老联系。

男装也反映了古典主义的影响。但新古典主义男装并没有模仿古典服装，相反，它唤起了在现代简约服装下男性裸体的理想形象——这是通过男裁缝们精心设计和巧妙填充的手艺实现的。在18世纪和19世纪，新古典主义的影响出现在理想男性裸体的高度风格化的迹象中，而不是像19世纪早期的女性服装那样，对古代垂褶服装进行重新诠释。新古典主义淡化了17世纪和18世纪男性理想中笨重的、几乎呈梨形的身体轮廓：外套上厚重的长尾巴被去掉了，填充物从臀部和腰部转移到肩部，腰部也被裁短了。男裁缝们用他们一贯使用的方法塑造了一个英雄般的男性轮廓，并在成熟技术的基础上不断创新，创造出了新的类型。因此，现代西装通过重塑身体的各个部分：手臂、腿、躯干，唤起了古典主义的理想模式，现代西装是深色的、简洁的、实用的羊毛盔甲。随着现代审美的发展，这种流线型的设计一直持续下去，而形式遵从功能，所以男性服装逐渐失去了几乎所有的装饰，变得越来越平实，越来越抽象，最终演变为现代商务套装：一种独特的现代设计，唤起了时尚的功能主义，至今几乎没有变化。

"男性时尚大摒弃"与其说是对奢侈的放弃，不如说是对技术和美学改进的应用，这些改进转变了所有的视觉艺术。男性服装的简化属于某种更广泛的转变，即从装饰和正式的写实主义转向流线型美学，这将发展成熟为20世纪初的高度现代主义。事实上，"男性时尚大摒弃"之后的男性服装并不总是比同时期的女性服装更实用，甚至不总是比它们所取代的更奢华的男性服装实用，相反，这些男性服装被设计成看起来很实用。相比之下，现代建筑的著名设计往往比它们所取代的巴洛克式和新古典主义建筑更不实用（而且更昂贵）。平屋顶看起来是流线型的，但会造成积水，从而导致漏水。不够华丽的造型看起来很简洁，但实际上需要更精确的裁剪，以消除用装饰嵌条简单覆盖的缝隙和不平整。密斯·凡·德·罗（Mies van der Rohe）设计的标志性建筑西格拉姆大厦，其结构柱看似未经装饰，实际上毫无必要地覆盖着昂贵且结构多余的青铜。同样，男性服装的剪裁可以像许多正式礼服一样精细，不同的是，礼服在褶皱外部展示其装饰，而西装的大部分复杂工作都隐藏在缝合、布料和填充物中，使整体看起来十分自然。正如历史学家安妮·霍兰德所说："男性的身体得到了一个全新的包装，这种包装对男性身体的基本形状进行了更衬人的现代装饰，这是一种简单而清晰的新版本，取代了裸露的体形，但这一次没有对其进行包裹、装饰、加固或过度修饰。"

由于男性服装采用了现代的形式，并抽象地表现古典主义的影响，而不是实实在在地展示出来，因此男性可以孜孜不倦地追随时尚，同时看上去似乎只关心实用的功能问题。正如男裁缝们关注的是服装合身和构造的"严肃工作"，而不是时尚的装饰一样，受人尊敬的男性并没有"关注时尚"，而是讲究"衣着得体"——这一描述暗示的不是虚荣，而是礼仪。无论是在旧世界还是在新世界，朴素但讨人喜欢的服装都被人们认为是公民美德不可或缺的象征。这种新的理想在"男性时尚大摒弃"开始时表现出来：18世纪中期，第四代切斯特菲尔德伯爵菲利普·道摩·斯坦霍普（Philip Dormer Stanhope）在给儿子的一封信中这样写道："理智的男人与花花公子的区别在于，花花公子会看重自己的衣着，而理智的男人会嘲笑这种行为，但同时他也知道自己不能忽视衣着打扮。"近一个世纪后，《美国绅士的优雅与时尚指南》(American Gentleman's Guide to Politeness and Fashion)与这一观点相呼应，该指南认为："虽然要注意避免过度关注人的外表装饰，但在这方面，任何接近漠不关心或忽视外表装饰的行为都应该受到同样的谴责。"在新古典主义的影响下，男性的服装被简化了。人们普遍认为，过于注重外表的男性是柔弱的纨绔子弟或肤浅的花花公子，而穿着讲究的绅士把自己的外表留给训练有素的专业人士修饰。美国裁缝乔治·P. 福克斯（George P. Fox）认为："纨绔子弟是时尚的奴隶，而哲学家则把自己交给裁缝，裁缝的职责在于让哲学家穿着得体。"

尽管男性和女性服装的风格都简化了，但新古典主义的影响并没有激发出某种女性化的"男性时尚大摒弃"。简约的意义本身是有性别差异的。新古典主义男性服装的简约暗示了劳动的艰辛，而新古典主义女性时尚服装的简约风格植根于女性的奇思异想，因此这类风格只适合那些有能力避开生产性工作而选择休闲生活的女性。虽然服装的性别划分已有几个世纪之久，但这种特殊的象征意义是全新的，它预示着女性家庭生活的理想，在维多利亚时代对女性的崇拜中得到了最完整的表达。随着男性服装变得越来越简洁和实用，女性服装则在无数奇特、引人注目、美丽而往往不实用的风格之间摇摆不定：多层衬裙、精致裙摆、束身衣以及不断变化的领口和衣裙长度。当然，服饰象征意义上的区分与政治和经济上的大男子主义相呼应，并进一步推动了这种大男子主义：只有男人才能表现出严肃和坚毅的姿态，而法律和习俗要求女性穿上过时的华丽服装，让人联想到败坏的社会秩序。

时尚如何让一个坏男孩变成一个好的女权主义者

根据当时的偏见，女性服装发展的障碍与"弱势性别（女性）"的有限能力相匹配。值得庆幸的是，历史提供了一些有益的实践，削弱了这种沙文主义的说法。在许多实践中，女性在脱掉裙子和束身衣后，其能力和胆识可与最有成就的男性相媲美，而在某些实践中，男性对女性服装在身体上和交际上施加的约束感到恼火。服装也许无法造就男人，但它可以解构和重塑男人，正如一个不太可能的故事所显示的那样：女性服装将一个无耻的浪子变成一名坚定的女权主义者。

查尔斯-吉纳维耶夫-路易斯-奥古斯特-安德烈-蒂莫西·德昂·博蒙特（Charles-Geneviève-Louis-Auguste-Andrée-Timothée d'Éon de Beaumont）（简称德昂）是一名法国外交官兼授勋军人，也是路易十五国王情报机构的间谍。根据德昂的回忆录，国王派遣他前往俄国执行某项秘密任务，以获得伊丽莎白女王的信任，并密谋对抗法国最大的地缘政治对手之一——哈布斯堡王朝。根据德昂的描述，为了逃避英国人（法国的另一个竞争对手）的封锁，他以利娅·德·博蒙特夫人（Lea de Beaumont）的身份，伪装成伊丽莎白女王的侍女。通过如此伪装，他完成了任务，并逃过了英国人的逮捕。这段经历对他后来的事业和社会地位产生了深远的影响。

回到法国不到一年，德昂就在英法七年战争中成长为一名骑兵队长，并因其军功获得了骑士头衔和圣路易骑士勋章。后来，他以外交官的身份前往伦敦，同时继续秘密地为国王情报机构从事间谍活动。但在欠下巨额债务，并与外交部和国王情报机构的上级发生冲突后，他被降职了，并被勒令返回法国，面临挪用公款和不忠的指控。由于失去了皇室的青睐，又害怕被关进巴士底狱，德昂违抗命令，留在了伦敦，并在那里出版了自己写的一本小册子的第一卷，还威胁称，他将出版一系列小册子，其中包含他所有的秘密外交信件。因此，德昂在英国小有名气，并受到英国政府的保护。法国人暗中放弃了对他的逮捕，并最终以大幅提高报酬的方式将他秘密召回到国王情报机构中：作为法国的叛徒和敌人，他有了"良好的信誉"，作为一名间谍，他更加有价值了。

但是德昂面临着一个比引渡威胁更大的问题。也许是由于他早先在俄国宫廷执行过任务，有关德昂是女性的谣言开始散播。一位贵族声称德昂是女性，而这是"最终无可辩驳的证据"，法国社会对此感到震惊。与此同时，在伦敦，博彩公司给出了3:2的赔率，认为德昂是一名女性。德昂没有否认这些说法，而是拒绝做出回应，这助长了人们对于他的猜测。1772年5月，国王情报机构的一名特工来到伦敦调查此事，并报告说德昂确实是女性。

同时代讽刺画中描绘的德昂骑士。

1774年，路易十五死后，国王情报机构以及对德昂的皇室保护也随之消失。1775年，法国政府的一名代表找到德昂，要求归还在他担任间谍期间的所有相关文件，而作为回报，德昂要求以英雄或女英雄的身份返回法国。关于德昂的故事有不同的说法：一种说法认为，法国当局利用了关于德昂性别的谣言，要求他接受女性生活，并因此将其排除在政治生活之外，以免予起诉。历史学家加里·凯特斯（Gary Kates）的另一种说法则认为，德昂巧妙地设计了他的性别转变，散播自己是女人的谣言，并故意助长人们的猜测，以证实自己在英国活动的光鲜叙述。还有一种说法在当时也被人们广泛接受，该说法认为"德昂实际上'天生就是女性'……而德昂的父亲想要的是儿子，于是将德昂当作儿子抚养成人。德昂是一名出色的外交官和军人，现在却在新国王和礼教的逼迫下接受了自己的出生性别"。这一说法让德昂以圣女贞德的形象回到法国，成为一个"男扮女装……为路易十五执行爱国行动的女英雄"，而不是一个背叛国家的娘娘腔"骗子"。

尽管历史学家对他性别转变的原因众说纷纭，但大家都认为，在法国旧政权衰落的日子里，德昂并没有轻而易举地适应作为女性的生活。据报道，在1777年，当德昂被要求穿着女装时，他抱怨道："我还不知道我需要什么……我只知道，从头到脚打扮成女人比装备一队骑兵还难。"当德昂再次穿上骑兵制服，在美国独立战争中与法国人并肩作战时，"她"被监禁了起来，直到"她"同意穿上女装并接受对女性的传统限制，才被解除监禁。

法国大革命推翻了旧政权的着装规范，但这并没有帮助到德昂。尽管新政府在1793年10月29日颁布法令，宣称"不论男性还是女性，任何人都不能强迫任何男女公民以特定的方式穿着服装"，但该法令还增加了一个条件："每个人都可以自由地穿着他或她喜欢的、适合其性别的衣服或装束。"法国的着装规范将继续要求德昂按照社会对女性的要求进行穿着和行动。法国大革命后，德昂的退休金被停止发放，德昂很快就一贫如洗。回到英国后，德昂穿着衬裙和长裙，以亚马逊女剑客的身份参加击剑展览，既罕见又有趣，德昂因而凭此勉强地过着简朴的生活，最终死于贫困。

当德昂的遗体准备下葬时，那个曾经困扰法国外交官、俄国贵族和伦敦博彩公司的问题终于得到了解决：德昂的"男性器官在各个方面都完好无损"。

德昂是否如国家肖像馆馆长露西·佩尔茨（Lucy Peltz）在2013年所说的那样，是"英国第一个公开异装的男性，并能够过着自己性别取向所要求的生活"？他是否像19世纪的某位传记作家所说的那样，是一个放荡的浪子，为了更容易勾引已婚妇女而扮成女性，还是他只是在某些情况下被迫承认自己是女性？根据历史学家西蒙·巴罗斯（Simon Burrows）的说法，德昂在英国欠下大量债务，当有机会摆脱债权人返回法国时，"德昂真的别无选择，只能同意扮成女性……他需要钱……而在英国，他可能会被当作债务人关押起来"。接受女性身份使德昂得以逃离监狱，但这也确保他回到法国后无法重返政治生活，从而让他的敌人感到满意。根据巴罗斯的说法，德昂"在某种程度上是被骗了，才会被人们认定为女性……这不是他的第一选择"。

所有这些说法可能都有一定的真实性。也许德昂的性别转变是渐进式的，是由便利性、必要性、欲望和道德信念共同推动的。根据历史学家加里·凯特斯（Gary Kates）的说法，德昂在以女性身份生活之前就已经成了一名女权主义者，他收集了"欧洲最大的女权主义著作集之一"，认为女性天生比男性更有德行，在他看来，"以女性身份生活是一种在道德上改变自己的方式，也是一种摆脱他那个时代的超男性主义理想的方式"。根据凯特斯的说法，德昂将自己的性别转变称为"从坏男孩到好女孩的转变"。无论是出于选择、偶然还是强迫，女性的服装让德昂看到了女性对男性世界的看法。

自中世纪晚期以来，时尚的兴起将服装从社会地位和忠诚的象征，转变为个人身份的表达。随着人们通过服装来彰显自己的独特个性，并回收利用古老的着装规范来创造新的、现代的服装含义，人类最终必然会为最强大的服装象征找到新的用途：性别的服装象征。对性别化服装的非传统使用能够让女性创造出新的、独特的个人故事：虔诚的女性穿着骑士或朝圣者的服装，以此来寻求精神启蒙或参与圣战；不羁的女性穿着明显的男性服装，以此来表达对社会束缚的蔑视。

但是，德昂的性别转变更令人吃惊，对与他同时代的人来说也更令人恼火，这不仅因为男扮女装十分罕见，而且这一事件发生的时候，"男性时尚大摒弃"正将男性时尚从奢侈和华丽转变为朴素和节俭，扩大了男性和女性服装之间的象征距离。旧政权的价值体系以荣誉为基础，而德昂骑士正是该体系中的一位潇洒人物。他的生活十分奢侈：在外交部工作时因进口过量的葡萄酒和挥霍无度而受到责罚，并在伦敦期间欠下了巨额债务，许多人认为他不得不逃走以避免因债务而入狱。虽然在旧政权的宫廷世界里，德昂的冒险精神、军事荣誉和明显的过度奢侈行为受人尊重，但在18世纪末的世界里却不那么受尊重了。在伦敦，德昂会更清楚地看到"男性时尚大摒弃"已经诞生，并且取得了很大的进展。也许德昂认为自己是个坏孩子，因为做一个好人的标准已经改变。

这些变化也让女性比以往任何时候都更不可能过上德昂所渴望的有影响力的生活。尽管法国社会将德昂誉为圣女贞德式的女英雄，但当"她"试图重返法国政治生活时，却屡遭拒绝，"她"被迫加入修道院，并被告知"她"唯一能产生影响力的希望在于婚姻——那个时代的所有女性都是如此。这说明，即使接受了女性生活，德昂也需要皇家法令才能将"她"与"她"珍爱的骑兵制服相分离，而"她"一再请求重新合法地穿上骑兵制服，但都没有成功。让-雅克·卢梭坚持认为，针和剑不能由同一双手来挥舞——这是严格界定性别角色的主张。15年后，德昂穿着裙子挥舞着剑，不幸的是，德昂的女性服装对德昂不利——正如女性服装设计的初衷一样。

第八章

"理性着装"运动

灯笼裤、紧身胸衣、硬领衬衫和短裤套装的不便

德昂骑士在努力克服困扰那个时代的笨重、过时的女性服装时，成了一名女权主义者。19世纪的女权主义者也曾进行过类似的斗争，将启蒙运动的原则应用到服装上，以改革女性服饰。

阿米莉娅·布卢默（Amelia Bloomer）是最早反对传统性别化服装的人之一，她的名字成为了一种新服装的代名词："Bloomer"意思是灯笼裤，通常穿在当时相对较短的裙子下面。灯笼裤反映了过去几十年里女性服装的风格变化，与改变男性服装的风格变化相同。到1850年，西装体现的民主和实用主义精神已经深入人心，西装的质量取决于结构、精致面料和适当搭配，而不是表面装饰。与英国的博·布鲁梅尔的精神相呼应，美国和欧洲国家的权威人士告诫所有男士"要穿着得体，让别人永远不会说你'穿得多么漂亮啊！'"

柯里尔与艾夫斯印刷公司所描绘的灯笼裤时尚。

对男性来说，行动自由是最重要的。1850年的一份美国裁缝期刊宣称："所有衣服都应该让穿着者的每一个动作完全自由和不受限制。"然而，女性服装却似乎是故意被设计成阻碍运动的。在19世纪所有城市的街道上，长裙长到能拖进泥土里，这就要求"体面"的女性乘坐马车出行，在上下车时要提着裙子，但不能提得太高，这还迫使那些买不起私人交通工具的人穿脏衣服。笨重的衬裙让女性在狭窄的通道上行走艰难。19世纪的女权主义者伊丽莎白·卡迪·斯坦顿（Elizabeth Cady Stanton）将自己笨拙的动作与她的表妹伊丽莎白·史密斯·米勒（Elizabeth Smith Miller）的动作进行了对比，她的表妹"穿着灯笼裤，一手拿着灯，一手抱着婴儿，轻松而优雅地走上楼，而我穿着飘逸的长袍，艰难地爬上楼，更别说还要拿着灯，抱着婴儿了"。

对于美国女权主义者来说，性别化的服装对机会平等的影响不亚于对身体灵活性的影响。苏珊·B. 安东尼（Susan B. Anthony）坚持说："我看不出有什么职业能让女性在穿着当前服装的情况下，挣的工资和男性一样多。"显然，某些雇主同意，改革后的服装将有助于女性在工作中取得成功。根据阿米莉娅·布卢默编辑的女性报纸《百合花》（The Lily）报道，1851年，马萨诸塞州洛厄尔市纺织厂的经理举办了一场宴会，以表彰女工穿着更实用的灯笼裤。在1851年著名的灯笼裤热潮期间，一本名为《摆脱巴黎时尚专制统治的独立宣言》的小册子，在倡导服装改革的讲座以及新服装改革协会的成员中广为流传。同年，灯笼裤倡导者在纽约市举办了灯笼裤节。1856年2月，在纽约格伦黑文举行的服装改革大会上，与会者成立了全国服装改革协会，其章程规定，"本协会的目标是促进女性服饰的改革，特别是关于长裙、束腰以及与健康、优雅、简单、经济和美丽不相容的所有风格和模式的改革。"《百合花》报道说，该协会将"协助女性摆脱束缚，走向自由……帮助女性从花哨、时尚和愚蠢的王国走向理性和正义的王国"。

在大西洋彼岸，英国妇女成立了理性着装协会，该协会经营着一家服装店，出售"内衣、合理的束身衣和裙裤"，并在1888年和1889年出版了一份季刊简报。1889年1月，该协会发行了《理性着装协会公报》（Rational Dress Society's Gazette），以下即是其开宗声明：

> 理性着装协会反对引入任何使身材变形、妨碍身体
> 运动或以任何方式损害健康的服装时尚。
>
> 理性着装协会反对穿着紧身束身衣、高跟或窄头靴
> 和鞋；反对穿着厚重的裙子，因为这让人无法健康地
> 运动；反对穿着所有束缚的斗篷或其他妨碍手臂活
> 动的服装。
>
> 理性着装协会反对穿着任何形式的裙撑和衬裙，因
> 为它们丑陋且畸形……

《理性着装协会公报》要求对女性服装进行全面改革，主张根据一个世纪前重塑男装的舒适、合身和自在的原则，推出一种新的独特的女性服装。女性将穿着男性所穿的实用服装，这种想法让许多人感到震惊。例如，一位针对理性着装改革的批评者试图预先阻止该运动产生影响，他坚称，即使是最极端的改革者也不会"建议"女性"在着装上进行这样的改革，以使女性不再穿着胸甲（stays）（一种紧身胸衣）"或"大胆建议女性应该穿着适合身体自然形态的外衣"。理性着装协会的创始人哈伯顿夫人（Lady Harberton）反驳道："恰恰相反，几乎所有近年来就这一主题进行过演讲或写作的人……都强烈地支持完全改革女性服装的建议。"

人们对新颖的时尚潮流——紧身束身衣越来越担忧，这推动了理性着装改革。束身衣已经存在几个世纪之久，随着人们对理想身材看法的改变而改变。例如，文艺复兴时期的束身衣几乎是圆柱形的，拉长了身体，压缩了胸部。在19世纪早期之前，男性和女性都穿着束身衣，这不仅可以确保身材苗条，而且在医学上被认为是有益的，可以矫正不当的姿势并保持内脏器官不移位。但到了19世纪，束身衣已经成为女性的专属品，演变成了沙漏形，将胸部向上和向外推，逐渐收紧，形成窄腰，并让臀部向外扩张。某些女性将这种风格发挥到了极致，她们使用束身衣来凸显腰部的自然曲线，而且还将腰部过度收缩，导致束身衣不再穿着舒适，也不利于人体消化和呼吸。

人们对束身衣的看法不一。19世纪的欧洲，大多数人认为束身衣是女性服装的必要元素。束身衣的提倡者认为，束身衣能够支撑他们认为的柔软的女性身体，还能弥补缺乏的女性道德。卡斯米尔·德尔马斯博士

（Dr. Casmir Delmas）在《卫生与医学》(*Hygiene and Medicine*）一书中写道："束身衣是女性身体的框架，它是基础，也是大厦。"同样，1870年出版的专著《时尚人士的卫生》(*Hygiene for Fashionable People*）坚持认为，束身衣"是有益的，因为它们支撑着身体和内脏器官，这些内脏器官往往被其自身重量拖累，或者被严格包裹在体腔内"。

但其他医生则谴责紧身胸衣（尤其是勒紧的束带）对健康有害，指责束带会导致昏厥、不孕，还会损伤内脏器官。例如，1857年，奥古斯特·德贝博士（Auguste Debay）发表的统计数据显示了紧身胸衣的危险性：

愿以下内容……能让那些盲目的母亲睁开眼睛，她们希望自己的女儿有一个优雅的腰身，把她们的女儿从小禁锢在没有弹性的束身衣里……
在100个穿着紧身束身衣的年轻女孩中
15人死于胸部疾病
15人在第一次分娩后死亡
15人在分娩后仍然体弱多病
15人身体变得畸形
只有30人抵抗住了，但迟早会受到严重疾病的折磨

1892年，本杰明·奥兰治·弗劳尔（Benjamin Orange Flower）出版了一本名为"时尚的奴隶"的小册子，其中描述了"紧身束带或任何束带造成的严重后果"，并承诺，如果"时尚服装的必要改革"得以实现，"人类获得的健康和幸福将是不可估量的"。弗劳尔博士坚持认为，紧身束身衣会导致"人体的每一个重要器官要么出现功能障碍，要么出现紊乱"，因此，穿着紧身束身衣的女性"经常会出现头痛、眩晕或更严重的病症……她们的寿命缩短了……而且活着也会变得无用和悲惨"。根据弗劳尔的说法，紧身束身衣不仅威胁着穿着者的健康，而且威胁着全人类的未来："如果女性继续穿着紧身束身衣，形成破坏性的习惯，那么人类种族必然会不断恶化，要想拯救人类，就必须纠正这种恶习。"X射线的发明为紧身束身衣的有害影响提供了新证据。1908年，卢多维奇·奥

福洛威尔博士（*Dr. Ludovic O'Followell*）出版了《紧身束身衣》（*Le Corset*）一书，书中包含一些图片，展示了女性肋骨因紧身束带的挤压而变形的情况。

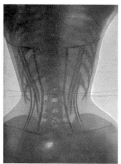

对紧身束身衣的反对并不仅限于医学界。礼仪专家德罗霍若夫斯卡伯爵夫人（Countess Drohojowska）也提醒她的读者不要穿着紧身束身衣，她问道："有多少胃炎、肝脏不适、偏头痛和焦虑抑郁的病例，起初只需松开紧身束身衣，就可以轻松治愈，但到了一定阶段，就变成了不治之症，紧身束身衣为患者早早地挖了一座坟墓，而患者亲属欣赏其因故意扭曲而变形的身体，因此往往助长了这种畸形的反常行为。"道德家们也有自己的观点，许多道德家坚持认为紧身束身衣对放纵的性欲提供了必要的身体约束，但他们仍然谴责紧身束带是女性虚荣的证据。某些人认为，紧身束身衣所塑造的夸张的沙漏形身材激发了男性的淫欲，尽管他们也坚持认为，紧身束身衣本身对于女性的端庄和得体是不可或缺的。例如，一本关于"良好身材"的手册建议女性"尽早穿上紧身束身衣，让自己形成必须穿着紧身束身衣的习惯"，但也警告说，"如果体面的女人知道纤腰和衬裙能够取悦男性，仅仅是因为它们唤起了男性心中可耻放荡的形象，那么她们就会放弃追求纤腰和穿着衬裙"。

这种矛盾的态度让女性在穿紧身束身衣和不穿紧身束身衣时都受到了阻碍。事实上，看似开明地反对紧身束身衣的做法，往往会让女性的处境变得更糟，因为人们仍然希望女性继续穿着紧身束身衣。《理性着装协会公报》上的一篇文章哀叹，半改革比不改革更糟糕：

> 一位乡村医生让他的妻子和女儿们的生活成为一种
> 负担，因为他坚持要求她们脱掉胸甲（一种僵硬的紧
> 身束身衣或内衣，通常由骨头或金属条支撑），同时
> 要求她们仍然穿着时髦的厚重裙子和紧身胸衣。穿
> 过这些衣服的人都知道，裙子的束带会向不同的方
> 向拉扯，紧身胸衣内的骨头因此会到处摩擦且刺痛
> 身体，如果没有胸甲的压力来消除这种感觉，则会让
> 人难以忍受。但乡村医生……只对一件他认为有害
> 的衣服进行处理……他在家里时，他的妻子和女儿
> 们战战兢兢地服从他的命令，但在他离开时，他的妻
> 子和女儿们又穿上了胸甲……

　　尽管女性显然有最大的理由抱怨自己的着装，但男性也推动了自己的着装改革运动。诗人兼剧作家奥斯卡·王尔德是这场运动的先驱，他为《蓓尔美尔公报》（*Pall Mall Gazette*）写了一系列关于女性着装改革的文章，还为《纽约论坛报》（*New York Tribune*）写了一篇文章，在文章中，他主张服装要以合理的设计原则为基础，让人类的身材变得更完美，而不是掩盖人类的身材。心理学家约翰·卡尔·弗吕格尔首次描述了"男性时尚大摒弃"，并于1929年在英国推动成立了"男性着装改革党"，与理性着装协会一样，该党也将着装改革作为改善健康和卫生的一种方式。改革者坚持认为，男性服装会对身体和心理造成损害，导致了"英国种族"的退化。硬挺的领子让人不舒服，西装外套穿上闷热，长裤妨碍了身体自由活动，内衣阻碍了血液流通，男性服装单调的颜色产生了一种"压抑的效果"，因此，男性会感到"闷热、不舒服、疲倦、脾气暴躁"。为了取代这些让人难以接受的服装，改革者们倡导穿着软领衬衫，搭配松散的围巾，以及用裙子、苏格兰短褶裙或短裤代替长裤，他们建议只在需要时才穿戴大衣和帽子，以抵御寒冷或雨水。
　　与女性理性着装运动不同的是，男性着装改革并不总是受到平等主义情绪的推动。事实上，男性着装改革有时会直白地歧视女性。我们可以从弗吕格尔对"男性时尚大摒弃"的描述中发现这种怨恨的影子，他

将"男性时尚大摒弃"描述为"女性享有作为美丽和华丽的唯一拥有者的特权"时代的开始。根据历史学家乔安娜·伯克(Joanna Bourke)的说法,"着装改革要求男性积极反对自己的着装,并勇敢地反抗女性的痛恨和愤怒,所有男性逊于女性的象征都需要进行处理和解决。"1924年出版的《笨拙》(Punch)杂志上刊登了一幅讽刺漫画,漫画中一个男人穿着保守,头戴圆顶礼帽,身穿夹克,打着领带,拄着拐杖,却穿着短裤,轻蔑地盯着一个穿着及膝短裙且表情惊讶的女人。伯克写道,其中隐含的信息是,"男性和女性都有权利露出自己的双腿"。

着装改革的风险很高,因为异装癖不仅会遭到社会排斥,还会受到法律制裁。例如,1848年通过的《俄亥俄州哥伦布市市政法》第2343.04款规定如下:

> 不得在任何公共街道或其他公共场所裸露身体或穿着异性服装……

1863年,旧金山通过了一项类似的地方法令,其规定如下:

> 在公共场所裸露身体、穿着异性服装、穿着不雅或淫秽的服装、猥亵露体或有其他猥亵或不雅的行为,展示表演任何不雅、不道德或淫秽的戏剧或其他表现,将判处轻罪,缴纳不超过500美元的罚款。

到了20世纪早期,超过45个美国城市明确要求公民穿着符合自身性别的服装,禁止公民穿着异性服装。禁止变装的法律也被用来惩戒异性装扮,例如,纽约州警方执行了1845年该州的一项法律,该法律规定公民不得在公共场合变装,以此来制止异性装扮行为。除此之外,根据1874年加利福尼亚的一项法律规定,异性装扮者应被拘留,该法律将穿着异性服装进行"变装"以达到非法目的的行为视为非法行为。许多类似法律似乎都是针对变装而制定的,就像文艺复兴时期的某些法律一样。事实上,许多法律要求将欺骗意图或非法目的作为犯罪的要素。至少在一个案例中,一名因穿着女装而被捕的变装者同意佩戴"我是男人"的标志，以逃避法律制裁。然而，警方经常发现，女性通过穿着男性服装以获得男性特权的任何企图都具有欺骗意图。根据历史学家克莱尔·西尔斯（Clare Sears）的说法，异性装扮禁令主要针对的是"女权主义着装改革者、男扮女装者，以及为在城里过夜而装扮成男性的'放荡'的年轻女性"。

尽管有医生、哲学家、剧作家、道德家和女权主义者的支持，理性着装改革运动还是失败了。灯笼裤最初受到一些积极的主流媒体的好评，例如，《女士花环》（The Ladies' Wreath）杂志将这种服装描述为"一种完全属于美国的、独一无二的服装，以其整洁和简单的风格而区别于任何从国外进口的服装"。然而，尽管有这样的赞誉，《女士花环》杂志最终还是拒绝支持人们穿着灯笼裤。其他杂志对灯笼裤的评价则很尖锐。1852年，《哈珀斯新月刊》（Harper's New Monthly Magazine）刊登的漫画描绘了一个反乌托邦的未来：穿着灯笼裤的妇女欺负她们畏缩的丈夫，或者向害羞的男人求婚。灯笼裤的批评者警告称，"照这种趋势发展，长筒皮靴、手杖甚至雪茄也不会太远了。"

面对如此激烈而无情的反对，灯笼裤的流行只是昙花一现。阿米莉

1852年1月，《哈珀斯新月刊》第286页，意志坚定的灯笼裤支持者说："阿尔弗雷德，放下那本愚蠢的小说，做点理性的事吧。去玩点什么东西，你向来缺乏行动力，但你现在是个已婚人士。"

110

这幅漫画描绘了一个穿着灯笼裤的女人求婚的场景，附带的标题是："说！嘿，说吧，亲爱的，你愿意嫁给我吗？"

娅·布卢默也放弃了灯笼裤，转而选择了即将被人唾弃的裙撑。布卢默称，裙撑重量较轻，比厚重的长裙更方便。

　　在今天看来，裙撑可能滑稽且不切实际，而且在当时确实也引发了无数笑话，但是裙撑既轻巧又便宜，这两个特点深刻地改变和改进了女性服装的本质。根据历史学家迈克尔·扎金（Michael Zakim）的说法，尽管美国在19世纪早期就通过布鲁克斯兄弟等公司引领了平价男装成衣的生产，但直到南北战争之后，美国才开始大规模生产女装。到了19世纪晚期，新旧大陆有数以千计的人在从事裙撑的生产。由于裙撑用钢架取代了层层叠叠的衬裙，因此相对较轻，并有利于裙内空气流通以及允许穿着者自由活动。而且裙撑相对便宜，不同社会地位的女性都买得起，因此它让女性在服装上享受到了社会平等，就像男装成衣给男性带来的影响一样。随之而来的是可预见的模仿和提防。根据设计历史学家马尔科姆·巴纳德（Malcolm Barnard）的说法，19世纪的许多出版物都以喜剧人物为特色，描绘"一位愤怒的、穿着裙撑的贵妇命令同样穿着裙撑的女仆更换其着装"。1862年《邓迪信使报》（Dundee Courier）上的一篇文章呼吁国家对这种现象进行法律监管：

　　　　如果能通过一项反奢侈法律，禁止除贵妇以外的任何人穿着裙撑, 这样我们就不会那么在意了, 因为这些人都是贵妇, 不必再做任何事了。但是每个人都喜欢这种讨厌的东西……无论是最高社会阶层的人, 还是最低社会阶层的人……一个女仆穿着裙撑……拖着椅子, 推搡着桌子, 把碗碟放在危险的地方, 把纸张碰掉……仿佛是一阵旋风。当她往火里添煤的时候, 偶尔会把火钳带走, 当作裙子上的附属物……这说明了女仆的谨慎, 避免自己成为裙撑火灾的受害者……在工厂里, 女工们虽然光着脚, 但都穿着裙撑, 其防护效果比她们在机器间工作得到的防护还要好……但是, 撇开丑陋和危险不谈, 许多裙撑只是用来存放脏物的地方。

　　裙撑相对较轻, 可以将裙子扩大到未知的尺寸, 带来引人注目的新时尚, 同时也带来了引人注目的新危险: 庞大的裙子会不可避免地撞到旁人, 以及碰擦门廊、家具和壁炉, 造成灾难性的结果。有人估计, 在裙撑流行的约十年里, 大西洋两岸成千上万的女性死于因身着裙撑而无法逃离火灾。社会很快就对穿着裙撑感到忧虑, 并嘲笑穿着裙撑的人, 这种忧虑和嘲笑经常上升到所有女性服装。某些漫画描绘了女人穿着过大的裙撑挤压倒霉的男人, 并将不心仪的追求者挡在安全的距离之外。还有某些漫画则展示了女人将自己爱慕的对象或通奸的情人藏在她们宽大的裙子下。

人们过去对女性的矫饰和欺骗具有恐惧心理, 而裙撑成为了这种恐惧心理的又一来源: 一个不忠的妻子将情人藏在自己宽大的裙子下。

裙撑在实用性方面前进了三步，后退了两步，但即使是阿米莉娅·布卢默最终也得出了这样的结论：裙撑是19世纪女性所期望的最大解放。着装改革过程中产生了大量的新闻通讯、小册子和宣言，但着装规范却几乎没有什么持久的变化。直到20世纪早期，女性服装仍然以长裙为特色，配以半身裙、底裙和裙撑。而在第一次世界大战期间，女性进入了劳动力市场，那些曾经在欧美流行的紧身胸衣变得不再受欢迎了。男性着装改革的结果也没有好到哪里去。专业杂志《裁缝和剪裁师》(*Tailor & Cutter*) 在1931年的一篇文章中表达了主流观点，坚持"束缚的重要性，以及束缚和约束物品的重要性，如纽扣、饰钉和托架……放松束缚会逐渐促使人类在身体和精神上下垂和松懈。如果解开鞋带，松开领带，去掉纽扣，现代服装的整体结构就会散架……社会就会分崩离析。"还有一位评论者警告称，传统的男装尽管可能会让人不舒服，但对"保持社会结构完整"至关重要。1932年，在一场名为"人类应该改变着装吗？"的辩论中，D.安东尼·布拉德利 (D. Anthony Bradley) 对传统束缚的男装进行捍卫，他的措辞反映了当时的共识："某个人独自在丛林中换上晚礼服，这样做是为了让自己相信自己不是一个野蛮人——松散下垂的服装象征着松懈软弱的种族……而强壮阳刚的人能够经受住硬领衬衫的考验。"

　　男性和女性的着装改革运动都建立在一个错误的前提上，即服装的主要目的是追求舒适。事实上，服装的主要功能是表达和改造。尽管笨重、不舒服、明显性别化的服装是不切实际的，并且在客观上毫无用处，但是这些服装仍然存在，因为男性和女性一直更喜欢性别化服装的象征力量，而不是改革所承诺的舒适。从身体舒适和运动方便的狭隘角度来指责某件衣服"不实用"，并不能令人信服。无论是选择精致的西装，还是精美的礼服、厚实的布洛克鞋（布洛克鞋的标志之一是鞋头的钉孔，现在纯粹属于装饰性的鞋头钉孔最初是为了让水从鞋中流出，这种设计能够让人们在沼泽地和泥沼中穿行），以及性感的高跟鞋（源于波斯骑兵的鞋子），我们对服装的选择从来不仅仅基于实用性。正如安妮·霍兰德精辟地指出，这就是为什么"基于理性的着装改革是一场考虑不周、注定失败的斗争"。

毫无疑问，女性经常在男性的要求下穿着紧身胸衣、裙箍、衬垫和裙撑。然而，如果说女性服装不过是男性统治的一种标志，那就过于简单化了。在19世纪前期的大部分时间里，女性服装主要是由女裁缝设计和制作的，或者根据富裕女性的委托定制而成。直到1858年，英国裁缝查尔斯·弗莱德里克·沃斯（Charles Frederick Worth）在巴黎开设店铺，通过引入男性裁缝手艺的元素和技术来改变女性时尚。这位典型的皮格马利翁式的独裁时装设计师根据男性的想象来改造女性，之后这成为了一种引人注目的现象。可以肯定的是，从那以后，正如安妮·霍兰德所说，男性设计师做了大量工作，让女性"以这样或那样的风格，详细具体地展现出男性对女性所抱有的抽象且分类明确的恐惧和幻想"，由此产生的女性服装，以及其所反映和助长的态度，促成了女性的从属地位。但想象本身并不具有压迫性，事实上，想象长期以来一直是所有时尚服装中的一个强大元素——无论是男性服装还是女性服装。男性服装，就其本身而言，具有其独特的性别魅力，这并不是因为男性服装是朴素和实用的，而是因为男性服装在形式上是复杂的，能够唤起人们对森林、海洋和军事冒险的想象。

无论是好是坏，服装的性别区分也为一代又一代的男性和女性提供了身份感、舒适感和性欲满足。时尚往往会牺牲身体上的舒适，而注重风格和象征性的影响，因为舒适远不只是触觉上的感受。正如霍兰德坚持的那样：

> 不能想当然地认为过去所有的女性都是穿着长裙和紧身束身衣的受害者……女性国家元首……穿着笨重且硬挺的衣服……以及宽大的裙子和袖子……凭借卓越的政治才能、精力和努力，带领其国家度过了艰难时期……这些服装增强了她们的权威感……一代又一代系着带子、穿着长裙的女性整天在楼梯上跑上跑下做家务，俯身清洁浴缸、拍打地毯、伸手去够晒衣绳、追着孩子跑……几个世纪以来，这种普通的女性服装为女性提供了深刻的满足感，能够为女性带来一种完整感，这是社会认可的服装给予人们的感觉，而这正是这种服装的真正舒适感所在。

对女性和男性来说，理性着装改革都是错误的，但原因却大不相同。男性着装改革完全是多余的：在男性着装改革运动开始之前的一个多世纪里，"男性时尚大摒弃"就已经对男装进行了改革。可以肯定的是，男性服装仍然穿起来很不舒服，但舒适从来都不是重点。而女性着装改革是必要的，但方向是错误的：女性着装改革针对的是女性服装造成的身体不适和不实用之处，虽然这些是真实存在的，但这是服装性别象征的分隔标志。"男性时尚大摒弃"并不是简单地让男性服装变得更舒适，而是让男性服装成为一种新的、更微妙的地位象征——一种新的政治和公民美德的象征。在这方面，即使是最精致的女性服装也比不上男性服装。然而，在"男性时尚大摒弃"之前，情况并非如此，当时，男性和女性的服装都是由相同的工匠设计和制作的，使用的是相似的风格、材料和技术，在许多方面都大同小异。即便是在一个男权社会里，伊丽莎白一世女王也可以通过华丽的着装来维护自己的地位，她所使用的服装语言基本上与她那个时代的有权有势的男性使用的语言相同。"男性时尚大摒弃"创造了一种全新的、男性专属的象征语言，并形成一种服装语言。这种具有性别象征的分隔，比女性服装的任何客观阻碍都要严重，在过去和现在仍然都是服装改革最恰当的目标。

19世纪，男性在服装方面享有更多的平等，而女性却没有，因此，男性和女性在这方面的差距越来越大。尽管平等思想的理想主义蓬勃发展，但至少在某些方面，19世纪仍是一个性别平等倒退的时期，其标志是对理想化的女性美德日益痴迷，维多利亚时代的女权主义历史学家称之为"对纯洁女性的崇拜"。阿米莉娅·布卢默、哈伯顿夫人和伊丽莎白·卡迪·斯坦顿的努力需要新一代的人来复兴，但这一次，最有说服力的改革论点不是出现在政治小册子上，而是出现在时尚杂志上。

第九章

新潮女郎的女权主义

关于低腰裙、波波头、丘比特弓形唇、平底鞋、胶木耳环和
赛明顿侧边系带胸衣的丑闻

1920年，F. 斯科特·菲茨杰拉德（F. Scott Fitzgerald）发表了一篇短篇小说《伯妮斯剪发》（*Bernice Bobs Her Hair*）。小说主人公是一个年轻的女人，她在社交对手的怂恿下将自己美丽的长发剪成了波波头发型。这个不明智的决定毁了她的社交生活，也给她的家庭带来了丑闻。这个警示故事的结局是，伯妮斯在睡梦中剪掉了对手的头发，以此进行报复，在"把辫子像绳子一样甩来甩去"之后，伯妮斯将辫子扔到了对手男朋友的门廊上，按照伯妮斯的经验，对手的男朋友很快就会将对手抛弃。从这个故事中得到的启示就是：对任何一个愚蠢到轻率地对待当时激进时尚的年轻女性而言，等待她的将是羞辱和社会排斥。

　　19世纪的着装改革运动以失败告终，但是女性服装最终还是有所改变——尽管是按照时尚的逻辑而进行的改变，而并非按女权主义理论的逻辑。在阿米莉娅·布卢默放弃灯笼裤而改穿裙撑的大约50年后，新一代注重时尚的女权主义者们彻底改变了女性的穿着。20世纪早期的女性穿上了轻盈、合身的服装：紧身泳衣、短款便利运动装和紧身流苏迷你裙。从前，男性摒弃了显眼、笨重的服饰，转而选择了合身、轻巧、实用的服装，而在150年后，女性对服装的摒弃也出现了。如同18世纪晚期的男性一样，20世纪早期的女性也崇尚年轻、健壮的身材。在维多利亚时代和爱德华时代，女性的理想身材是丰满和成熟的——低胸是情色的焦点，双腿则包裹在服装中，沙漏形的身材由紧身胸衣中的坚硬鲸骨塑造。而在20世纪，女性的理想身材变得年轻而轻盈。女性终于摆脱了紧身胸衣的束缚，她们的双腿被从薄纱和塔夫绸的束缚中解放出来，并取代乳房成为情色的焦点。镀金时代的妇女剪掉浓密、累赘的上翘卷发，换成了时髦的波波头发型，而优雅的高跟鞋被平底鞋所取代。在改革性别化着装规范方面，严肃认真的理性着装改革者失败了，而爵士时代的性感新潮女郎取得了成功。

新潮女郎们放弃了长裙和上翘卷发，换上了贴身的服装和实用的短发。

想象一下新潮女郎的形象，你可能会看到一个无忧无虑的年轻女性，她被音乐、体育、艺术和时尚的最新潮流所吸引，在没有人陪同的情况下开着敞篷车飞驰，凌晨在地下酒吧的鸡尾酒和非法烟草的刺激下，伴着热辣的爵士乐跳舞。菲茨杰拉德笔下娇生惯养、冷酷无情的黛西·布坎南就是新潮女郎的文学原型，但真正的新潮女郎要比杰伊·盖茨比的痴迷对象黛西·布坎南有趣得多，也更有思想。首先，新潮女郎的形象是对传统性别观念的公然挑战。紧身连衣裙的贴身程度和男装的贴身程度相同：这是第一次，女性的服装是贴身的。新潮女郎的形象棱角分明，充满活力，男孩子气十足，它高度借鉴了现代主义美学，摒弃了装饰品，支持形式的纯粹，这是男装早在一个多世纪前的"男性时尚大摒弃"中的创新。在此意义上，自圣女贞德以来，新潮女郎就像中性着装者一样，通过采用男性服装的象征来获得男性特权，这意味着性解放，使得异装变得令人兴奋，就像自中世纪晚期以来女性穿着男性服装一样。新潮女郎把头发剪成男孩式的波波头，增强了性别象征的不和谐，她们通过暴露自己的手臂，甚至是双腿，来增强性挑逗，而双腿自古以来就被遮盖在裙子之下。

事实上，穿着暴露出双腿或让人联想起双腿的服装完全是某种禁忌，因此女性穿着宽松的裤子成了一种流行的性癖好，在业内被称为"开衩"。1903年，男性杂志《名利场》（*Vanity Fair*）（并非今天的同名杂志）发行了一期名为"开衩女孩"的特刊，刊登了穿着裤子、摆着挑逗姿势的年轻女性的照片。杂志编辑兼《男性杂志史》（*History of Men's Magazines*）作者戴安·汉森（Dian Hanson）表示："最大的刺激是……开衩，意思是'一分为二'，这个词指的是女性穿上男性裤子时会露出腿部轮廓。"

许多新潮女郎还化了浓妆，而浓妆以前是妓女、舞厅艺人和不光彩的戏子的妆容，这标志着对爱德华时代纯真少女美德的否定。这种妆容将脸变成了现代艺术的画布，而技术进步只是在最近才彻底改变了化妆品行业，催生了新的化妆品时尚。腮红或胭脂装在便携的小盒子里，口红装在可伸缩的小管子里，这些取代了颜料的刷子和罐子，而新的散粉也装在了便携式的粉盒中。1926年，随着新潮女郎的妆容成为一种全面发展的潮流，化妆品巨头赫莲娜·鲁宾斯坦（Helena Rubinstein）推出了"丘比特之弓"的口红，这是一种"自我塑造的口红，当你使用它时，可以画出一个完美的丘比特弓形唇"。眼线笔、睫毛膏和指甲油也在新潮女郎时期成为主流。

女性时尚的这一转变几乎与"男性时尚大摒弃"一样引人注目，而且在某种程度上，它由相同的抱负和理想所推动：即为获得解放和开明的公民创造出一种服装。运动的日益流行，尤其是自行车运动的流行，鼓励女性穿着不笨重的服装，尽管运动的需求也对19世纪中期的着装改革起到了一定的作用，但并没有让灯笼裤摆脱不光彩的结局。而更重要的改革需求可能使情况发生了变化：1917年，男性离开工作岗位参加第一次世界大战，而大量女性加入了劳动力大军。1920年，美国宪法第十九条修正案将选举权扩大到女性，消除了获得正式公民身份的最后一道法律障碍。女性倾向于简单、现代的风格，这象征性地反映了她们新

新潮女郎的时尚包括令人印象深刻的妆容，比如"丘比特弓形唇"。

近赢得的参与公共事务的公民角色。新潮女郎的风格并不仅仅是休闲阶层的一种放纵的时尚潮流，尽管个人解放、性自由和玩乐确实是新潮女郎气质的一部分，但勤奋和能力也是如此。

新潮女郎的时尚风格削弱了上一辈的性别和阶级界限。新一批经济独立、获得解放的年轻女性推迟了婚姻，沉迷于曾经只有男性才能享受的休闲活动：运动、赌博、喝酒和夜总会跳舞。新潮女郎的时尚风格也模糊了阶级差别。20世纪初，新潮女郎的形象首次出现在"工人阶级社区和激进团体中，后来传播到中产阶级青年和大学校园中"，而新潮女郎的波波头和低腰紧身裙"在一种共同的时髦文化下将黑人和白人团结在一起"。事实上，批评人士曾哀叹，新潮时尚消除了"人与人之间的所有差异。你再也分不清谁是普通劳动者的女儿，而谁又属于更好的圈子"。自从18世纪晚期和19世纪早期男性摒弃装饰品以来，女性就一直扮演着装饰品的传统角色，而新潮女郎的时尚风格与这种角色形成了鲜明的对比。更可怕的是，新潮女郎的时尚风格"似乎让人注意到衣服下的身体……时尚的女性内衣减少到胸罩、内裤和轻薄胸衣……只有几层精致的布料包裹着女性的身体……"

这些都对旧有的贞洁女性的规范发出了挑战，助长了人们对不负责任的新潮女郎的负面刻板印象。新潮女郎的形象被人们谴责为不够女性化，或者被人们认为是令人反感的诱惑。某些诋毁者坚持认为短发女郎没有吸引力，就像菲茨杰拉德笔下的伯妮斯剪完头发后的样子，并谴责她们将以老处女的身份度过一生。另一些人则警告说，短而贴身的连衣裙会引起男性无法控制的性欲。例如，一位丹麦记者担心"在时尚魔鬼般的统治下，女人变得越来越漂亮，而且更具诱惑力，而被诱惑的人毫无疑问都是男人……"另一位评论者明确表示了这句话的言外之意，他认为，如果女性坚持在公共场合穿着新的时尚服装，那么"有关强奸的所有刑法条款都应该被废除"。报纸和杂志指责这种不够传统女性化或者充满诱惑的新潮女郎形象引发了离婚、家庭暴力，甚至是谋杀事件。甚至以挑逗性着装而闻名的电影演员贝蒂·布莱丝（Betty Blythe）在1926年也发表了一种独特的观点，她写道：

如今，女孩们和妇女们所穿的大多数服装都是一种可怕的诱惑，不仅对男人，而且对她们自己也是……这些服装刺激了人们的感官，唤起了人们的激情，剩下的就像黑夜和白昼一样自然而然地接踵而至！我们看到了由此引发的后果……破碎的生活，被欺骗的女人，庶出无名的孩子……也许还有出于纯粹的绝望而引发的后果……展现柔软光滑的长腿，洁白裸露的肩膀，以及紧身连衣裙下的柔和曲线，谁能准确地估算出这极致诱惑所产生的全部代价……谁知道这会给男性和女性的道德造成多大的损失？

这种新的时尚服装的实际优点甚至被人们看作负面的。更简单、更不累赘的服装让女性可以快速地穿上衣服，无需他人帮助，但批评者坚持认为，这些时尚服装会导致性滥交：他们担心，脱衣服会与穿衣服一样容易。

不出所料，考虑到这种道德恐慌，新的着装规范限制了新潮女郎的时尚风格。许多美发师最初拒绝为女性剪波波头。雇主们则解雇了剪了这种新发型的女性，并且禁止员工剪波波头。例如，《塔尔萨日报》(Morning Tulsa Daily World) 1922年的一篇文章就提到，新泽西州的一家银行为了管理一位"非法引人注目的"女出纳员而采取新的着装规范：

她剪了波波头，头发下的耳朵挂着翡翠色耳环，服装的低腰设计让人浮想联翩，甚至传达了更多暗示信息。而当她走到柜台后面时，一双香槟色的腿和低帮平底运动鞋便映入眼帘……

银行经理以一项法令作为回应，要求所有女员工穿着规定的服装，"衣服可以是蓝色、黑色或棕色的，袖子不得短于肘部，裙子不得短到离脚面12英寸以上"。《塔尔萨日报》的这篇文章还列举了其他几家企业的几位雇主，这些企业和雇主施行了针对新潮女郎的着装规范：

> 纽约联邦储备银行明确告知女员工，不得在白天请假去美容，并且告知女员工可以剪波波头，但不得在工作时间里把头发弄蓬松……银行还授权由员工组成的委员会对女员工进行监督，防止任何新潮女员工穿着极端的服装……某家纽约最古老的百货公司认为，有必要规定女员工在冬天穿着蓝色和黑色的裙子，而在夏天改穿白色衬衫。女员工的袜子和鞋子必须始终是黑色的，裙子下摆不得太高，腰线也不能太低。在底特律，所有女接线员都有一套制服，在代顿，美国计算机服务公司（NCR）已禁止女员工剪波波头，以及禁止女员工穿着短裙和丝质长筒袜……

而大企业显然已经决定解雇所有新潮女郎。

尽管有了这些举措，新潮女郎的时尚还是越来越受欢迎。到了20世纪20年代中期，曾经引人注目的"新潮女郎的形象"已经成为各个年龄段女性的时尚。1925年，《华盛顿邮报》(Washington Post) 在一篇题为"波波头的经济效应"的文章中指出，波波头非常受欢迎，对经济起到了促进作用。受新发型需求的推动，美发师人数从1920年的5000人增加到1924年的21000人。理发店也做起了"波波头的生意"。1926年，西尔斯·罗巴克公司的产品目录中出现了新潮女郎的裙子和波波头。1925年，《新共和报》(New Republic) 发表了一篇题为"新潮女郎简"的文章，文章坚持认为曾经极端的新潮女郎时尚已经变成了"1925年东海岸的夏季时尚。简的姐妹、表姐妹和阿姨们都在穿着这种时尚风格的服装。那些实际年龄是简的三倍、看起来却只比简大十岁的女士们都在穿着这种服装，而那些实际年龄是简的两倍、看起来却比简大一百岁的女士们也在穿着这种服装"。

新潮女郎时尚的胜利是女性的时尚大摒弃。受政治解放和工作场所新角色的启发，女性放弃了装饰品、沉重的垂褶服装和笨重的衬垫，转而选择了轻薄、紧身、实用的服装，这种服装便于行动，展现出了理性的情感和蓄势待发的状态。新潮女郎的服装展现出健美裸体的古典理想，就像一个多世纪以来的男性服装一样，而不是展现沙漏形的女性服装。从象征女性气质、同时掩盖大部分身体的服装，转变为通过展现女性身体轮廓来表现女性形态的服装，是性别平等的宣言，是含蓄的声明，表明女性的身体适合观看，同时也具备能力。《新共和报》将新潮女郎的时尚服装视为一种近乎激进的女性解放运动的制服："今天的女性正在摆脱她们长期以来受到的奴役。'女权主义'已经取得了几乎完全的胜利，而我们已经忘记了这个词汇曾经蕴含的严峻挑战。女性已经下定决心要和男性一样优秀，并希望受到同等的对待。"

然而……这场女性时尚大摒弃，既不像"男性时尚大摒弃"那样彻底，也没有"男性时尚大摒弃"那样明确。相反，在许多方面，新解放的女性理想变得和维多利亚时代的旧理想一样具有强制性。修长的、运动型的新潮女郎看起来几乎像男孩，这种形象淡化了女性的曲线，让许多女性在摆脱了紧身胸衣后，转而裹起了胸部。例如，赛明顿侧边系带胸衣是新潮女郎时期的胸衣，这种胸衣两侧都有类似紧身胸衣的系带，可以压缩胸部，让身材丰满的女性能够穿上时尚的低腰紧身连衣裙：运动型的理想服装可能会像鲸骨紧身胸衣和系带紧身胸衣一样折磨人。此外，女性对于装饰品的摒弃还远不彻底：新潮女郎的时尚风格包含了大量沉重而精致的珠宝，以及对化妆的强调，仿佛在失去女性曲线和服装装饰后，女性需要在其他地方放大女性气质作为补偿。因此，从20世纪20年代到今天，女性不化妆的脸会被人们认为是未加修饰的脸，这种看法一直是不恰当且不完全正确的。

更重要的是，许多古老的女性美学理想并没有消亡，而是潜伏着，等待时机重新出现。因此，自新潮女郎时期以来，女性服装一直在对立的审美极端之间来回摇摆，在引人注目的审美组合中使用不同的元素。新潮女郎将棱角分明、近乎中性的轮廓与引人注目的超女性化妆容结合在一起。20世纪40年代克里斯汀·迪奥的"新风貌"服装和50年代的收腰伞裙将维多利亚时代和爱德华七世时代不实用的长裙缩短，让穿着者能够露出双腿；20世纪50年代的理想女性形象，以玛丽莲·梦露（Marilyn Monroe）或杰恩·曼斯菲尔德（Jayne Mansfield）为代表，将19世纪沙漏形身材的夸张轮廓与新潮女郎的贴身时尚相结合；20世纪60年代的"崔姬形象"是对新潮女郎修长、男孩子气的运动风格和浓重眼妆的回归；20世纪70年代和80年代的性感偶像将新潮女郎腰部以下的男孩子气的运动风格与爱德华时代少女的丰满胸部结合在一起——这些性感偶像是霹雳娇娃、黛西·杜克（Daisy Duke）、"维多利亚的秘密"超模和海滩救护队的原型；里根时期的时尚则是将方正的西装外套与紧身的迷你裙和引人注目的飘逸、撩拨的头发结合在一起。

自"男性时尚大摒弃"以来，男性时尚一直沿着一条直线不断地向前发展，走向更加流线型、更加正式精致和朴素的风格，这是现代化的连贯，不时被一些过时的服装小设计所打断，比如过时的翻领和口袋。相比之下，即使在20世纪20年代的女性时尚大摒弃之后，女性时尚也一直以矛盾为特征：女性时尚在纯洁女性的崇高地位的阴影下获得了解放；精致被多余的奢华炫耀所抵消；朴素的实用性被引人注目的装饰品所点缀。这种紧张关系往往是卓有成效的，毕竟每一场戏剧都需要冲突，这就是为什么如今的女性时尚往往比男性时尚更有趣的原因。但是，对立美学的冲突也导致女性时尚传递出复杂的信息，容易被人误解，因此，厌恶女性的人认为现代女性是卖弄风情的挑逗者或狡猾轻佻的。即使在今天，有抱负的女性也常常发现自己的衣着对自己不利。现代的、自由的实用性和古老的、显眼的装饰性之间的较量，定义了20世纪的性别化着装规范。

"男性时尚大摒弃"颠覆了中世纪晚期确立的地位、性别和政治权力的象征，创造了一种表达个性的新的服装词汇，使低调成为了一种新的地位象征，而这需要精明的头脑和现成的金钱来展示。反过来，优雅和时尚成为自我塑造的新模式。然而，"男性时尚大摒弃"包含了启蒙运动理想的矛盾，而"男性时尚大摒弃"正是从启蒙运动中产生的："男性时尚大摒弃"的低调反映了社会平等的理想，但它也使地位象征变得更加难以模仿，从而放大了基于地位的分化。除此之外，由于这是一种男性现象，因此寻求权力和地位的女性被排除在外。她们的斗争，以及被遗弃在启蒙运动的平等主义之外的其他群体的斗争，将决定未来两个世纪的着装规范。

第三部分

权力着装

时尚是日常生活的一部分，随着各种事件的发生，时尚每时每刻都在变化。
你甚至可以看到服装革命的来临。

——戴安娜·弗里兰（Diana Vreeland）

"男性时尚大摒弃"将低调着装变成了一种新的、独有的身份象征，还成为一种公民美德的标志。但这是为少数特权人士保留的。就像妇女试图打破服装的性别限制一样，那些受到歧视的民族和种族群体成员，会穿着精致的服装，间接地挑战既定的等级制度。与过去采用反奢侈法律这种方式一样，新的着装规范也回应了这一挑战，在这种情况下，新的着装规范要求每个种族身穿符合其社会地位的服装。在18和19世纪的美国，指责受到歧视的种族群体成员"装腔作势"和"穿着高于其自身条件"的敌意态度，已成社会生活的常态。在19和20世纪，坚持得体着装已是争取社会正义与平等的一个重要组成部分。

第十章

成为时尚的奴隶?

穿着银色带扣的高跟鞋,头戴马卡罗尼款式的帽子,或穿着杰克·约翰逊的格子西装,这些超越自身条件的着装,都隐藏着诱惑与危险

南卡罗来纳州1740年的《黑奴法》规定：

> 然而，本州的许多奴隶所穿的衣服远远超越了自身条件……任何奴隶主……不得允许或容忍（任何）黑奴或其他奴隶……拥有或穿着任何种类和款式的服饰，或一些比黑人布衣更值钱的服饰，比如呢料粗衣、粗料毛衣、粗棉布衣、蓝麻布衣、格纹麻布，或花布衣、格纹棉布和苏格兰格纹衣……如有违反，则特此授权并要求所有警员和其他人员扣押并带走这些物品，供自己使用、受益和保管；这些行为可以违背现有法律、惯例或习俗之规定。

《黑奴法》与早期的反奢侈法律交相呼应，以实际条款证明其禁令的合理性，对大量黑人穿着"远远超过奴隶身份的服饰，并使用阴险和邪恶的方式来获取这些衣服"而表示痛惜。但其实这些法律的真正意图很明晰：《黑奴法》是一部详尽的法规，旨在将黑人奴隶限制在从属地位，这一点是显而易见的。《黑奴法》打着规范奴隶着装的幌子，建立了一个种族着装规范，常常交替使用"黑人"和"奴隶"这两个词：例如，有一个条款禁止任何"黑人或奴隶"在没有"其主人的书面证明或特许的情况下"携带枪支。有权扣押精美衣物的条款，实际上给予了白人特许，让他们可以从黑人身上攫取衣物。

人们认为反奢侈法律的存在是必要的，因为精致的服饰不仅象征着身份地位，还展现了穿戴者的社会地位和社会美德。美国的精英们研究了英国的礼仪册（礼节书），并沿袭礼仪册中端庄举止和优雅服饰的部分。历史学家谢恩（Shane）和格雷厄姆·怀特（Graham White）写道：

> 上流社会的服装必须是贴身、整洁且干净的，而不是看起来脏兮兮的，最重要的是质地要光滑不能粗糙……得是由丝绸、棉布和超细羊毛制成，不能用普通棉布或质量较差的羊毛制作……社会地位较低者的服饰就是用这些材料制作的。贵族们的定制衬衫、时髦大衣和天鹅绒马裤与下层阶级穿的宽松衬衫、短夹克、长裤、皮革或粗布短裤形成了鲜明对比。上流社会妇女的丝绸长袍和蕾丝配饰也很容易与下流社会的粗布长裙和围裙区分开。

同样，历史学家乔纳森·普鲁德（Jonathan Prude）指出，18世纪的美国"是反奢侈法律文化的真实写照，对平民的过度打扮很敏感。奴隶穿着'奢侈和昂贵'服装，会让许多白人认为是傲慢的表现"。

在有地位意识的白人眼里，那些着装"高于自身条件"的黑人，似乎是在威胁甚至嘲弄社会的着装规范。《黑奴法》对黑人在着装规范中的挑战进行了约束。黑人女性尤其激发了对《黑奴法》的着装规定的大力执行。1744年，查尔斯顿的一个大陪审团成员却抱怨说："很明显，特别是黑人妇女并没有按照法律要求约束自己的衣着，而是穿上了相当艳丽的服装，这完全超越了自身身份。"1772年，有一封写给《南卡罗来纳州公报》（South Carolina Gazette）编者的信，信里对"许多女奴远比一般白人妇女穿得更优雅"这一现象表示担忧。在一个按阶级和种族分层的社会里，衣着光鲜亮丽的黑人妇女引起了人们的不满和嫉妒。衣着光鲜的奴隶，尤其是衣着光鲜的女奴，不被允许与其他阶层人士有亲密接触，同时光鲜的外表也模糊了人们对种族分裂问题的认识。正如另一封信中暗示的那样，该信感叹"几乎没有一种新时尚模式是黑人和黑白混血女奴所不能立即接纳的"。跨种族的性关系现象已众人皆知，《南卡罗来纳州公报》抨击了"不同肤色男女之间难以启齿的亲密关系"。

一些奴隶为满足主人的要求而穿着奢侈的服饰，但也有许多奴隶是出于自身的原因而重视服装时尚。事实上，根据谢恩和格雷厄姆·怀特的说法，那些享有最大自主权和有个人空间的奴隶，会导致人们认为查尔斯顿黑人穿着过于招摇。一封写给《南卡罗来纳州公报》的信件评论说："乡下的黑人和查尔斯顿的黑人在外表和行为上有很大的不同，来自乡下的黑人一般都穿着符合自身身份地位的服饰，但来自城镇的黑人则恰恰相反，他们往往傲慢且不知羞耻，穿戴的服饰十分招摇。"

即使是离家出走的奴隶，穿着也出人意料地整齐。例如，弗吉尼亚州某个种植园主的私家仆人"巴克斯"（Bacchus），在1774年6月逃跑时，带走了如下物件：

> 两件白色的俄罗斯粗斜纹大衣，一件是蓝色翻领的，另一件虽然很普通但是很新，并且有着白色的金属纽扣。还有蓝色的毛绒马裤，一件精美的蓬巴杜款式的马甲，两三件薄的夏季夹克，五六双白色的线袜和五六件白色的衬衫，其中两件相当精美。整洁的鞋子、银扣、一顶马卡罗尼款式的帽子、一件双面绒的褐色大衣以及一些其他的衣着服饰。

关于巴克斯的马卡罗尼款式的帽子，如今，我们大多数人仅从儿歌《胜利之歌》（Yankee Doodle Dandy）中了解到这个词，里面那个令人发笑的美国人"在他的帽上插着一根羽毛，被叫作'通心粉'"。在18世纪的英国俚语中，"通心粉"对许多穿着昂贵进口服装的时尚人士来说是一个特别的称呼，这些进口服装往往是在意大利旅行过程中获得的。一顶"以'通心粉'的形象高高竖起的帽子"散发着成熟魅力的时尚感。

尽管巴克斯戴着时髦的帽子，但他并不是一个肤浅的花花公子。他的前主人对他心怀不满，将他描述为"诡诈、狡猾、机智，且非常有能力编造故事来强加给不懂行的人"。担心巴克斯会利用那些精致的服饰来冒充自由人，然后前往英格兰。在那里，巴克斯可以效仿逃跑的奴隶詹姆斯·萨默塞特（James Somerset），要求获得自由。萨默塞特于1769年与其主人查尔斯·斯图尔特（Charles Stewart）一起前往英格兰，并于1771年逃跑。主人找到他后，将他运到了牙买加，并卖给种植园做工。英国的废奴主义者格兰维尔·夏普（Granville Sharp）聘请了五位律师为萨默塞特辩护，他们辩称，英国的法律不允许奴役制度存在。在当时，如果萨默塞特的法律论证占了上风，那么在英国就会有大约一万五千名奴隶获得自由。主审法官曼斯菲尔德勋爵（Lord Mansfield）在听取了法律论证后，意识到法律规定有利于萨默塞特的诉求，于是连忙敦促庭外和解：

> 在五六个类似性质的案件中，我已知道废奴制可以通过双方来协商解决。我第一次面临这一问题，如果当事人愿意接受判决，无论后果如何，正义都会得到伸张，我个人是支持废奴制的。（其后果无非是为避免动荡，在全英国废除奴隶制。）同时，斯图尔特先生也许会通过解除或给予黑人自由来结束这个问题。

巧合的是，曼斯菲尔德勋爵[又被称为威廉·默里（William Murray）、曼斯菲尔德伯爵、英格兰和威尔士的首席大法官]对种族和奴隶制问题有着不同寻常的见解。他的侄子约翰·林赛（John Lindsay）与来自英属西印度群岛的非洲奴隶玛丽亚·贝尔（Maria Belle）生了一个女儿，在玛丽亚去世后，他把女儿带到了伦敦与默里夫妇一起生活。这个名叫迪多·伊丽莎白·贝尔（Dido Elizabeth Belle）的女孩被培养成了一位有教养的女士，并与曼斯菲尔德勋爵的另一个侄女伊丽莎白·默里（Elizabeth Murray）成了好朋友。迪多和伊丽莎白同时期的画像显示出了她们之间深厚的感情。伊丽莎白穿着那个时代最奢华的正装，坐在那里，手抚摸着迪多的手臂；迪多则站在伊丽莎白旁边，同样穿着十分奢华且具有时尚感的服装，服饰没有那么传统，反而更有异国风情的味道：她戴着头巾帽，这都是当时一些特别时尚的女性才有的打扮。一位来访的美国人对迪多完全融入白人家庭生活，以及曼斯菲尔德勋爵对迪多所表现出的喜欢，极其不认可：

> 一个黑人在晚餐后走进来，与女士们坐在一起，在喝完咖啡后，陪伴着她们在花园里散步，其中一位年轻女士挽着另一位女士的手臂。这个黑人女孩由默里勋爵抚养，且由他的家人教育长大。勋爵叫她迪多，我想这就是她的全名了。默里勋爵清楚，自己对黑人女孩的喜爱会受到谴责——这确实没有罪。

在曼斯菲尔德勋爵的遗嘱中，他肯定了迪多的自由身份，并留给了她一笔可观的遗产。

一些人猜测，曼斯菲尔德勋爵对迪多的喜爱会影响他作为法官对萨默塞特案件的看法。同一位来访的美国人说道：

> 一位牙买加种植者被问及法官大人会做出什么判决？他回答说："毫无疑问，萨默塞特将获得自由，因为曼斯菲尔德勋爵家里就住着一个黑人，这对勋爵及其家人的思想都会有所影响。"

奴隶主斯图尔特没有理会曼斯菲尔德勋爵自愿释放萨默塞特的提议，一个月后，曼斯菲尔德勋爵发表了庭审意见：

> 奴隶制如此遭人憎恶，以至没有任何理由可以用来支撑其存在。因此，无论有什么不便之处，这个黑人都必须被释放。

萨默塞特与斯图尔特之案否定了奴隶是私有财产，可以"像农场的股票一样"买卖的概念，这是英国奴隶制结束的开始。该案在美国殖民地广为人知：在马萨诸塞州，无数奴隶援引萨默塞特案例起诉要求获得自由。在美国独立后，该案的推理让法院意识到奴隶制与佛蒙特州、宾夕法尼亚州、马萨诸塞州和康涅狄格州的新州宪法是互相冲突的。正如巴克斯主人的报告显示的那样，即使有的州不接受其案件的推理过程，但萨默塞特事件的存在也让奴隶主感到焦虑。因为这可能给潜在的逃亡者带来了获得自由的希望。

像巴克斯一样，许多逃亡者会精心挑选他们要带走的衣服。1775年，北卡罗来纳州的一位主人描述一个逃跑的奴隶 "衣着华丽"，并说她带走了"一件家纺条纹外套、一件红色绗缝衬衣、一顶黑丝帽、一双皮革木跟鞋、一件印花长袍和一件黑色外套"。一个马里兰州的人想找到两个已出逃的奴隶，因为他们带走了大量的衣服，其中包括"一件深红色的天鹅绒斗篷、一件深蓝色的坎布雷特夹克，这件夹克袖子上、胸前和领口带有金色的蕾丝边，还有一双高跟鞋、两件花布长袍，一件是紫白相间的，另一件是红白相间的，一顶黑丝帽和各种手帕、围巾，以及几件白色麻布衬衫"。

历史学家乔纳森·普鲁德在研究18世纪晚期的广告时发现，这些广告主要是关于捕获和归还逃跑的奴隶、契约仆人、罪犯和擅离职守的士兵，在广告中他发现了"超过四分之三的广告都提到了服装，这些服装都包括逃跑者离开时'穿着'的服装以及他们'带走'的服装。此外，当提到服装时，描述常常会非常详细"。许多逃犯都会偏爱一些高档服饰，根据普鲁德的说法，"有11.4%的人带走了银质扣子，而且至少有10%的人带走了用料昂贵的衣物，将近四分之一的男性逃犯都戴着十分时尚的帽子"。

谢恩和格雷厄姆·怀特指出，"让奴隶主去评论奴隶对精致服饰的喜爱，这种情况并不罕见。"精美的衣服往往是对奴隶提供优质服务的奖励，因此服饰也是地位的象征。在18世纪80年代，一位名叫亨利·劳伦斯（Henry Laurens）的奴隶主告诉他的监督员，"任何表现出色的黑人都应该得到奖励"，而且"要用好于工作服的服饰来奖励他们"。但是，穿戴整齐的黑人奴隶不仅仅是为了得到白人认可的谄媚的"干家务活的黑人"。时尚的装束的确带来了实实在在的好处。一些奴隶主允许自己的奴隶在镇上或邻近的种植园做额外的工作，或出售其个人所有的小块土地上种植或养殖的产品来挣钱。同样，一些奴隶主允许奴隶出售服装。谢恩和格雷厄姆·怀特写道："允许服装进行贸易，使得奴隶们珍惜的不仅是衣服本身的价值，还看重衣服容易售出，具有货币流通功能。"时尚服装在奴隶逃亡过程中可以很轻松地售卖出去，这为奴隶提供了收入和伪装自己的可能性。一张"通缉令"的贴纸指出，一个带着大量精美服装逃跑的奴隶，"在其能力范围内，她可能会拿衣服换取其他的东西"。根据普鲁德的说法，一些"通缉令"会对逃亡的奴隶加以警告，因为那些逃亡的奴隶可能会"冒充卫理公会的传教士，把头发剃了，然后选用不同的名字以及假文件来协助自己逃跑，许多奴隶也会变更服装来帮助自己逃跑。事实上，一些逃犯偷走大量的服饰，正是为了改变他们的'外在形象'（广告上是这样推测的）"。

当然，奴隶们也出于和众人同样的原因而关注时尚，他们以自己的外表为荣，并通过服装来表达自己。根据普鲁德的说法，"无人身自由的劳动者会用精美的服装来突出其个人成就或特殊场合，而且穿着打扮也可以表达他们对平等和自主权的追求"。即使在试图挣脱奴隶制度的时期，"他们对替代服饰的寻找也从未减弱，逃亡奴隶对他们已经拥有过的服装有着明显依恋。事实上，平民衣橱的尺寸有限，这可能加强了个人与特定服装的联系。相比衣着华丽的上流社会人士，马裤和衬裙对穷人来说更有意义"。

奴隶、逃跑奴隶和自由黑人都将时尚作为一种政治态度的宣言。虽然一些黑人奴隶的服装严格恪守着欧洲典雅的服饰标准，但也有其他人采取了更为个性化的方式，将非洲和欧洲的服装元素结合起来，或将不同风格的元素混合起来。乔纳森·普鲁德指出，"奴隶们通过服装保留了非洲-西印第安人的遗产，这些时尚既不完全是非洲的，也不完全是盎格鲁-撒克逊的，而是非洲裔美国人的'克里奥尔化[1]'"。谢恩和格雷厄姆·怀特描述到，奴隶们会用不拘一格的服饰，作为"颠覆白人权威的方式，奴隶们的这些行为带有些许的嘲讽意味，在两百年后，这种难以捉摸的个性特征会很难识别"。对逃亡奴隶的描述，详细说明了"奇特的混搭与绅士的服饰是如此不同，以至于逃亡者似乎常常嘲弄正统服饰"。普鲁德认为，"反精英情绪的表达可能是劳动者展示自己时尚'外观'的一种方式，许多戴着'时髦帽子'的劳动者对时尚存在的合法性都发表了

1　　指欧洲与殖民地时尚的混合化。——译者注

自己的看法。"

简而言之,非裔美国人蔑视具有种族主义色彩的着装规范,他们会用服装来表达自己的身份、亲缘关系和自尊。自由黑人和许多奴隶都会避免穿《黑奴法》规定的粗糙、简单的服装,普鲁德指出,"非奴黑人会避免使用奴隶工作服中最常用的颜色(白色)来强调他们的非奴身份。"许多奴隶会重视精致的服饰,并经常不顾白人,包括他们主人的限制和阻扰。他们会借服装来反对白人至上的法律和社会风俗,并通过占有象征白人身份地位的标志,颠覆和嘲弄精英的服装礼仪,或结合欧洲和非洲的服饰风格来创造独具特色的非裔美国人的时尚,以维护自己的尊严。

因此,衣着光鲜的非裔美国人对白人至上主义来说,是某种具有象征意义的挑战。在梅森-迪克森线[1]以北的美国各州,奴隶在不同时间段陆续获得自由后,就会遭遇白人在口头和书面上的辱骂,如果白人没有达到自己想要的效果,就会诉诸暴力手段。1845年,著名的费城人约翰·范宁·沃森(John Fanning Watson)对最近得到解放的黑人怨气满腹(宾夕法尼亚州于1780年规定逐步废除奴隶制)。

> 如我们现在所看到的那样,在旧时代,衣冠楚楚的黑人和打扮得花花绿绿的美人,从庄严的教堂里走出来,是相当不受欢迎的。他们的炫耀和虚荣心一直在膨胀。现在他们对展示个性以及满足自身虚荣心已经过度痴迷。明智的人希望他们行为更为得体,把握好白人让他们获得解放的怜悯之情。

沃森并没有抱怨"衣冠楚楚的黑人"要被迫靠犯罪来添置自己的衣橱,也没有发现他们有任何的反社会行为。事实上,他的愤怒是针对那些离开"神圣教会"的人。与此相反,人们会推定,那些"衣冠楚楚的黑人"唯一的社会违法行为其实是他们的"炫耀和虚荣心"。这样的观点并不理智,因为这将引起有地位意识的白种人的嫉妒和怨恨。讽刺作

---

1 即Mason–Dixon Line,为美国宾夕法尼亚州与马里兰州之间的分界线。——译者注

家嘲笑黑人在衣着上模仿"上等人"，而且漫画中黑人穿着夸张华丽的服饰也会被描画成怪异形象。正如早期对社会攀比者的描述一样，无论是错误或是"过度"正确的做法都会遭到嘲笑。非传统的服装组合或过于张扬的装饰成了缺乏内在修养的标志，而且黑人刻板的说话方式也成为报纸、宣传册和大众娱乐活动中的笑料。与此同时，一些描述会将身着精致服装的黑人比作身穿奇装异服的猿人，认为他们依据礼仪书所展现出来的完美措辞和服饰，不过是对上层人士的模仿。白人学童会嘲弄奚落穿戴整齐的黑人学童，会在冬天用雪球砸黑人孩子，而在温暖的季节，又会朝黑人孩子们扔石头，而成年人也通常会有这样的行为。相比北方，种族关系在南方更为糟糕和恶劣。1863年，战败的南方联盟被迫接受解放，但到了世纪之交，吉姆·克劳种族隔离制度已经牢固地建立起来，这一制度以新的形式复刻了奴隶制度的大部分条件。黑人奴隶成为佃农，和他们的祖先一样，他们的一生从此与土地和土地所有者不可分割。根据反流浪法，无所事事的黑人会被逮捕，被迫用铁链锁住，在监狱做苦工。白人故意对流浪这一词定义模糊，导致了过度执法，当一波又一波的非裔美国人试图离开南方，跑到北方寻求更好的机会时，当局就会利用这些法律阻止他们离开，这延续了过去用来拘留和遣返逃亡奴隶的做法。

同解放黑人奴隶运动前一样，白人要求黑人对他们要礼遇谦恭以及举止顺从。根据谢恩和格雷厄姆·怀特的说法，"黑人明白，穿着昂贵的衣服或穿上礼拜服，对他们来说是危险的"。黑人泰勒·戈登（Taylor Gordon）是约翰·林林马戏团的搬运工，在他第一次来到得克萨斯州的休斯敦时，他身穿"新的杰克·约翰逊款式的格纹西装和漆皮鞋，头戴时尚帽子"，准备去看风景，在他离开火车站前，一名手持小棒的警察拦住了他。"你是个北方来的黑鬼，对吧？"警察质疑道。戈登想了想，回答说："不，我是林林家族的黑鬼。""好吧，我的天啊！你看起来太像个北方黑鬼了。他们太聪明了。"警察随后警告戈登不要"穿着这些衣服"进城，并建议他换上搬运工的制服。

即使那些曾在战争中为国家服务过的人，也没能免于非裔美国人须以谦卑的服饰出现在大众视野这样的"魔咒"。1917年，当黑人士兵在第一次世界大战结束后，回到密西西比州的维克斯堡时，白人暴徒就威胁要扒下他们身上的军装。"第一次世界大战后，他们对黑鬼做了什么？"

亚拉巴马州的佃农内德·科布（Ned Cobb），又名内特·肖，问道，"在他们下了车站，返回美国之前，会先让他们剪掉衣服上的扣子并扔掉口袋里的武器，如果他们没有可以替换的衣服，就会让他们只穿着内衣。"同年，在密西西比州的杰克逊市，一名身穿制服走在公共街道上的官员，因为担心自己的生命安全而远离愤怒的白人暴徒。1919年4月，乔治亚州的布莱克利地区，有一名前士兵被一群暴徒殴打致死，仅仅因为在战争结束后，他身穿制服的时间过长。白人憎恨那些衣着光鲜且"傲慢"的黑人，这种情绪在整个吉姆·克劳时代及以后的时期都一直存在。20世纪40年代，一位生活在南卡罗来纳州的黑人说，白人"不喜欢不穿工作服和不干挖沟苦活的黑人。要是一个黑人穿得体面，那他就是一个狡猾的黑鬼"。

对于那些穿着精致服装的非裔美国人，以及那些对他们心怀憎恨的人来说，服饰有着重要的社会和政治意义。一个衣着优雅的黑人是对种族主义社会的公然挑衅，因为种族本身就是一种社会地位的表现，这种社会地位主要是由外貌决定的。就像妇女穿上男性化的服装，以此来要求获得男性的社会特权一样，衣着优雅的非裔美国人在服装方面表明了自己的态度，他们值得并且将会坚守自己的服饰所象征的尊重。与此同时，个人对高雅服饰的投入不仅仅是一种社会抗议，因为衣着得体还会给个人带来满足感和心理上的安慰，在政治方面也是如此。这种政治宣言和自我主张的结合，尽管常常被忽略，但却是推动20世纪社会转型有力而持久的部分原因。

第十一章

从衣衫褴褛到
顽强抵抗

看到的场景: 阻特装、沙龙舞衣、小平头和礼拜服; 非洲式发型和工作服、黑
色高领毛衣和黑皮衣

洛杉矶议员诺里斯·纳尔逊（Norris Nelson）感叹道："阻特装[1]已经成为流氓主义的象征，我们禁止裸体主义，但如果我们可以因为穿得少而逮捕人，那我们也可以因为穿得多而逮捕人。"就在几天前，也就是1943年6月4日，约两百名驻扎在洛杉矶的海员在东洛杉矶的街道上游荡，寻找身穿阻特装的年轻美籍墨西哥人。海员们袭击了年轻的美籍墨西哥人，并脱去了他们时尚的服饰：宽边帽、宽肩长款有坠感的西装，配上大腿处剪裁宽松但脚踝处明显收紧的高腰裤。20世纪中期的阻特装与文艺复兴时期的宽松短罩裤相呼应，已经成为南加州年轻拉美人的制服，这些人自称是"墨西哥裔少年"[2]。因为其他军人和一些白人平民也加入了海员的行列，这一"阻特装骚乱"事件持续了数周。一位观察者目睹了"由几千名士兵、海员和平民组成的暴徒群体，这些暴徒会殴打自己看到的每一个穿阻特装的人。每当有轨电车停下来，一些墨西哥人、菲律宾人和黑人就会被从座位上拉起来，被推到街上然后遭到一阵狂揍"。暴徒们在整个拉丁裔社区、剧院、俱乐部和酒吧里追捕穿阻特装的人。根据一群暴徒的描述，有一名暴徒冲进一家剧院，然后把墨西哥

---

[1] 指20世纪40年代流行于爵士音乐迷等人士中的服装，特点为上衣过膝、宽肩、裤腿肥大而裤口狭窄。——译者注

[2] 墨西哥裔少年指住在美国的社会地位低下的少年流氓。——译者注

裔少年拖到舞台上，脱掉他们的衣服，并在具有冒犯性的西装上撒尿。

民众对被迫执行反阻特装规定的治安维持会成员表示同情。每当墨西哥裔少年反击时，有时甚至还没有反击，警察就会逮捕他们；相比之下，参与骚乱的军人要么被秘密还押给军事当局，要么被无罪释放。新闻界将骚乱描述为对城市街道早该进行的一次"清洗"，仿佛骚乱是一场有纪律的军事行动，而不是一场醉酒的混战。以下就是一篇典型的正面报道：

> 阻特装在街头篝火的灰烬中燃烧着，士兵、海员和海军陆战队员组成的搜查队将身穿阻特装的人追捕出来，并将他们赶到空地上，就像捕猎鸟的猎狗。抓住一个身穿阻特装的人，脱下他的裤子和双排扣礼服大衣，然后把这些衣服撕掉或烧掉，顺便剪掉与奇怪服装搭配的"阿根廷鸭尾式发型"，整个过程一气呵成。

1943 年洛杉矶，"阻特装骚乱"期间，阻特装爱好者被警方拘留。

阻特装什么地方令人反感呢？当时的看法认为，这种奢华的服装与几乎及膝的外套和宽松的裤子搭配，是不爱国的行为，因为在战时配给期间，这样的服饰很明显是在浪费面料。也有其他人推测，这些昂贵的、量身定制的西装通常是靠犯罪所得的不义之财购买的。但这些解释往好了说是过于简化了，往坏了说则是事后合理化。阻特装真正冒犯的地方

148

在于其象征意义：在美国的种族等级制度首次出现脆弱迹象时，穿阻特装正是个人决定的体现以及个人自豪感的展现。

据1943年6月11日《纽约时报》（The New York Times）报道，第一套定制的阻特装是在1940年，由一位来自佐治亚州盖恩斯维尔的年轻非裔美国人克莱德·邓肯（Clyde Duncan）定制的。他要求定制的一套阻特装，外套长37英寸，裤子到膝盖处26英寸，到脚踝处14英寸。裁缝将这套西装的照片寄给了商务杂志《男士服装报刊》（Men's Apparel Reporter），该杂志在1941年发表了一篇有关时尚方面的文章。从那时起，这套阻特装就走红了，在密西西比州、新奥尔良、亚拉巴马州和哈莱姆区曾风靡一时。据《纽约时报》推测，阻特装的设计灵感来自影片《乱世佳人》（Gone with the Wind）中男主人公瑞德·巴特勒的服饰，这部影片于1939年在电影院上映，可该电影涉及种族政治问题，所以让人觉得有点匪夷所思。美籍非洲裔的新闻界有一个更为合理的理论：阻特装的灵感来自风格大胆的男装"模范"——温莎公爵。爱德华八世（温莎公爵）因其服饰上的创新以及越界的设计而臭名昭著，这些服饰包括在胸前和肩胛骨处带有褶皱面料的垂褶剪裁西装、"牛津包"以及一种在20世纪30年代大学里流行的剪裁宽松裤。《阿姆斯特丹新闻》（Amsterdam News）打趣道："《纽约时报》的记者似乎已经忘记，也是温莎公爵最想忘记的，他作为威尔士亲王，穿上了第一件阻特装，他也算得上是当今真正的阻特装之父。在那些日子里，温莎公爵也是很年轻不羁的。"

无论阻特装起源是什么，都与爵士乐、华丽和无忧无虑的生活方式有着密切的联系。马尔科姆·X（Malcolm X）在自传中回忆说，在投身新宗教运动之前，他被称为"底特律红"，因为他常身穿天蓝色的阻特装，戴着宽檐帽和金表链。最著名的阻特装（或许除了温莎公爵的那套）是华丽的大乐队领袖以及歌手凯伯·凯洛威（Cab Calloway）的那套，他经常在舞台上穿着阻特装，并且在经典的非裔美国音乐剧《暴风雪》（Stormy Weather）中也身穿阻特装。拉尔夫·埃里森（Ralph Ellison）的《隐形人》（Invisible Man）里面的主人公，在观察和思考那群身穿阻特装且不关心政治的人后，便开始了远离意识形态教条，并走向自我认知的旅程。后来他自己也穿上了一套阻特装，并发现："通过此种方式穿衣和走路，我加入了一个协会，在这里别人一眼就认出了我——不是通过五官，而是通过衣服。"

这种服装协会并不具有种族排他性，一位观察者指出，"苏格兰-爱尔兰新教、犹太或意大利、俄罗斯或有黑人背景的年轻人"身穿阻特装，体现了一种与美国主流社会普遍背离的兄弟情谊，这是一种挑战自我的新模式，也是一种反文化的情绪表达，将影响之后好几代的避世派、潮人和嬉皮士。这也是姐妹情谊的体现，身穿阻特装的年轻女性被贴上了"阻特装黑帮"以及"阻特装怪物"的标签。阻特装的非传统性，即使没有显示出对美国服饰高雅品位的蔑视，也表现出了对其的漠视。美国社会认为的那些温顺且不引人注目的人们，身穿阻特装，对美国社会大胆挑衅，也是一种引人注目的举动。定制阻特装非常昂贵，因为大量的垂褶设计需要熟练的定制剪裁技巧以及不同尺码的面料。可以说阻特装几乎是对19世纪布鲁克斯兄弟品牌所倡导的低调、谦虚、黑色和灰色的成衣西装，即美国服装风格的公然否定。因为让阻特装变得受欢迎的黑人和棕色皮肤的人，完全有理由去质疑所谓的资产阶级精神，而这些精神就是标准西装所象征的镇定、男性美德以及平等的虚假承诺，所以阻特装让所有的一切变得更具有威胁性。正如诗人奥克塔维奥·帕斯（Octavio Paz）所描述的墨西哥裔少年那样，"他们是天生的反叛者，墨西哥裔少年不会试图为他们的种族或祖先的国籍辩护。这种态度显示出了一种固执和近乎狂热的自我追求，但这种狂热的追求仅表明了他们不想成为周围人那样的决心，除此之外就没有任何其他具体的东西了。"

从这个意义上来说，墨西哥裔少年是19世纪花花公子精神层面上的延续，这些花花公子在查尔斯·波德莱尔（Charles Baudelaire）、巴尔贝·德·奥尔维利（Jules-Amédée Barbey d'Aurevilly）、托马斯·卡莱尔（Thomas Carlyle）的著作中很是闻名，却也饱受谴责。波德莱尔将这些花花公子描述为"除了培养自己的服饰审美，满足自己的热情、感受和想法之外，就别无他求了"。巴尔贝·德·奥尔维利在其文中写道，花花公子主义最普遍的特点是"个人对既定秩序的反叛，花花公子主义是在玩弄规则，但同时又给予规则应有的尊重，总能产生出人意料的效果。"花花公子的存在本身就是对资产阶级道德秩序的驳斥，资产阶级的道德秩序与新教徒的工作伦理相一致，即从职业的成效性来定义道德公民。卡莱尔在其特立独行的作品《服饰哲学》(*Sartor Resartus*)中提出，花花公子对时尚服饰的痴迷是急于填补宗教信仰衰退所遗留下来的空缺：

> 在这纷乱的时代，那些被逐出教会的宗教原则，要么深深隐藏在善良人的内心，要么像一个脱离了肉体的灵魂，在世间四处游荡。这些宗教原则进而演变成了各种形态的迷信与狂热，并以永久的、正确的形式发展着。这些花花公子们在新教派的热情鼓动下，表现出追求时尚服饰的勇气和坚持。他们崇尚极致的纯洁和分离主义，会通过特别的服饰让自己与众不同，努力让自己不受这个世界的玷污。

19世纪的花花公子是典型的贵族，从他们的行为倾向来看，他们是民主的敌人。花花公子必然是富有的，"有足够的财富来支撑他们所有的奢侈行为"。但在20世纪，又出现了一批即使一无所有，却也喜好时髦的人：穷人、失业者和未充分就业的人，他们虽然缺钱，但一有空闲时间就会去追求自己热爱的事物。像19世纪的花花公子们一样，穿阻特装的人群与社会主流已渐行渐远：这些身着阻特装的人群是非裔美国移民的子孙，因为收养他们的国家剥夺了其祖先的语言和文化，并对他们报以嗤之以鼻的态度，以致这些人群逃离了对种族主义毫无悔意的南方农村，来到了蔑视种族主义的北方城市。身穿阻特装的人们被排斥在美国人对民主美德的崇拜和对有利可图的勤劳的狂热之外，反而展现出了对社会主流刻意的、高调的漠不关心。

这种挑衅的立场，再加上20世纪40年代美国无处不在的种族主义，足以激起暴民们不定时、无纪律的暴力行为，以及政客们的持续对抗。加利福尼亚州参议员杰克·B.特尼 (Jack B.Tenney) 主持了一项非美国活动调查，"以确定目前的阻特装骚乱，是否由试图在美国和拉丁美洲国家之间散播不团结的纳粹机构所资助"。一名目击证人坚称，"第五专栏作家"和国内纳粹同情者煽动了身穿阻特装的人们："当男孩开始攻击军人时，这就意味着敌人就在家里。"

加利福尼亚州并没有将阻特装骚乱控制住，同年晚些时候，底特律和哈莱姆区也经历了各自的骚乱。虽然主流媒体一直否认骚乱是"种族迫害"的一种反抗形式,但黑人媒体却不这样认为。在《危机》(*The Crisis*)的一篇评论文章中,切斯特·海姆斯(Chester Himes)果断地坚持"阻特装骚乱是种族骚乱",而《危机》中的另一篇社论则认为:"如果绝大多数人,其中包括执法人员和有关部门,没有怀有黑人必须一直是二等公民的想法,这些骚乱就不会发生。"

小说家拉尔夫·艾里森(Ralph Ellison)对阻特装给出了最有见地的评论,也算是对所有种族的民间领袖的告诫:

> 主要问题,就是要学习黑人中存在的大量神话和符号的含义。因为如果没有这方面的知识,无论领导层的计划多么正确,都将会以失败告终。阻特装也许隐藏着深刻的政治意义,但也只有领导者才能解决这个谜题。

当今的许多领导人,在面对拖地的裤子、身体穿孔、文身和许多特立独行青年的时尚宣言时,仍然会对这些时尚所带有的象征意义深感疑惑。在20世纪中叶,花花公子们出现了:这是一个痴迷于特定服装模式和流行音乐的青年团体。墨西哥裔少年不仅是20世纪50至60年代"垮掉一代"的青年以及嬉皮运动的原型,也是最近几十年摩登青年、朋克、新浪潮、新浪漫和哥特亚文化的原型。

阻特装与墨西哥裔少年的政治意义一样具有神秘色彩,但在种族公平斗争的过程中,发展出了其自身的着装规范,着装的政治意义便开始成为意识形态辩论的明晰主题。那么穿着体面的愿望是对现状的挑战,还是对资产阶级体面规范的投降?

黑人资产阶级

1955年,著名莫尔豪斯学院的社会学家E.富兰克林·弗雷泽(E. Franklin Frazier)写道,"黑人资产阶级"创造了一个以"那些构成'社交'的人的活动为中心的虚幻的世界"。黑人"社会"由专属社交俱乐部、晚宴、鸡尾酒会、初次登台舞会、颁奖典礼、黑人兄弟会以及黑人学院的联谊会制度所定义。弗雷泽本着托尔斯坦·凡勃伦有闲阶级理论的精神和传统，首次为法语读者出版了《黑人资产阶级》（*Bourgeoisie Noire*）这本书，1957年的英译版本在该书主题群体中收获了大量读者。就像凡勃伦评论镀金时代的精英一样，弗雷泽对黑人资产阶级的评价也毫不留情。对于弗雷泽来说，黑人精英的社会仪式是对白人的可悲模仿。当然，黑人被排除在这些仪式之外。事实上，对于弗雷泽来说，黑人深深的自卑感，以及未能将自己与贫穷黑人分开的绝望与渴望，都造就了黑人资产阶级文化的方方面面。

> 黑人资产阶级主要生活在一个虚幻的世界里，因此都戴着面具，扮演着令人怜悯的角色，以掩盖其自卑感、不安全感以及困扰他们内心世界的挫折感。尽管他们试图摆脱黑人群众的身份，但他们与那些普通黑人一样无法摆脱自己受到的压迫。在他们病态地谋求地位，以及渴望得到白人世界认可的过程中，慢慢形成了自我厌恶的情绪。虚幻的"社会"留给他们的只有空虚和无力感，这让他们不断地在新的妄想中寻求逃避。

　　服装在黑人"社会"的虚幻世界中起着核心作用。事实上，服装是黑人资产阶级为扮演其"惹人怜悯的角色"而戴的"面具"。黑人资产阶级"不断地买东西，比如房子、汽车、家具……更不用说衣服了，为'社会'奉献一生的黑人教师喜欢展示自己拥有的20双鞋，但其中大部分却从未穿过"。消费主义滋养了一种"富裕的错觉"，黑人资产阶级借此假装拥有比实际更高的社会地位和身份，而这种身份和地位在种族主义社会中是永远不可能拥有的。

　　弗雷泽尤其蔑视名媛舞会或"沙龙舞会"的传统，他坚持认为这些都是黑人资产阶级从其祖先曾经服侍过的富裕白人家庭里借用的。沙龙舞会"为所谓富有的黑人提供了一个机会，让他们沉溺于奢侈的消费，创造出一个幻想的世界，以满足他们迫切得到他人认可的渴望"。弗雷泽感叹说，黑人媒体对这些名媛舞会的报道令人瞠目结舌，这些媒体"注意到价值不菲的装饰品以及妇女们穿戴的昂贵礼服和珠宝。黑人报刊上的每周报道，都会列出妇女所佩戴的珠宝、穿着的礼服和貂皮大衣的目录，通常还附有对衣服和珠宝价值的估量表"。在弗雷泽看来，黑人名媛舞会是凡勃伦奢侈消费的典范：对白人认可的渴望导致了狂热的消费与追求身份地位的焦虑。最糟糕的是，整个华而不实的表演是由势利及自我憎恨所交织的情绪所支撑的。弗雷泽所描述的黑人资产阶级，借炫耀性消费将自己与不讲究的、粗俗的、抗争的黑人群众区分开来，其实最终，他们是渴望将自己与黑色区分开来。

弗雷泽的书于20世纪50年代一经出版，便引起了轰动，而且到现在，这本书仍然是20世纪最著名的黑人社会学家的经典研究文本之一。任何熟悉中上层非裔美国人社会生活的人，都会在弗雷泽的叙述中找到熟悉的事物。即使在今天，所有种族的美国人对地位意识和对奢侈品的关注都很普遍，在黑人专业人士和商人中，这一现象却尤为明显。我写作这本书时，面前就放着父亲留给我的那本破旧的《黑人资产阶级》。我父亲对弗雷泽表达的担忧尤为关注，再加上受加尔文主义神学中禁欲主义和一些主流新教徒的反向势利的影响，他对奢侈品和炫耀之心更不屑一顾，甚至一直坚持着自己的个人品质和穿衣风格。我父亲和弗雷泽一样，对"上流社会"的活动和高级俱乐部都嗤之以鼻。他不愿意让我或我妹妹加入"杰克和吉尔"，这是一个年轻黑人的精英社交俱乐部。当某位来访的亲戚提到，要为我妹妹举办"亮相"派对这样的想法时，我父亲的回应竟是一大段来自弗雷泽的批评。

《黑人资产阶级》这本书的影响持续且深远。正如马克思将"资产阶级"一词（bourgeoisie，它最初是法国大革命前有产阶级城市居民的称号）转变为资本主义经济剥削阶层的称号，弗雷泽将"资产阶级"一词（近几十年来已演变成俚语"bougie"）变为一个社会学概念，该社会学概念由政治冷漠、社会野心以及贫乏的消费主义所定义。从那时起，这个词就具有了侮辱的含义，因此，有政治意识的黑人一直试图避免表现出任何迹象。人们可能会说，资产阶级的影响力现在明显在减弱。但黑色优雅史却十分悠久，且比弗雷泽攻击自命不凡的资产阶级所暗示的要更多样化。

周日盛装激进主义

在1963年5月的一个炎热的下午，有五个人坐在密西西比州杰克逊市的伍尔沃斯午餐柜台前。他们都举止得体，衣着整齐。其中一位名叫安妮·穆迪（Anne Moody）的女士回忆说，那天她穿着连衣裙、长筒袜和不露趾的高跟鞋，头发是在当时中产阶级妇女中流行的烫卷发。这五个人中有两个是白人，另外三个是黑人。任何对美国南方历史稍有了解的人都能猜到接下来发生了什么事。一群高中男生往这群人身上扔"番茄酱、芥末、糖馅饼"。最后，穆迪被人拖着卷发按在地板上。附近一所大学的官员将这群人从一大群暴徒手中救了出来。"在我们被带回校园之前，"穆迪回忆说，"我想把头发洗干净，所以我在全国有色人种协进会办公室对面的一家美容店门口停了下来"。

听完这个叙述后，我的第一反应是由衷的钦佩与敬畏。穆迪内心非常强大！就像詹姆斯·邦德在险些被杀手击中后，仍安然无恙地整理领带一样，穆迪有这样的格局和勇气，即使在"九死一生"般逃脱种族主义暴徒的追捕后，她仍要确保自己衣着形象看起来不错。但我只说对了一半。穆迪内心很强大，但她关注自己外表的渊源与007系列电影中男性虚荣心的渊源则完全不同。

在午餐柜台静坐期间，暴徒向她们投掷食物。安妮·穆迪和同伴们被硫伤。

体面的着装是民权斗争中不可或缺的一部分。研究黑人教会历史和美国种族正义斗争的专家安东尼·平恩（Anthony Pinn）教授，描述了民权运动中着装的重要性。"虽然没有正式的着装规定，但民权激进派会穿上他们最好的衣服，以此来表明他们对民权的严肃态度以及重视程度。这一行为迫使人们打破了对黑人和黑人身体的刻板印象。他们所穿的衣服在政治领域具有深刻的含义。"白人种族主义者往穆迪和她的朋友们身上抛掷食物，是为了摧毁他们得体外表下的强大内心以及尊严。而穆迪则要把白人的这种侵犯清洗干净，重拾自尊。

更确切地说，在很多重要方面，"衣冠楚楚"是由有特权的白人所定义的，也是为他们而定义的。随着种族平等斗争的演变，以"体面"为前提的激进主义无论是在实践上还是意识形态上都站不住脚了。对种族正义的要求与以白人为中心的体面标准之间的矛盾，在黑人妇女身上表现得最为明显。看看安妮·穆迪，她丢失了一只时髦的高跟鞋，精心设计的发型也被种族主义暴徒破坏了。这样一来，系带平底鞋不就成了更明智的选择吗？而她那长直微卷的头发，也很容易成为袭击者的目标，怎么办呢？把头发绑起来或剪短会更实际。

但有些人却坚持认为，一个与众不同的发型可能会给予她们更多心理上的慰藉。穆迪在当地一家美容院整理发型时，也试图将发型恢复成白人妇女流行的样式。20世纪60年代初，传统女性的发型对于那些天生就是长直发的人来说是很苛刻的，她们的直发必须要用卷发器弄成微卷，这也是20世纪60年代资产阶级女性的标志性发型。大多数黑人女性则先要把头发拉直，然后又用卷发器将头发弄成微卷。拉直头发是出了名的困难，因为光用卷发器通常是不够的，不仅做出来的发型效果不太好，而且保持时间短。但是用化学物拉直头发又很耗时，且有潜在的危险。20世纪60年代，"顺发剂"的主要成分是碱液，它可以让头发变直顺滑，但也会灼伤未受保护的皮肤。

对黑人妇女来说，"体面得体"的发型既耗时又昂贵。更糟的是，这种发型意味着黑人的头发需要大量的改造才能显得体面。这种体面的标准无论是过去还是现在，都与性别政治有着紧密联系，尽管一些黑人男子会将头发拉直或特意"梳理"自己的头发，但在20世纪60年代，很少有人会这样做。穿着得体的黑人和白人男子普遍都是短发，没有其他的

发型设计。但女性都得是长发，因为这是女性气质的体现。这给黑人女性带来更多的负担。此外，对黑人女性发型的苛刻要求也是一种侮辱，意味着黑人女性天生不如白人女性有女人味。

当民权激进派到农村地区管理贫穷的佃农和劳工时，他们的服装和打扮变得不再"体面"。20世纪60年代初，大约同一时段，许多年轻的种族主义激进派开始将自己描述为"革命者"——学生非暴力协调委员会（SNCC）放弃了西装和礼服，改穿牛仔裙、牛仔裤和工作服，这是他们希望能够组织的农场和工厂工作人员的服装。学生非暴力协调委员会给人们留下了一种全新且激进的形象，这包括"不再花时间设计发型，而选择保留自然发型"。根据民权运动时期的一位历史学家塔尼莎·福特（Tanisha Ford）的说法，这种服装既实用又合适："工作服的各种口袋都可以用来装传单和笔等物品。像佃农一样，学生非暴力协调委员会的成员在他们的'领域'上长时间地为那些敢于尝试登记投票的非裔美国人拉票。他们还会利用服装来展示他们与佃农的政治联盟，并批判黑人中产阶级的政治。"

非裔美国人中的阶级分化是困扰民权激进派的一个问题。许多民权组织者都是城里人且享有特权，即大学生和律师等专业人士。他们有着城市中产阶级和中上阶级的鉴赏力以及行为举止，毫不夸张地说，他们就是资产阶级。对他们来说，"体面政治"不仅仅是一种策略，还反映了自己的价值观。从事"体面政治"的民权激进分子并不是简单地迎合大

多数白人的时尚。在很大程度上，他们也具有这样的时尚感。与其他资产阶级成员一样，他们把不得体的举止、不修边幅的仪容和凌乱的衣着打扮视为品行不端的证据。但是，新一代的民权激进派需要将没有受资产阶级服饰影响的农村劳动者组织起来。此外，民权运动所依据的道德原则，即所有人享有平等的尊严和尊重，是与诋毁抹黑穷人这种现象相抵触的。更糟糕的是，就像黑人女性在头发方面遭受的经历一样，传统意义上的体面从真正平等的角度来看，对黑人并不公平。白人女性很容易打理自己的发型，因为那些合适得体的发型就是为白人女性所设计的。白人也许会更容易受人尊敬，因为受人尊敬这一想法本身也是为白人所设计的。学生非暴力协调委员会的新无产阶级风格，反映出人们对此看法的怀疑在与日俱增。

激进派时尚

"我们想要黑人权力！" 1966 年，学生非暴力协调委员会激进派的斯托克利·卡迈克尔（Stokely Carmichael）在密西西比州的格林伍德区召集了一群人，并用一句话定义了这场新的社会运动：黑人权力运动。黑人权力运动相比主流民权运动来说更为狂野与疯狂，因为它集激进的意识形态、对抗性的策略、尖锐的言辞，以及一种既张扬又朴实的新风格

158

于一体。每当被问及如何定义"黑人权力运动"时，卡迈克尔都会回答说，这意味着"任何时候只要白人惹恼了黑人，这些黑人就会让这个国家臣服于他们脚下，既然这个国家里的所有白人都知道权力，那他们知道什么是白人的力量，也应该知道什么是黑人的力量"。

在格林伍德区集会之后，学生非暴力协调委员会和种族平等大会双方，都摒弃了马丁·路德·金（Martin Luther King）的南方基督教领袖会议中的非暴力精神，接受了激进的分离主义和黑人权力的观念。黑人权力运动坚持认为，只有从根本上变革美国的文化、经济和政治，才能为非裔美国人带来真正的平等和解放。有权去白人学校上学以及去白人主导的企业工作，这些形式上的权利是远远不够的：黑人权力运动就是要挑战那些以牺牲黑人利益为代价而使白人受益的不明规范和做法。黑人权力运动寻求由黑人掌控的机构，这些机构符合黑人的理想和价值观，是为适合黑人以及促进黑人自身发展而建立的。

时尚和美学是黑人权力议程的重要组成部分，在"黑即是美"这一口号中可以体现。1962年，后来成为黑豹党领导人的埃尔德里奇·克里弗（Eldridge Cleaver）写道："高加索人的美丽标准从过去到现在一直都是'白人至上'主义的基石之一。"他认为，传统的美学描述和标准，即"牛奶肌、闪亮的蓝眼睛和飘逸的金色长发"会导致黑人丧失自信，把时间和金钱都浪费在"直发器、假发和皮肤漂白剂"上。黑人女性如果不能把她们"皱巴巴的"头发弄成时尚的样式，就会因此而受到人们的厌恶。对克里弗来说，这种对文化标准的重新审视与公共政策的变动一样重要。"如果我们为抵制高加索人的美丽标准而开展运动，那就太可笑了，"克里弗打趣道。相反，黑人的解放需要改变文化意识。"我们必须把自己看作美人，"斯托克利·卡迈克尔在1967年的一次采访中说道，"我们一直认为有着金色长发的白人是唯一美丽的人种，但我们也必须明白，有厚厚的嘴唇、扁平的鼻子和卷曲头发的黑人，也是美丽的。而且我们不会再模仿白人。"

黑人民族主义领袖马尔科姆·X也将个人审美视为黑人解放的一个构成部分。他感伤地回忆起自己年轻时试图通过化学方法拉直头发来满足白人的审美标准：

> 这是我走向自我堕落的第一步，当时我忍受着所有的痛苦，碱液烧灼着我的皮肤，这样做仅仅只是为了把自然的头发弄得软绵绵的，让它看起来更像白人的头发。我加入了美国众多黑人男女的行列，他们都被洗脑了，坚信黑人是低等的民族，甚至不惜残害自己的身体，试图按照白人的标准让自己看起来"漂亮"。

对这些年轻一代的激进派来说，对自己的外貌过于自信或自卑都绝非小事，这是黑人社区面临的最深刻的政治问题之一。正如同时代的一篇文章所说，天生自带的发型"就是白人对我们民族进行洗脑的切入点"。在1965年的一次演讲中，马尔科姆·X说："当你教一个人去厌恶上帝给他的嘴唇、鼻子形状、头发质地、皮肤颜色时，你就已经犯了一个民族所犯的最严重的错误。"想到非裔美国人遭受了大量的伤害，马尔科姆·X在叙述这些伤害时都变得铿锵有力，这一强有力的主张，表明了马尔科姆·X和黑人权力运动对仪容整洁和外表自信的重视。

黑豹组织结合了反文化和准军事风格。加州大学至克鲁兹分校，露丝-玛丽安·巴鲁克（Ruth-Marion Baruch）和普里克尔·琼斯（Prickle Jones）收藏集。© 加州大学执委会

在 20 世纪 60 年代，年轻一代的黑人女性拒绝人工拉直头发，支持能够展现种族自豪感的自然发型。加州大学圣克鲁兹分校，露丝·玛丽安·巴鲁克和普里克尔·琼斯收藏集。© 加州大学执委会

"黑即是美"这一观点，激发了数百万人在风格、时尚和服饰方面发生改变。黑人男性和女性拒绝了白人和民权运动主流倡导的时尚。在学生非暴力协调委员会的成员选用佃农或工厂工人们结实且实用的服装时，黑豹党将贝雷帽、飞行员大眼镜、波希米亚高领毛衣和手感顺滑的皮夹克融合起来，设计了一款新颖且带有军事风格的服装。与此同时，非洲中心主义者穿着色彩鲜艳的非洲肯特布制作的长袍和"达西基"[1]，然后搭配着非洲风格的珠宝。这种非洲审美的转变与19世纪和20世纪初的运动互相呼应，这些运动渴望服装的各个方面能够回到非洲风格，其观念也受到信仰的鼓舞，即与白人平等地融合是不可能的，解放需要从一个以白人至上和黑人低人一等为前提的社会和文化中抽离出来。非裔美国人收回因奴隶制度而被剥夺的名字、语言和文化风格，以此着手建立适合其自身独特性，且源自非洲本地美德文化的社会。

学生非暴力协调委员会的成员们放弃了举行周日盛装运动，反而像草根族一样穿着无产阶级服装以及保留自然发型，这些人大部分是城市中产阶级。在加入学生非暴力协调委员会之前，他们一生中的大部分时间都穿着与身份相符的服装。蓝色牛仔裤、工装裤和牛仔裙是人为刻意

1　原产于西非的花衬衫。——译者注

的一种风格，旨在表达政治观点，而不是真实地表达他们继承的文化。这种风格可能有助于激进派与一些贫困农民和工厂工人建立联系，但对其他人来说却令人反感。各种族的农村和小镇居民都觉得"老是穿旧工装的人应该不会很厉害"。在某些人看来，反对这种矫揉造作的行为更有意义。斯托克利·卡迈克尔当时的女友（后来成为他的妻子），也就是南非歌手米里亚姆·马克巴（Miriam Makeba）认为，学生非暴力协调委员会的成员将他们安然无恙地摆脱贫困的现实浪漫化了：

> 我小时候家里很穷，但我们都很爱干净，我们为自己的穿着和外表感到自豪。斯托克利和他并不贫穷的美国朋友，却都穿得像个流浪汉。他和他的朋友说，穿着破烂的衣服且看起来脏脏的，意味着一个人与广泛群众产生了共鸣。这让我很生气，这听起来像是自认为高人一等。我们并不为自己的贫穷感到自豪。

讽刺的是，由于新的激进派和非洲中心主义风格是自我风格意识的矫饰，因此他们的不真实性很容易被人诟病。1969年，黑人激进社会学家罗伯特·艾伦（Robert Allen）抱怨说：

> 黑人文化已成为一种可以佩戴的徽章，而不是一种可以分享的体验。非洲长袍、达西基、连衣裙和凉鞋已成为标准服饰配备，不仅成为穿着考究的黑人激进分子的，甚至都成为非洲裔中产阶级时髦人士的标准服装搭配。商业公司推广特别适合自然风格的发胶，一些精明的文化民族主义者向天真的年轻黑人兜售非洲的小饰品和衣服，并从中获利。

记者汤姆·乌尔夫（Tom Wolfe）创造了"激进的时尚"一词来描述20世纪60年代末和20世纪70年代初的政治——暗示许多政治承诺就像最新的时尚潮流一样肤浅：

> 天哪，就像黑豹党成员说的那样，不知道如何将紧身裤、紧身黑色高领毛衣、皮大衣、古巴色调同非洲人组合到一块。真正的非洲人不是那种被塑造和修剪得像树篱一样的人，也不是那种被喷得像甲烯酸树脂一样闪闪发光的人，真正的非洲人是时髦的、自然的、凌乱中略带狂野。黑豹党里没有穿着三个大码西装的黑人。正如他们所说，黑豹党的女性成员都是很苗条、很轻盈的。她们要是身穿紧身裤，头戴约鲁巴风格的头饰，看上去就像是从 *Vogue* 杂志里走出来的人，但毫无疑问，这些打扮都是 *Vogue* 杂志从她们身上学来的。

乌尔夫嘲笑那些比黑豹党成员本身更喜欢黑豹的富有白人自由主义者，但他的观察为"黑即是美"运动引发了一些令人不安的问题。新风格是克服了种族歧视的美感标准还是只是重新设计了其标准？黑人激进主义的时尚是否会激发对非裔美国人的同等尊重，又或者富有同情心的白人是否将黑豹党成员和其他时尚的黑人激进分子视为20世纪后期的贵族野蛮人，认为他们在为后民权运动而打扮？

对资产阶级体面服饰的排斥徘徊在唯物主义批判和对鄙夷之物的膜拜之间。哲学家罗兰·巴特在对同时代"嬉皮士"美学尖锐的评论中，描述了这种反文化象征主义是在走钢丝：

> 服装的选择对嬉皮士很重要，与西方的规范有关，干净作为美国最重要的价值观，现如今被时尚所改变：身体上、头发上、衣服上残留的污垢；衣服在街上拖着，但不知为何，它仍然不同于真正的肮脏，不同于根深蒂固的贫穷，不同于身上的污物，嬉皮士的脏是与众不同的，它是为节日而定制的。

尽管嬉皮士美学是肤浅的，但巴特却认为嬉皮士美学是美国资产阶级道德主义的象征性标志，因为"它正好击中了富人的良知，打击了其作为社会道德和干净模范的形象"。相比之下，嬉皮士在"相当贫穷的国家"中，传达了"支离破碎"和"自相矛盾"的含义：

> 一旦脱离了最初的背景，嬉皮士抗议的一个重要敌人则是美国的因循守旧、贫困等。这种贫困将选择嬉皮士的人置于更为贫困的处境。嬉皮士带来的大多数特质是有别于贫困的，与其家乡文明（富人的文明）相对立。在贫穷的国家，赤脚、肮脏、衣衫褴褛不是用来对抗富人的象征性斗争，而是我们应该去对抗的势力。

从这个意义上来看，学生非暴力协调委员会的组织者和黑豹党成员都是非洲裔美国嬉皮士的代表，他们借白人嬉皮士攻击白人主流的道德繁荣的服饰象征意义，来回应老一代民权激进派的体面服饰。但与美国富人区的嬉皮士不同，黑人激进派与真正的穷人，即城市里的低工资劳动者和陷于佃农经济的农民一起工作。在这里，正如巴特预测的那样，他们对体面服饰的拒绝看起来像是对真实贫穷或鲁莽挑衅的模仿。不足为奇的是，许多黑人认为激进的时尚是他们负担不起的奢侈品。

体面服饰的回归

1969年，可以说是"黑即是美"运动的高峰期，但只有不到一半的非裔美国人认可自然的非洲发型。有名气的非裔美国人攻击某些新风格，他们认为这些新风格是适得其反的存在。例如，第一批非裔美国棒球大联盟球员之一、后来在灰狗巴士公司担任高管的乔·布莱克（Joe Black）反问道："你觉得有哪个雇主会因为你留着非洲人的头发而给你一份有前途的工作？"布莱克质疑激进的政治，强调体面的着装和行为举止对成功的重要性。"呼喊口号、发泄仇恨，改变你的外观不会减少饥饿的痛苦，也不会让你得到一份可靠的工作。为了你自己，为了你的未来和自尊，也为了各地黑人的尊严，请在心里记住自己的自然发即可。"甚至连拉直头发这一让人憎恶的行为也有其拥护者。例如，在1969年，一封给《黑檀》(*Ebony*) 杂志的信中写道:"我认为现在是时候了,黑人女性又开始按压她们的头发,甚至购买各种各样的假发,以保持甜美、迷人、令人向往和有女人味的形象。虽然男性的非洲式发型看起来很棒,很有男子气概,但我们的女人看起来也很不错,充满阳刚之气。"

到20世纪70年代末,非洲中心主义风格的威胁和魅力已经消失了。这种风格已成为另一种时尚潮流,背后由一个以销售服装和珠宝,且旨在提供保持"自然"头发的美容产品和服务的大型产业支持着,这一企业在非洲有很大的影响力。在密西西比州伍尔沃斯的午餐柜台处,民权激进派安妮·穆迪历经一番磨难后所去的美容院,在15年后,很可能会提供一种替代拉直头发的方法,可以将头发调理成非洲人的发型,或编成长而紧的辫子。所有这些发型都有其拥护者和反对者:拉直头发对一些人来说能够获得尊敬,对另一些人来说则是自我厌恶的体现;自然的发型要么是自豪感和实用性的体现,要么是不必要的挑衅;满头的辫子可能被认为是大胆和别致的,但也有可能会被认为是只适合在沙滩上玩耍的发型。

雷尼·罗杰斯(Renee Rogers)在美国航空公司工作了11年,在1980年9月25日这一天,她梳着玉米辫来上班,之所以被称为玉米辫,是因为这种编得紧紧的辫子拉扯着头皮,头皮中留出的一条缝就像田里庄稼之间的沟壑。美国航空公司禁止员工留"非洲式"发型,并且坚持要求罗杰斯改变她的发型,或用符合公司着装规定的发饰遮盖头皮缝。罗杰斯拒绝了,并起诉美国航空公司的种族及性别歧视。罗杰斯争辩说:

> 玉米辫发型在历史上一直是美国黑人女性打扮的一种时尚和风格,反映了美国社会黑人的文化和历史本质。这与已故的马尔科姆·X对于非洲人发型的公开声明类似。毫无疑问,如果美国航空公司采取了某项政策,禁止黑人女性/所有女性留"非洲式"发型,那么这项政策将具有非常明显的种族歧视的动机,这是奴隶制的残留物。主人要求仆人留头发与"白人主人"主导社会是一致的。

美国航空公司将体面着装作为工作要求。但这是法律规定的种族歧视吗？审理罗杰斯案件的联邦法院认为不是。亚伯拉罕·索法尔（Abraham Sofaer）法官指出，着装规范适用于所有员工，不分种族或性别。此外，他指出，玉米辫发型并不是黑人的自然或专有特征：它是一种人为的产物，任何人都有可能给自己弄这样的发型。法官指出，白人金发女演员博·德里克（Bo Derek）在电影《10》中留的玉米辫流行不久后，罗杰斯就开始扎同款发型了。另外，美国航空公司并没有要求罗杰斯剪掉她的头发或去掉她的辫子。相反，美国航空公司还"允许她在工作时间把头发挽成一个发髻，并在发髻上缠上一个发饰"，也允许她在下班后随心所欲地打理头发。

罗杰斯所质疑的歧视性禁发规定，在20世纪60年代、70年代以及80年代期间，只不过是每家航空公司实施详细而严格的着装仪容规定中的一小部分。航空公司在20世纪80年代之前一直受到严格的监管，其票价、航线和飞机的配置，大部分都有法律规则限定。这些航空公司无法在价格或基础服务方面脱颖而出，因而导致其服务人员外形竞争异常激烈。制服是由如艾米里欧·普奇（Emilio Pucci）和克里斯汀·迪奥等高级时装公司设计的，从售票员到空姐，工作人员外表的每一个元素都受到限制。着装规范对身高、体重、化妆、珠宝、指甲，还有头发都有很严格的规定。在1972年出版的《飞得高：当空姐是什么感觉》（*Flying High: What It's Like to Be An Airline Stewardess*）一书中，作者建议说：

> 别指望能保持齐腰长发，或指望将头发剪到低于衣领的一两英寸处，要是足够幸运，可以用发髻或发结隐藏较长的头发。许多培训学校会以优惠的价格提供发饰，教员会告诉你如何整理头发。

可以这样说，美国航空公司并没有因为罗杰斯的种族而对她进行特别审查，该公司几乎要求所有人都必须遵守严格的着装规定。

即使在今天，这种严格的着装要求在酒店业也司空见惯，在这类行业里，形象与食品、住宿或服务一样，都是产品的一部分。例如，迪士尼的游乐园以其精确的企业运营和形象维护而闻名。这就是将游乐园变成

166

"地球上最幸福的地方"的"魔法"。同样,迪士尼的员工也遵守一个严格的规则,即"迪士尼服饰外观",服饰的"每个细节都很重要"。迪士尼外观看起来是"干净的、自然的、亮丽的和专业的,而且一直在避免'前沿'趋势或极端的风格"。头发不能染成非自然的颜色;男士的头发不能遮住耳朵或长到衣领以下;不允许有"双层"发型;过多的发胶也是一个问题,因为迪士尼造型要求"柔和且自然的发型";男性的指甲不得超过指尖,而女性的指甲可以超过指尖6毫米,但任何指甲油都必须是自然色,而不是"黑色、金色、银色、多色或各种亮丽彩色";女性也不得剃掉头发。迪士尼禁止工作人员在外形上,出现"明显的文身、烙印、身体穿孔(女性传统的耳洞除外)、舌头穿孔、锉齿、扩大耳垂和皮肤移植等"。

同样,丽嘉酒店[1]也有严格的着装规定。每个员工都必须遵守其"服务价值观",其中包括:"我为我专业的服饰外观、得体的语言和举止而感到自豪。"根据丽嘉酒店管理中心的说法,"丽嘉酒店的着装规定要确保丽嘉酒店的女士和先生们,在服饰外观上保持专业性和体面,你永远不希望自己因为服饰外观而影响客户的选择。"尽管酒店没有要求非工作时间的人员遵守其着装规范,但《洛杉矶时报》(Los Angeles Times)却在1996年报道说,位于奥兰治县达纳点区的丽嘉酒店要求员工"头发必须是'自然色'",禁止"留有胡须和山羊胡子、'羊排'鬓角、辫子、爆炸头(发髻、扭博辫或刘海超过3英寸)、耳环大于25分硬币大小、每只手戴超过两个戒指、裙子长度超过膝盖上方2英寸,以及留有长指甲"。据丽嘉酒店的一位经理说,着装规范只是酒店提供的豪华体验中的一部分,就像家具一样:"住在这里的客人是在为一个好的氛围买单。他们也在为打扮得体的服务人员买单。"服饰不合格的员工要么送回家,要么会被送去做美甲和发型:"我们已经在美容院为这些员工预约了项目,如果她们拒绝过来,就会被解雇。我们酒店的规定十分严格,甚至提倡员工之间相互监督。"

在罗杰斯案发生后的几十年里,许多员工抱怨工作场所的着装规定

1　世界级豪华酒店。——译者注

禁止扎辫子和其他发型。1986年，谢丽尔·塔图姆（Cheryl Tatum）失去了在华盛顿特区凯悦酒店的工作，因为她拒绝改变自己的全辫发型，管理层认为这违反了禁止"极端和不寻常发型"的规定。结果，近50名妇女对酒店发起了抗议，黑人社区领导人也对此进行抵制。凯悦酒店和美国航空公司绝不是唯一禁止这种发型的机构，华盛顿特区大都会警察局、亚特兰大城市联盟和霍华德大学医院当时都禁止全辫发型。

如今，全辫发型已经随处可见，而且不会引发争议。但随着时尚的变化，新的发型也带来了类似的挑战，并带来了新的着装规范。脏辫[1]可能是21世纪初的玉米辫。越来越多的非裔美国人喜欢这种风格，但其他种族的人视这种风格为非传统的，甚至是颠覆性的时尚。2013年，查斯蒂·琼斯因为拒绝改变自己的脏辫，其发型不符合"专业和商业"的着装规定，而失去了保险索赔公司的工作。她说服了美国平等就业机会委员会，认为雇主的着装规定是歧视性的，琼斯使用的论据与雷尼·罗杰斯的论据很相似。平等就业委员会代表琼斯坚持认为，"脏辫是梳理头发的一种方式，这在生理和文化上与非洲人的后裔有关，发型可以成为种族身份的决定因素。"但是，尽管有平等就业机会委员会的支持，琼斯还是输了。第十一次巡回上诉法院认为，尽管"我们尊重留有脏辫的个人决定和它所带来的一切，但平等就业机会委员会并没有提出一个合理的主张，即琼斯的雇主因为琼斯女士的种族而故意歧视她"。

不仅仅是雇主禁止辫子、脏辫和其他与种族身份有关的风格，许多学校也这样做。例如，2013年，位于俄克拉何马州塔尔萨区的德博拉布朗社区学校将7岁的蒂亚纳·帕克（Tiana Parker）遣返回家，因为他扎着脏辫，违反了着装规定，"像脏辫、非洲式发型、莫西干式发型等其他奇怪发型是不为人们所接受的"。肯塔基州的巴特勒传统高中在2016年颁布着装规范，禁止"极端的、分散注意力的或引人注意的发型"，并特别列出了"脏辫、玉米辫、扭博辫"和"头发长度超过2英寸的非洲式发型"。2016年，位于北卡罗来纳州达勒姆区的创意研究学校，要求黑人学生摘掉非洲风格的头饰。除此之外，波士顿附近的神秘谷地区

1　指拉斯塔法里教留的一种发型，洗后不梳理，头发未干时即梳成紧紧的辫子或做成长卷发，任其向四侧垂下。——译者注

特许学校，在2017年也坚持要求非裔美国学生米娅（Mya）和迪安娜（Deanna）"整理"她们的脏辫，遵守禁止接发的着装规定。

在大多数情况下，只要着装规范是平等适用于每一个人的，那么《民权法》则准许学校和雇主要求学生和员工衣着"体面"、仪表"得体"。事实上，着装要求越严格，就越有可能被视为公平。像丽嘉酒店这样的雇主，几乎让每个人都对发型做出改变，这就是对平等风格的坚持。但这些规则也可能会发生变化，2019年，纽约市人权委员会宣布，将保护"纽约人维持自然发型或与他们种族、民族或文化身份密切相关的发型的权利"，其中包括"自然发、经过处理或未经处理的发型，如玉米辫、扭博辫、班图结、非洲式发型，和/或保持头发不剪或不修剪状态的权利"。同年晚些时候，加州通过了CROWN法案[1]，该法案修正了州民权法，禁止基于"历史上与种族有关的特征，包括发质和保护性发型"的歧视。如果纽约和加利福尼亚能够像在时尚界一样，在法律上掀起新的潮流，那么一个具有种族表现力的发型，可能很快就会以合法的形式出现在你附近的城镇。

在20世纪中后期，种族正义运动在采纳体面服饰策略和倾向于反叛策略之间产生了分歧。穿着体面的服装是对种族陈旧观念的挑战，也是获得自尊的大胆宣扬。但在典型的凡勃伦模式下，这也可以被视为是谄媚的地位模仿。相比之下，具有民族特色的服装和打扮与主流服饰规范背道而驰，表达了种族激进派对平等的要求和对获得尊重的渴望。但是，"激进的时尚"也可能是自我放纵和天真，借消除贫困和边缘化之名将其浪漫化。在这个动荡的时代，着装规范有着双重的含义。当社会正义斗争使国家分裂时，所谓的"体面服饰政治"也会分裂种族正义的倡导者们。

---

1 Create a Respectful and Open World for Natural Hair（为自然头发创造一个尊重和开放的世界）。——编者注

第十二章

吊裆裤与权力的关系

它们是种族象征！不要穿吊裆裤，不要穿帮派颜色的衣服，
不要穿连帽运动衫，也不要戴装饰性的牙齿矫正器

2004年，喜剧演员比尔·科斯比（Bill Cosby）在全国有色人种联合会布朗诉教育委员会案50周年纪念会上的讲话，成了涉及"体面服饰政治"的一个糟糕示范。科斯比用"从我的草坪上滚开"式的咆哮对人群进行斥责，抨击贫穷非洲裔美国人的态度、举止、活动、名字和服装：

> 为了接受教育，人们不顾被石头砸中的风险而去游行。但是，那些低收入人群却没能坚守住自己的立场，他们故意戴反自己的帽子，不穿好裤子，有些女性甚至故意弄破自己的裙子，浑身上下都是文身和身体穿孔（类似于唇钉、胸钉等），像那些名叫莎妮卡[1]、莎莉瓦的人都因为服饰问题而进了监狱。

对于科斯比的众多批评者来说，他给人的印象是一个脾气暴躁的人，或许更糟，他是一个精于算计的反叛者。科斯比的言论体现了黑人资产阶级的一切不良之处：势利眼，以貌取人，沉迷于白人的认可，渴望与那些不幸的人保持距离。

1　用来描述来自内城黑人妇女的通用名字，该名具有很多刻板印象，如假辫子、大屁股、贫穷窟等。——译者注

但科斯比的演讲只是众多劝勉发言中的一个。例如，2011年8月7日，费城市长迈克尔·纳特（Michael Nutter）在骚乱之后，于卡梅尔山浸信会教堂向大多数黑人听众发表了讲话。他感叹骚乱者"让我们的种族蒙羞"，并坚称：

> 如果你希望我们尊重你，想让人们不再在商店里跟着你，想让别人给你一份工作，那么就不要表现得像白痴和傻瓜一样。脱掉那些狗头帽衫，穿好你的裤子，买一条腰带，因为没人想看到你露出的内衣或裤头。

会众齐声高呼："买腰带！买腰带！" 同样，2013年，庆祝1963年的华盛顿游行50周年活动中，黑人电影制片人泰勒·佩里（Tyler Perry）也评论道："要是穿着拖到脚踝的裤子到处走，我就会像个傻瓜。"他认为，这种行为会让前几代黑人为争取平等而做出的牺牲显得毫无意义。2008年，当时的参议员兼总统候选人贝拉克·奥巴马（Barack Obama）对一名MTV观众说："兄弟们应该穿好裤子，当你从你的母亲或祖母身边走过时，不要把内裤都露出来了。有些人可能并不想看到你的内裤，我就是其中之一。"

奥巴马坚持认为，将吊裆裤定为非法是在"浪费时间"。有些人不同意这样的观点。同年，密歇根州弗林特市的警察局长宣布，"吊裆裤"违反了该市制定的禁止无序行为和猥亵暴露的法令，每项罪行可处以最高一年的监禁和最高500美元的罚款。将"吊裆裤"定为犯罪行为的，远不止弗林特市。2007年，路易斯安那州的德尔坎伯区禁止故意穿着会露出内裤的裤子。2008年，佐治亚州的黑海拉区禁止穿着低腰的裤子，露出身体或内裤。2010年，佐治亚州阿尔巴尼区的律师报告说，警方已发布187条引文，在不到一年的时间里，该市就因一项禁止穿着离臀部三英寸以下的裤子或裙子的规定，收缴罚款3916美元。佛罗里达州的奥帕洛卡区，在2010年就禁止穿吊裆裤，并且在2011年，得克萨斯州沃斯堡的公共交通局禁止乘客穿着暴露内裤或臀部的裤子：宣布这项新政策的标语上写着"拦下或另找一辆车"。同样在2011年，佛罗里达州禁止在公立学校穿吊裆裤。2003年，新泽西州的怀尔德伍德镇禁止在泽西海岸木板路上穿吊裆裤。2016年，南卡罗来纳州的蒂姆蒙斯维尔区有传言说，如果穿着吊裆裤，最高可处600美元的罚款。

反对穿吊裆裤的情绪不仅影响了法律内容，而且也影响了司法的执行。2012年，亚拉巴马州的法官约翰·布什（John Bush）因被告拉马尔克斯·拉姆齐（LaMarcus Ramsey）在一次司法诉讼中穿着吊裆裤，而判处他3天的监禁。"在法庭上露出你的屁股，是在藐视法庭。"法官表明，"在你出狱后可以买合适的裤子，或者至少用一条皮带扣住你的裤子，这样你的内裤就不会露出来了。"

美国公民自由联盟一直都反对这些着装规范。东部的巴吞鲁日提议"公共场合禁止穿暴露的宽松裤子"，路易斯安那州的美国公民自由联盟执行董事马约莉·埃曼（Marjorie Esman）说："委员会应该保护所有人的权利，要通过'他们的性格'而不是服装来评判他们。"她指出，禁令"把目标定为年轻的非洲裔美国人"，并且也担心"如果政府可以控制人们腰带的高度，它将会控制人们其他方面的着装和个人外观。服装选择是个人选择，政府不应该去干预"。针对路易斯安那州泰瑞邦教区的吊裆裤禁令，美国公民自由联盟坚称："禁止某种特定的服装风格，违反了第14条修正案中保障自由的权益。政府无权以服装为借口对无辜的人进行非法的拦截。"

使用"借口"一词有重要的法律含义。"借口拦截"是一种不为人所接纳的警务策略，会用于不确切的拘留、审问和搜查，而这些怀疑往往与种族有关。因为缺乏干扰的理由，那些肆无忌惮的官员会找一个借口，并以此借口来证明不能穿吊裆裤。对于公民自由倡导者来说，"吊裆裤禁令"将不当的服饰变成了骚扰无辜民众和寻找犯罪证据的借口。

通常来说，错误的衣服本身就是证据，帮派成员的标志反过来又可以将其他无辜的行为或轻微的违规行为与更严重的犯罪联系起来。例如，根据加利福尼亚州的法律，如果敌对帮派的成员开始了一场"暴动"，最终导致死亡事件，那么根据死亡是他们参与暴动的"自然且可能的后果"这一推论，这两个帮派的所有成员都可能因谋杀而受到起诉。帮派成员身份是将轻微违规（如斗殴）与重罪联系起来的要素，当拳头和脸属于敌对帮派成员时，一拳打在鼻子上就会成为致命的挑衅。但帮派成员不会随身携带会员卡或会员名册，这时衣服就可以成为帮派成员身份的证明。

苏雷诺斯（Sureños）和诺特诺斯（Norteños）是互为竞争对手的加利福尼亚州帮派。两者都是较小地方团体组成的松散联盟，由其帮派名可知，这两个帮派分别来自加利福尼亚州南部和北部。警方和检察官表明，帮派成员通过展示各种帮派标志，如独特的文身和涂鸦标签，来表明其隶属关系，这些标志通常包含电话区号等区域信息。颜色也会表明帮派的隶属关系：蓝色专属"土豆"和苏雷诺斯帮派，而红色则专属"血液杀手"和诺特诺斯帮派。

检察官还表明，运动衫和帽子可能是地区和帮派从属关系的标志，奥克兰突袭者队和旧金山49人队的装备上标明的是诺特诺斯帮派，而洛杉矶快船队的球衣或道奇队的帽子则可能标明的是苏雷诺斯帮派。我的家乡在弗雷斯诺，弗雷斯诺州斗牛犬队足球和篮球比赛的门票一直是镇上最抢手的，因此斗牛犬队是当地的骄傲。最近，斗牛犬队也成为加州最大帮派之一的象征。2013年，弗雷斯诺县地方检察官估计斗牛犬帮派有多达三万名成员。斗牛犬帮派采用了球队的球衣、帽子和吉祥物徽章作为自己的标志。像大多数帮派一样，斗牛犬会对任何穿上"他们"装备的帮外人进行惩罚。此外，其他帮派，例如诺特诺斯和苏雷诺斯帮派，将斗牛犬帮派中的任何人都视为潜在的敌人。因此，在错误的区域穿着错误的球队球衣是很危险的。2003年，弗雷斯诺州立大学的大二学生林赛·霍桑（Lyndsay Hawthorne），在弗雷斯诺以北70英里的阿特沃特地区跑步时，一辆苏雷诺斯帮派的汽车车主对她大喊大叫，吼着说她穿着斗牛犬衬衫，并向她的脚开枪，子弹在人行道上擦出火花。斯蒂芬·马舍尔（Stephen Maciel）是四个孩子的父亲，并没有帮派关系，但他在2011年因身穿红色弗雷斯诺州斗牛犬队衬衫而被一名斗牛犬帮派成员开枪射杀。因此当地高中禁止个人穿着弗雷斯诺州立大学的服装，很快，这条禁令就不得不扩大到以斗牛犬为特色的乔治敦霍亚斯地区。还有一些学校也禁止所有带有运动标志的服装。

检察官指出，这种服装让人们意识到，那些看似孤立的犯罪行为，实则是帮派活动中的一部分，所造成的行为后果更为严重。2015年，《纽约时报》杂志记者丹尼尔·阿拉尔孔（Daniel Alarcón）报道了一场帮派冲突，该冲突以一位名叫埃里克·戈麦斯（Erick Gomez）的年轻人在加利福尼亚州莫德斯托地区的死亡而告终，该小镇距弗雷斯诺以北约一小时车程。真正的枪手逃脱了逮捕，而且已逃离美国。检察官以谋杀罪对另一名男子杰西·塞伯恩（Jesse Sebourn）进行审判。他们认为，因为塞伯恩的着装"标记"或污损纪念诺特诺斯帮派死去成员的壁画，才导致了一系列致命谋杀事件的发生。检方声称，一群诺特诺特斯帮派成员袭击了塞伯恩，以报复他在壁画上贴标签的行为。随后塞伯恩带着一帮苏雷诺斯帮派的人出去报仇，其中一人杀了戈麦斯。但检方无法证明苏雷诺斯帮派的人在案发现场，他们需要将塞伯恩对壁画的污损与几小时后发生的这起谋杀案联系起来，也许二者没有直接关系。该案的理论是，塞伯恩作为苏雷诺斯帮派的一员，知道在壁画贴上标签就是在宣战，这"相当于开枪"，一个或多个帮派成员的死亡是其污损壁画自然且可能导致的后果。检察官声称，按照这种逻辑，塞伯恩就犯下了谋杀罪，就好像是他自己扣动了扳机一样。

在审判中，检察官向陪审团展示了塞伯恩和他的朋友们的诸多照片，照片中，他们对着镜头皱眉、喝着麦芽酒、穿着蓝色的球衣。看起来就像是帮派成员——这一事实与法律无关，但肯定会影响陪审团的审判。此外，他们穿着蓝色球衣，将自己标记为苏雷诺斯帮派的一员，即是对谋杀埃里克·戈麦斯负有法律责任的帮派。因为穿着错误衣服这一行为，可能会让杰西·塞伯恩因谋杀罪而入狱。

塞伯恩的辩护律师则使用帮派着装规范来表明其当事人是无辜的。他向陪审团展示了塞伯恩和他6岁儿子的照片，他的儿子穿着红色衬衫和短裤。"如果塞伯恩是苏雷诺斯帮派的成员，会让他儿子穿着全红的衣服拍照片吗？"他询问了辩方的专家证人、前帮派成员和刑事辩护顾问杰西·德拉·克鲁兹（Dr.Jesse De La Crus）博士。"当然不会。"德拉·克鲁兹回答道。德拉·克鲁兹认为塞伯恩和他的朋友"只是伪装者或装腔作势的人"。审判结束后，一名在当地幼儿教学计划里工作的陪审员告诉记者，由于父母对帮派的忠诚，年仅三岁的孩子都拒绝"坐在蓝色方块上或使用红色蜡笔"。她记得某个苏雷诺特帮派成员的小儿子"流着泪告诉她，自己想送给妈妈一张情人节贺卡，但又害怕如果把贺卡涂得太红，会被妈妈打屁股"。该陪审员总结道，一个真正的苏雷诺斯帮派的人，是不会让自己的儿子穿红色，更不会像一个骄傲的父亲那样给他拍照的。塞伯恩的审判以陪审团未决而告终。着装规范可以让服装成为有罪或无罪的证据。

"我敦促黑人和拉丁裔年轻人的父母，不要让孩子出门时穿着连帽衫。"电视评论员杰拉尔多·里维拉（Geraldo Rivera）在《狐友》（Fox & Friends）脱口秀上提供了这个有用的育儿建议，也许这是一个不太可能影响到黑人和拉丁裔父母的传媒节目，但这个节目很不错，因为可以通过该节目发现赞同这些言论的观众。"我认为，连帽衫对特雷沃恩·马丁（Trayvon Martin）的死和乔治·齐默尔曼（George Zimmerman）所负的法律责任是一样的。"特雷沃恩·马丁是一名年轻的非洲裔美国人，2012年在佛罗里达州桑福德被一名治安会会员[1]枪杀。附近的居民乔治·齐默尔曼觉得马丁在雨夜中行走时看起来"很可疑"，就开着卡车跟踪马丁，并打电话给警察，警察建议齐默尔曼不要再继续追赶，但齐默尔曼担心马丁会逃走，于是下车与马丁对峙，不久后，他开枪打死了马丁。齐默尔曼声称，在马丁攻击他之后，他是出于自卫而枪杀马丁。但马丁并没有携带武器，警方在调查其死亡时，并没有发现马丁参与任何犯罪的证据。马丁的死掀起了全国性的抗议，而且重新引发了关于枪支暴力、种族和私刑的讨论。

特雷沃恩·马丁死时穿着一件连帽衫。而根据里维拉的说法，那件运动衫就是犯罪行为的标志：

> 每次你看到有人在7-11超市里捣乱，那些孩子都是穿着连帽衫的。每次在监控摄像头上看到行凶抢劫或是看到这些抢劫犯在壁龛里恐吓勒索老太太时，你就会发现这些人都是穿着连帽衫的孩子。你必须意识到，这种把自己塑造成某个黑帮成员的举动，会让人们把你看作一种威胁。马丁只是一个无辜的孩子……但我敢打赌，如果他没有穿连帽衫，那个疯狂的邻居就不会做出那样暴力且具有攻击性的反应。

---

[1] 治安会会员尤指认为警方不力而自发组织的治安维持者。——译者注

里维拉的观点呼应了比尔·科斯比的"体面政治",但却更让人难以置信：一个穿着连帽衫的小孩看起来像个暴徒,所以他被当作暴徒也觉得毫不奇怪。作为孩子家长,里维拉也为此发言,他曾因儿子穿连帽衫和吊裆牛仔裤而对儿子发火"大喊",因为他认为穿这些会让儿子成为骚扰的目标。也许这只是故作姿态,但许多黑人和拉丁裔父母也同样如此认为。例如,当旧金山教会区的年轻人告诉《纽约时报》记者,他们不会穿红色衣服时,记者就会首先假设这些孩子属于苏雷诺斯帮派,因为他们的对手都穿红色衣服。但其中一个男孩沮丧地补充道："我妈妈也不让我穿红色的衣服。"这些男孩并不是这些帮派的成员,他们只是让父母担心的孩子,父母在尽全力让他们远离这些伤害。他们的父母当然不是试图与下层社会保持距离的资产阶级势利小人,他们是现实主义者,明白穿错衣服可能牵扯到有罪或无罪的问题,甚至是生命或死亡的问题。

种族与尊重

学生们选择莫尔豪斯学院[1],是因为该学院在培养领导人方面有着杰出的传统,这是我们期望看到的。在校园内和学院主办的活动中,莫尔豪斯学院的学生在任何时候都应穿着整洁得体。

没有遵守这一规定的学生,或者他们的着装方式不合适,将会禁止进入课堂和参加学院的各种活动和服务。不适当的着装或外观的例子包括但不限于：

> 1.不得在教室、食堂或其他室内场所戴帽子、头巾或头罩。宗教或文化服饰的头饰不包含在内。
> 2.不得在课堂上或正式活动中佩戴太阳镜或"墨镜",除非提供医院证明。
> 3.不得在校园内或学院主办的活动中,佩戴装饰性的牙齿矫正器（如"牙套"）,无论是永久性的,还是

---

[1] 莫尔豪斯学院（Morehouse College）是一所传统上招收黑人的美国私立男子文理学院。——编者注

可拆卸的, 都不允许。

4.在一些重要场合, 比如开幕典礼、毕业典礼、纪念日或其他场合, 要穿职业装、商务休闲装、半正式服装或正式服装。

5.衣服上不得出现贬低性、冒犯性或淫秽的文字或图片信息。

6.在任何时候都应穿全套衣着, 公共场合不得赤脚。

7.不得穿吊裆裤, 即将裤子或短裤穿得很低, 露出内衣或第二层衣服。

8.在公共场所或学院的公共区域, 不得穿着睡衣。

9.在莫尔豪斯校园内或学院主办的活动中, 不得穿着与女性服饰有关的服装, 如连衣裙、上衣、外衣、高跟鞋等, 也不能拿女士皮夹。

　　莫尔豪斯学院拥有一批杰出的校友: 活动家兼政治家朱利安·邦德 (Julian Bond)、外科医生大卫·萨奇尔 (David Satcher)、电影制片人斯派克·李 (Spike Lee)、演员塞缪尔·L. 杰克逊 (Samuel L. Jackson), 当然还有民权运动的代表人物马丁·路德·金。我们可以肯定, 1948年马丁·路德·金毕业的那个班中没有人穿着睡衣、高跟鞋或装饰性牙齿矫正器参加讲座或校园活动。但在2009年, 莫尔豪斯学院的着装规范却成为一种宣战。对其批评者来说, 这些规定是势利的: "莫尔豪斯学院不再是所有黑人男性知识分子的安全场所, 而只对那些能打温莎结、能把袖扣扣在西装外套[1]上的人开放。这些规定宣扬穿着打扮和教育水平一样重要, 是对莫尔豪斯学院几十年来坚持的赋权传统的嘲弄。"这是一种歧视: "莫尔豪斯学院正在制定一套具有实际意义的制服, 能让上层阶级、性别认同者、顺性别者 (与跨性者相对)、异性恋者和黑人男性正常化, 并赋予他们特权。他们都拥有一系列的西装、领带、休闲裤和其他固定的生活用品。莫尔豪斯学院的管理人员应为自己感到羞耻。"这是压

---

1 袖扣应系在衬衫袖口上, 而不是夹克上。——作者注

制性的:"一旦你阻止人们表达,人们的一切独特之处都会开始随之不见,那么培养出来的将是机器人。"这完全是对民权运动的背叛:"新的着装规范政策,是莫尔豪斯学院最著名的校友马丁·路德·金博士曾提出过的愿景的倒退,他预言了政治格局的曙光,在这种政治格局中,人们将根据'自己的性格',而不是肤浅的颜色装饰来判断。"

着装规范是21世纪的吉姆·克劳法吗?可以肯定的是,严格的着装规范在大学环境中是不合时宜的。虽然众多K-12学校[1]以及雇主会有着装规范,但对许多人来说,高等教育是孩童和工作世界之间的特殊插曲,这个时期的年轻人可以不受父母的约束和职业责任的影响,尝试各种穿衣风格。在20世纪60年代的反文化动荡之后,大学生们抱怨过去的传统和风俗是具有限制性和沙文主义的。大多数学院和大学的回应是放弃这些传统的着装规范,正如宵禁和陪酒舞会让位于校园里男女宿舍和兄弟会草坪上的啤酒聚会一样,着装规范也让位于某种新的非正式着装。

莫尔豪斯学院则是一个例外,是少数保留了传统着装规范的学院之一。事实上,莫尔豪斯学院也是某个重要方面的保留者:它是全国仅存的四所男子学院之一。其中位于弗吉尼亚州里士满附近的汉普登-悉尼学院,和莫尔豪斯学院一样,专注于展示自我,每位学生都要学习"礼仪就是天生的教养——汉普登-悉尼男士礼仪指南",书中有好几页关于着装的建议,从蓝色西装到泡泡裤套装,再到更稀有的正式着装,"用家族格纹制作的礼服长裤非常引人注目"。不久之前,许多学院和大学都希望为学生提供全方位的教育,对优雅的文明规范的学术性掌握就是里面最重要的一部分。凑巧的是,这些大学生大多是男性,因此有了"哈佛人"或"普林斯顿人"这一古老的观念。汉普顿-悉尼和莫尔豪斯学院保留了全方位教育的模式,他们努力创造一种独特的文化,而其他大多数学校则渐渐走向文化中立的方向。汉普顿-悉尼和莫尔豪斯学院为资产阶级男性美德精神所定义:汉普顿-悉尼学院的行为准则要求每个学生"在任何时候都要表现得像个绅士",而莫尔豪斯学院则告诫学生要通过得体行为和体面穿着来践行其"培养杰出领导人的优良传统"。

---

1 K-12是学前教育至高中教育的缩写,现普遍被用来代指基础教育。——译者注

从某种意义上来说，批评人士抱怨莫尔豪斯学院的着装规范是"排他的"，不过是在陈述显而易见的事实。作为一所全男性大学，莫尔豪斯学院毫无歉意地将女性排除在外。作为一所历史悠久的黑人学院，莫尔豪斯学院也特意为剩下的一半人中的一小部分人量身定制了课程。它的历史使命是进一步把这个范围缩小到那些愿意并有能力成为黑人社区领袖的人。

当然，反对莫尔豪斯着装规范的声音更为尖锐，它不仅排外，而且还偏执。部分着装规范似乎是对莫尔豪斯校园内中一小部分异装癖者（不清楚他们是变性人还是女性）的回应，他们自称是"塑料人"，指的是2004年电影《贱女孩》(*Mean Girls*) 中的一个时尚年轻女性团体。*Vibe*杂志在一篇题为"莫尔豪斯学院的刻薄女孩"的文章中提到了这个故事，该文章描述了"一个变性人的亚群体，他们喜欢化妆、拎马克·雅可布的手提包、穿'恨天高'的高跟鞋和梳碧昂丝式的编发"。这篇文章被传得沸沸扬扬，令校方懊恼的是，在15分钟内，"刻薄女孩"作为莫尔豪斯学院的公众形象而闻名。当负责莫尔豪斯学院学生服务的副校长威廉·拜纳姆 (William Bynum) 谈论到"这有五个学生，他们都是同性恋，他们的穿着不符合莫尔豪斯学院的着装规范"时，他其实就助长了人们对偏见的怀疑。

拜纳姆坚持认为，着装规范并不针对同性恋者："莫尔豪斯学院完全支持同性恋学生。这些着装规范不是针对他们，而是针对所有学生"。莫尔豪斯学院在采纳着装规定之前，曾咨询过校园的同性恋社群。当时"Safe Space"（安全空间）的联合主席说，撇开着装规范不谈，总的来说，莫尔豪斯学院"比以往任何时候都更致力于同性恋学生的平等，作为一名公开身份的同性恋学生，我感到很荣幸，自己现在已经入学"。甚至一些强烈反对着装规范的人也承认，着装规范并不是出于反同性恋的偏见而制订的，例如，一位莫尔豪斯学院的毕业生攻击着装规范是"一种令人震惊的退步"和"转移公众对其失败管理的关注，而所做的懒惰尝试"，这位毕业生还说，"认为该政策是针对广大同性恋者的看法，是一种谬误。"相反，他认为，着装规范针对的是"选择穿女装来表达自己的男同性恋者"。

然而，给予易装癖者权利，被视为是21世纪社会正义斗争的体现，着装规范则是对莫尔豪斯学院民权运动的背叛,而且着装规范禁止穿短裤、戴帽子、戴墨镜等,在许多人看来,它反映了与时代脱节的资产阶级时尚。此外,反对着装规范的背后还有一个哲学信念:个人的机遇应取决于内在的美德,而不是肤浅的外表,这应根据莫尔豪斯学生的性格来判断,而不是根据服装来评判他们。

着装规范确实有其支持者。新闻网站"根源"的一位专栏作家认为,这也是莫尔豪斯学院使命的一部分:"如果说'什么都可以'是一种进步的标志,那就把我算进去。声明一下,我是着装规范的忠实粉丝。我们社区的'刻薄女孩'需要空间,在她们自己的荣耀光环里做自己,但是莫尔豪斯学院没有义务成为这样的地方。"对于着装规范的捍卫者来说,莫尔豪斯学院的周日盛装活动是民权传统的体现,优雅且受过哈佛教育的W. E. B.杜波依斯(W. E. B. Du Bois),还有马丁·路德·金就是其中的典范代表。民权抗议者坐在午餐柜台旁,并穿着周日盛装示威游行。他们的着装,对种族主义定型观念有着视觉上的否定。衣着光鲜的黑人通过穿着来混淆黑人无知、懒惰和邋遢的种族主义形象,从而在视觉和内心层面驳斥种族主义。

我父亲不是莫尔豪斯学院的毕业生,但他可能对学院某些着装规定表示赞同。作为一名教育家和社会工作者,他一生都致力于扭转不公正事件的发生,改变不幸者的命运;作为长老会的受封牧师,他以最高的伦理和道德标准要求自己;(而且让我偶尔懊恼的是,他也用这样的标准来要求自己的孩子!)作为一名顶级大学的教授,他思想开放,欣赏各种不同的生活方式。他接受了裁缝培训,当时有抱负的黑人专业人士通常会学习一门熟练的手艺,这既是一种精神修养,也是在种族主义剥夺了他们选择职业机会时的唯一退路。虽然他不相信人靠衣装,但他确实意识到,着装反映出了人的特点,无论是好是坏。这其中夹杂着乐趣,也许还有一点虚荣心(恐怕我也继承了这一特点),这就是为什么他每天都穿着正装衬衫、领带和夹克外套去上班,即使在加州弗雷斯诺炎热的天气里,他的同事们都穿着更休闲的服装时。

"外面有100度,你为什么要穿外套?"我经常这么问。

他毫不避讳地答道:"因为工作需要穿着专业的服饰。"

"但是其他教授都不穿夹克。其他院长也都不穿。我敢打赌，即使是大学校长今天也没有穿外套。"我母亲这会儿可能会补充道。

"那是他们的事。你不能让自己被别人的声音左右。"我父亲会这样回复，他对其他人也这样说，这句话表明了他对后辈的告诫。

种族问题并没有深深地隐藏在这场对话之中。在种族关系方面，20世纪70年代并不是一个特别开明的时代，虽然弗雷斯诺区离我父亲的出生地——亚拉巴马州伯明翰区很远，但他在工作中的一些态度让人很难理解。我父亲是加州州立大学弗雷斯诺分校的第一位黑人院长，我确信至少在一开始，许多教师和学生都没有忘记他的黑人身份。但他从未抱怨过，我想对他来说，那段时间一定很艰难。那件夹克和那条领带是盔甲——既是保护，也是身份的象征。虽然他与大楼里的每个看门人都关系友好，但他不能被误认为是看门人。他的白人同事不用担心这些，但这些却是他坚持正式着装的原因。我父亲觉得，服装传递了一种信息，他也不会让炎热的天气束缚自己。但我认为最重要的着装动机还是个人抉择：他觉得自己穿着夹克和戴着领带，这一亮丽套装提供的舒适感，超过了恶劣气候对身体造成的不便。（这并不妨碍他的衣服是一件半衬里的丝绸和亚麻布的运动夹克——这些比束身的短袖礼服衬衫更透气，甚至可能更凉爽，在大热天里，许多同事穿着的短袖礼服衬衫，这会暴露出他们腋下的汗渍。）

我父亲也曾是一名社区组织者，是《激进主义规则》（*Rules for Radicals*）作者索尔·阿林斯基（Saul Alinsky）的同胞，也是富兰克林·弗雷泽的弟子。他一定会讨厌科斯比有关"体面政治"的演讲。他蔑视那些把自己的不幸归咎于贫穷的人："我们已经准备好利用民权带来的机会，但很多人就没有这么幸运了。"他经常这样说。但是，哪怕他不认为人们非得凭一己之力让自己光鲜亮丽，但是他也会认可人们应拉好自己的裤子，穿双体面的鞋子。

莫尔豪斯学院延续了黑人学院的一个古老传统，即学院和大学应提供全方位的教育，包括举止、礼仪和服饰方面的课程。不久之前，许多学院和大学都希望提供全方位的教育，其中精通学术知识就是文化适应过程中的一部分。这种培训必然是有争议的（尽管当代人文研究领域的培训也是如此: 文学、历史、哲学或法律伦理), 但对于那些在大学之前没有接触过的学生来说, 却是有益处的。莫尔豪斯学院着装规范的批评者担心这些培训具有精英主义性质, 这是可以理解的, 因为这些课程培训提倡某种资产阶级的精神, 即黑人男性拥有一系列的西装、领带、休闲裤和其他生活用品的精神。但也许这就是问题所在, 莫尔豪斯学院要求穿一些学生不熟悉和不习惯的服装, 以确保所有毕业生熟悉和适应职业环境中的规则和潜规则层面的着装规范。从某种意义上来说, 莫尔豪斯学院只是保留了一种曾经在高等教育中很常见的文化教育。例如, 1965年, 耶鲁大学有一个20分的着装规范表, 该规范建议学生穿白色、奶油色和纯蓝色的棉质长裤, 条纹纽扣衬衫和便士休闲鞋, 且在正式场合穿深色西装, "在餐馆约会时"穿运动夹克和打领带。该规范警示, 不要穿"设计过于精细或包含华丽图案的外套", 并建议学生选择"正统风格"的"炭色、灰色或橄榄色"的毛衣。该规范还坚持认为, "黑色针织领带是必不可少的"。

今天, 美国最精英、最独特的高等学府——新英格兰的常春藤盟校和那些为数不多的有名望的对手, 例如我的母校斯坦福大学, 都没有这样的着装规范。这些学校不需要这些, 因为大多数学生来自一定阶层, 几乎可以本能地理解自己着装的象征意义。正如莎士比亚在几个世纪前在汉普顿-悉尼大学采用"与生俱来"这一短语一样, 这些学生与生俱来就有这样的本能。在寻找第一份工作的时候, 很少有人的面试会不受到着装因素的影响。每年秋天的招聘季, 学生们在会议室外焦急地踱步, 精英律师事务所正在对暑期实习生进行面试。大多数人看起来都是明眼可见的清醒和无聊, 准确来说, 他们清楚什么样的技能是必须具备的。一些人会在个性服饰上冒险, 但都在服饰品位的保守范围内。但每年都有一些人不太讲究自己的职业形象, 没有去遵循那些呆板的法律行业的服饰规范: 留的鬓角太长, 穿的长裙过于紧身, 西装太亮, 领带太花哨。我在大律师事务所工作过, 所以知道这些细节会让一份完美的简历减色不少。我在旧金山一家著名的律师事务所工作的第一年, 就犯过几次穿双排扣西装上班的错误。那是一套款式很好, 而且很保守的西装, 但工作岗位仍然不允许。我实践小组的合伙人评论了我几次, 说我穿的是"相当漂亮的西装"。我知道了其中的暗示, 于是决定把这套衣服留到晚上出城时穿,或者当我成为合伙人时再穿。即使面试官十分具有包容性和平等主义的思想，但风格上的一些小过失也会影响面试的第一印象。

作为一个教育者和导师，我有什么权力去干涉学生的穿着？莫尔豪斯学院的着装规定让我知道，任何建议，无论其用意多么好，都不会被接受。我对此闭口不谈。但我担心，这种对着装规范的尊重会反映其精英主义，这比任何限制性的着装规定更自以为是，而且更阴险。斯坦福大学的大多数学生都是在专业人才的陪伴下长大的，所以他们不需要关于职业规范的指导。但有些人可能需要，那些来自"贫困家庭"和"代表性不足的群体"，我们庆贺自己招募和录取了这些群体，因为这些人会以自己的方式解决这一问题。相比之下，莫尔豪斯学院和大多数历史上的黑人大学一样，将社会向上流动作为其机构使命的核心部分，它有意识地培养学生淡化种族观念，其他许多学校也认为这是理所当然的事情。我对莫尔豪斯学院着装规范中的一些规定存有疑虑，特别是那些涉及性别认同的规定，但我相信它们并不只是偏执和精英主义。这似乎是一种很诚恳的努力，即使有缺陷，也是为了使其学生免受种族主义带来的某些不可避免的不利影响，以及不适当着装和仪容带来的不可避免的麻烦。

民权运动一个明确的理想化状态是，我们应该根据性格而不是肤色来判断他人。不幸的是，许多判断都只是基于转瞬即逝的第一印象，因为性格并不像肤色那样一眼就能看出。有色人种往往没有机会展示他们良好的礼仪、雄辩的口才、高尚的道德或百科全书式的知识。但是，我们都能展现出对着装规范的把握，并且愿意去遵守它们。正如任何关于"着装成功"的论述所证实的那样，着装可以带来很大的不同，这一论述对于白人来说也是如此。对于那些在种族主义蔑视下工作的人来说，着装也许可以将一个无望的工作变成一个奋斗的机会。这就是为什么在争取种族公正的斗争中，着装以及着装规范是其中非常重要的一部分。

今天，许多活动家把"体面政治"当作一个嘲笑的术语，对那些不那么幸运的人来说，这是势利和蔑视的同义词，是弗雷泽批判20世纪中叶黑人资产阶级的21世纪版本。但创造这个术语的作者却不是这样理解的。哈佛大学的历史学家伊夫林·布鲁克斯·希金博瑟姆（Evelyn Brooks Higginbotham）在1994年出版的《正义的不满：1880—1920年黑人浸信会教堂中的妇女运动》（*Righteous Discontent: The*

Women's Movement in the Black Baptist Church, 1880–1920）一书
中首次运用了"体面政治"这一概念，通过描述一系列激烈、不妥协和
有尊严的政治活动，让那些目击者们肃然起敬。希金博瑟姆曾写道，民权
活动家会通过举止行为和穿着打扮获得尊重。在一次采访中，她纠正了
人们对"体面政治"的普遍误解：

> 想象一下自己回到了20世纪50年代，这时的你不
> 能光明正大地走在大街上。因为外部社会的一切会
> 不停地告诉你，你是低人一等的，你不值得受到尊
> 重。想想民权运动的游行者，他们穿着周日盛装走在
> 街上是在藐视着装法规，难道不是吗？白人暴徒来到
> 这儿，会往这些民权运动游行者们的身上泼咖啡，会
> 对他们恶语相向。世界各国的人看到如此场景之后，
> 自然能分辨出谁才是值得尊敬的人群。这些白人暴
> 徒将自己打扮得干净利落，因为他们想从别人口中
> 听到，"这些才是值得尊敬的人，我们认可他们的着
> 装。"诸如此类的话语。然而这些都不是上层社会的
> 人该有的行为。你觉得范尼·卢·哈默（Fannie Lou
> Hamer）会有花哨的衣服吗？他们相信尊严源于生
> 命本身，而不是靠衣着打扮。

　　活动家兼哲学家科尔内尔·魏思特（Cornel West）不同于活动家圈
子和学术界的大多数同行，他通常穿三件套西装，而且会打领带，他就着
装和自尊之间的联系提出了类似的观点：

> 杜波依斯所穿的维多利亚式三件套西装，其背心上
> 有一个时钟和一条链子，这提升了他作为知识分子
> 的使命感。相比之下，现在大多数黑人知识分子所穿
> 的破旧衣服，会让人们认为他们处于学术圈的边缘
> 地位，而且这些黑人知识分子在广袤无垠的美国文
> 化和政治世界中，深感无力。

2020年春天，美国全国范围内爆发了争取种族正义的游行和抗议活动，这是对当年几起非裔美国人惨死于警察手中事件的反击。大多数抗议活动是通过社交媒体组织的。许多人无法再压抑住自己愤怒和悲伤的情绪。来自各行各业的抗议者，特别是来自各个种族的抗议者，聚集在美国街头，要求种族平等，为因警察暴力而死亡的受害者伸张正义，呼吁对警务工作进行系统性的改革。没有着装规范：人们不约而同地来到街头抗议，服装的多元化似乎暗示着抗议运动形式也变得多样化。正如《华盛顿邮报》的时尚风格评论家罗宾·吉维翰（Robin Givhan）所言，"游行群众们各式各样的衣着外观没有体现出抗议的决心和凝聚力，而这些外观形象恰好是能让人们产生深刻共鸣的一部分。人类可以穿着各式各样的服装，而不是所有人都要按照着装规范去打理自己的外观，来玩这场'体面的'政治游戏。"

但在几周内，情况开始发生变化。2020年6月4日，许多人在纽约市参加游行，以纪念乔治·弗洛伊德（George Floyd），这位当年在明尼阿波里斯市被警察杀害的无辜之人。游行的人都穿着量身定制的西装和领带，以示尊重。6月14日，一群支持跨性别的非裔美国人——这是一个经常受到警察虐待的群体——在布鲁克林聚集时都穿着一身白衣。同一天，在南卡罗来纳州的哥伦比亚地区，某个团体组织了一场争取种族正义的游行，这些抗议者在游行中都"穿着他们的周日盛装"。他们想要建立新的着装规范，因为抗议者们不仅要展示抗议运动的信念，而且还要展现出统一着装的规范。虽然缺乏服装凝聚力是抗议运动波及之广的象征，但也体现了该运动缺乏集中组织，这可能会削弱其长期影响力。参与并研究土耳其抗议运动的社会学家泽内普·图费克奇（Zeynep Tufekci）指出，通过社交媒体快速组织的分散抗议，并没有像过去类似的抗议那样产生同样的影响，过去组织集中抗议是一项极其耗时和艰巨的任务：

> 1963年发生在华盛顿的游行，前后的准备工作持续了10年的时间，直到人们对其深入了解，之后又用了6个月才将游行组织起来。如果你是当权者，看

> 到这场运动，你一定会认为，"这场运动能做到这样，其背后一定有后勤、组织能力和集体决策能力的支撑。"相比之下，最近在社交媒体上发起的抗议活动，很快就能将人群聚集在一起。这场游行来自于Facebook的帖子。这与1963年组织游行的时间长度和组织条件不同，虽然看起来一样，但数字技术能让抗议运动更具影响力，抗议者们不用再向当权者求助。但这也意味着抗议运动，不一定非得用暴力来解决。

虽然无法回到Facebook和Twitter之前的时代，但着装规范的象征意义也许能从侧面反映出，过去重大社会运动的组织性和纪律性。

有些人将南卡罗来纳州游行中的"周日最佳着装"视为体面政治，但这并不是20世纪60年代激进主义资产阶级的着装：天蓝色、樱桃红色和玫瑰色套装取代了蓝色和灰色；一位年轻女性穿着粉红色的雪纺迷你裙并染着浅绿色的短发，不像早期活动家安妮·穆迪穿着素雅的裙子、顶着简单的烫发并佩戴精致的珍珠。南卡罗来纳州的游行运动是对过去民权领袖的致敬，也是对当下时刻的一种表达。正如游行的组织者之一——埃迪·伊德斯（Eddie Eades）所解释的那样："作为一名年轻的非裔美国人，看到一个和我肤色一样的人，穿着讲究的衣服，对我来说也是一种莫大的力量。看他们如何打扮自己，观察他们的言行举止。总有一天，在历史书中，年轻人可能会看到这些，就像我曾从民权运动看到的那些人物形象一样，然后他们会说，'这就是我们现在和过去的样子。'"新一代非裔美活动家利用时尚来否定贬义的刻板印象，并通过穿着象征资产阶级身份的服装来挑战他们"受人尊敬"的地位：对刻板服饰的僭越标志着对社会和政治限制的突破。

争取种族正义的斗争被激发了，19世纪和20世纪时期，出现了一些最深刻、最具影响力的政治运动。在这些运动中，人们对着装和着装规范的创造性运用重塑了旧身份，改变了着装背后的权力标志，并创造了塑造和表达个性的新模式。弱势群体利用时尚的唤起力量，以挑战社会等级制度，倡导平等和正义，并期待着这一天到来。庄严的非裔美国人穿着"周日最佳着装",胆大的墨西哥裔少年穿着艳丽的阻特装,时尚的激进黑人穿着高领毛衣和皮大衣,都声称自己是其团体的代表,要求获得尊重和公平,强调自己是独一无二的个体。自我时尚与服装的社会及政治功能是密不可分的,因为个人与政治是紧密相连的。20世纪中叶兴起的民权运动,在接下来的几十年里激发了人们为获得尊严、平等和正义而进行的新斗争,新的着装规范使优良的传统重焕活力,并以前所未有的方式挑战着古老习俗。

个性时尚:1960年代至今

发生在20世纪60年代的文化剧变,从根本上改变了整个西方世界有关着装的期望、习俗和法律。几十年以来,受人尊敬的资产阶级服饰由男士西装领带服装和女士连衣裙或裙子和衬衫组成,并辅以用于独立活动的专门服装,例如适宜运动或体力劳动的服装。20世纪60年代的反主流文化为人们的日常装扮带来了大量的新式服装:牛仔布和靴子搭配的工作服,以及那些源自亚洲、非洲和北美土著人民的异域风情的服饰。在20世纪的最后几十年,这些时尚风格从反文化的边缘成为时尚主流,因此,比起过去,着装所体现的个人特质更能为人们所接受,而且越来越受到一些所谓的"自我一代"推崇,这些个人特质也是真实和真诚的展现。

自20世纪60年代以来,着装规范遭到了越来越多人的抵制,这一代人拒绝父母的着装礼仪,认为这是落后的,且阻碍了新的时尚,他们觉得着装的自我表达是一种个人权利。从那时起,无条件的个人着装自由似乎已不可避免,如果还没有完全实现,那也指日可待了。然而,着装绝对自由的时代尚未到来。在某种情况下,随着政府、企业、学校和其他组织抵制反主流文化的自由主义,并试图控制服装象征性的含义和用途,着装规范一直存在且不断增加。如今,公之于众的着装规范比比皆是,它们规范着餐馆、酒店、咖啡馆、零售店、投资银行和律师事务所数百万员工的着装,还包括高中生、航空公司乘客和餐厅顾客的着装。此外,不成文的着装规范还是一如既往地普遍和不合时宜,从直言不讳地期望女性如同她们在沙文主义幻想中那样"打扮得像女人",到硅谷反势利的微妙服装限制，处处可见。事实上，着装规范的缺失给基于着装的判断提供了更大的理由，因为不受约束的服装选择似乎仅反映了个人的品位、判断和性格。20世纪末和21世纪初的着装规范，无论是成文的还是不成文的，都反映了人们尝试用着装的象征意义来展现其地位、性别与权力所做的努力，这与日益普遍且备受保护的表达个性的特权相冲突。

第四部分

政治和个性

在现实生活中，时尚是保护我们的盔甲。

——比尔·坎宁汉（Bill Cunningham）

想成为不可替代，定要与众不同。

——可可·香奈儿（Coco Chanel）

第十三章

如何穿得像一位女性

做最好的自己: 随性的、卷曲的或定型的头发、唇膏、基础护理、眼线笔、
腮红、兔耳朵发夹、缎面紧身衣和高跟鞋。
更为开放的打扮: 裸露锁骨的服装、瑜伽裤、迷你裙、"智能"的牛仔裤[1]。
在规则层面所定义的女性则是: 裙子、尼龙衣、简单化妆品、
无低胸服饰以及女性化的西装

不断变化的性别规范已激发了时尚领域的一些重要发展, 以及20世纪的一些最为激进的着装规范。受女权主义运动的鼓舞, 在20世纪后期, 女性坚称以前的社会、经济和政治特权是为男性所保留的。女性的着装反映了她们新获得的自由: 新的时尚风格以前所未有的创意, 重新使用和组合了这些旧服饰的象征意义。20世纪末的西方女性, 无论是社会名流、崭露头角的年轻职业女性, 还是低薪工人, 着装打扮都结合了传统女性和传统男性化的服饰, 她们的服饰中也有来自东方文化的元素, 包括古代社会的服饰以及未来人们畅想的时尚潮流。政治解放和自我解放是不可分割的, 正如旧的女权主义口号宣称的那样, 个人的解放与政治是密不可分的。

　　女性的服装解放起始于新潮女郎的合身服装, 在20世纪断断续续地持续着, 并在20世纪60年代的反主流文化中找到了其新的发展动力。继阿米莉娅·布卢默和伊丽莎白·卡迪·斯坦顿等女性先驱的努力之后, 第二次女性主义浪潮促进了该时代就业、政治和社会生活方面的平等。与此同时, 性革命[1]延续了爵士时代突出个人成就感的特征, 以及女性反对传统男性社会特权的主张。但是, 新潮女郎的风潮却暗示着, 着装

1　　性革命也被称为性解放, 是发生在20世纪60年代到20世纪80年代的社会运动, 该运动挑战了全美和发达国家有关性和人际关系的传统行为准则。——译者注

规范越来越难以调和，自"男性时尚大摒弃"运动以来，工作和政治上的平等似乎要求女性也要像男性一样在着装方面表现出谦逊低调的态度，但性解放却暗示着要自信地展示自身性感的一面。因此，随着大量女性进入劳动力市场，要求获得社会和政治的平等，许多人都面临着自相矛盾的要求和愿望：女性一方面要展现出有男性魄力的职业状态，而另一方面，迫于社会压力，又要展现出脆弱性以及性感的魅力。为了性别平等，女性是在穿着高跟鞋前进三步后退两步。最终，女性采用了自"男性时尚大摒弃"以来，一直为男性保留的特权服装词汇，但她们仍需要保留女性服饰的特征，以便仍能向社会传达出独特的女性气质，就像新潮女郎用夸张的眼妆和"丘比特之弓"口红来平衡短发和定制服饰带来的冲击一样。在某些方面，对女性气质的要求虽不那么精确，但要求规定还是会一如既往的明显。因为与过去几代人相比，如今女性的着装打扮往往被夸大了，性感的打扮也招致了很多前人的批判。

法律、工作场所规则和社会习俗将这些矛盾编纂成文。与此同时，时尚界源源不断的创造力，无论是在街头、购物中心，还是高级女士时装沙龙都模糊了服装性别差异的概念。男人和女人都以政治和个人为由抵制旧的服装限制，时尚问题已经成为社会正义和自我实现的问题。由此产生的新着装规范建立了新的时尚风格，重新定义了旧时尚，创造了一个不断变化、令人眼花缭乱的时尚风潮。女性以各种方式尝试抵制这些新的着装规范，但最终还是与其和解。新的着装风格是永远无法取悦所有人的。新的女性理想和旧时代女性一样，与其说是一种既定的期望，不如说是长期压制女性个性发展的借口：女性的服装，如同她们的工作一样，从未真正完成过。

为成功而着装

在1967年出版的《如何成功着装》（*How to Dress for Success*）一书中，好莱坞专栏作家乔·汉姆斯（Joe Hyams）和传奇电影服装设计师伊迪丝·海德（Edith Head），以及奥黛丽·赫本、格蕾丝·凯利、金格尔·罗杰斯和伊丽莎白·泰勒等女性风格背后的创造性思维，都将就业市场和婚姻生活描述为两性战争中的战场，在这场"战争"里，合适的服装是女性的盔甲和秘密武器：

> 无论你朝着哪个方向努力，你的穿着和你的外表都会
> 对你产生影响。你的美德、财富、吸引力、才能和爱
> 心可能远比别人优越。你的家人和朋友可能认为，你
> 是自夏娃以来最伟大的人，但请记住，夏娃有一个优
> 势，即她是独一无二的，没有与之抗衡的竞争对手！

《如何成功着装》这本书建议女性如何选择既适合自己身材，又符合伴侣品位的服装，以此彰显自己的自信，但又不会抢了别人的风头，而且还能与自己的发型完美搭配。无论是在工作中，还是在社交生活中，这本书都警醒人们，不要过于潮流和浮夸：

> 化妆、发型、裙子的长度或色彩过于极端都可能会让
> 人不悦。面试官会想"这个人可能做任何事情都会
> 过于极端"。

虽然男孩们会在艺术画廊、夜总会和一些杂志封面中，欣赏维也纳女孩的魅力，但他们娶的不会是封面女孩，而是那些普通的女孩。

这本书建议人们对于衣着外表要保持谨慎的态度。在一篇名为"如何抓住那个丈夫"的章节中，描述了蜜月度假酒店里的一幕："所有新娘在白天都把头发卷起来了，给人一种仿佛像是火星人入侵的感觉。"各种奇怪的、毫无吸引力的、傻乎乎的、难看的衣着打扮随处可见，这些甚至会让她们的配偶，感到不安和害怕。我们在想，目前五分之三的离婚率是否会与此现象有关。

《如何成功着装》中的主要内容与化妆品巨头赫莲娜·鲁宾斯坦的观点不谋而合，"世界上没有丑女人，只有懒女人"——这是那些从事女性化妆品或服饰行业的人的座右铭。根据《如何成功着装》这本书的观点，世界上也没有丑男，只有懒惰的妻子。"如何为家人成功着装"这一章告诉读者，女性要"承担起打理自己丈夫衣橱的'责任'，将主动权掌握在自己手中。当丈夫把衣服随意扔在房子里时，你要把衣服整理

好。如果有必要，最好每天早上把他的衣服摆放出来，这样可以直观地看到衣服搭配的效果"。妻子也不应为这种"责任"而感到不满。相反，她们应接纳自己丈夫对衣着的懒散和随意。作者坚称："丈夫对自己衣着打扮的随意，对妻子将会有很大的帮助。"而相比之下，那些嫁给像"达珀·丹"这样男人的女性，才是不幸的，因为你不得不担心"怎样才能跟上他的时尚步伐，而且还要阻止他把全家人的服装预算都花在自己身上"。

《如何成功着装》这本书，反映了20世纪后期女性在衣着服饰上的两难。女性必须小心翼翼地以恰当合适的方式展现自己：有吸引力但又不能太性感；有职场风格但又不能太古板；时尚但又不能太夸张。女性要记住，每一个新的环境都需要对服装进行重新评估和调整，所有这些都必须要看起来毫不费力（找到一种不用戴着卷发筒吃早餐就能把头发弄卷的方法），为你生命中的男人，好好清洗打理好自己的发型。

在《如何成功着装》这本书出版的几十年后，工作场合的着装规范发生了巨大的改变，但服饰选择面临的挑战却依然存在。

2000年2月，哈拉运营有限公司实施了"饮料部门形象转型"计划。该计划内容中就包括了一份新的着装规范要求，部分内容被公司称为"个人最佳"计划。这份新的着装规范要求所有调酒师要穿制服：黑裤子、背心、领结和白衬衫，并且要"仪容整洁、引人注目、形体端正，在身着规定制服时要自得地维持这种状态"。

着装规范还包括以下这些一般要求：

总则（适用于男性/女性）
外观：在工作期间必须保持个人的最佳形象。

> 若有珠宝，必须佩戴；若没有项圈、金属链或手镯，
> 则允许携带有品位且简单的首饰。
> 禁止流行发型或染非自然的头发颜色。

还有许多针对性别的着装规定：

男性：

头发长度不得长至衬衫领口以下。禁止扎马尾辫。

手保持必须干净，指甲修剪整齐。禁止涂抹指甲油。

禁止眼部和脸部化妆。

鞋子必须为纯黑色皮革或带有橡胶（防滑）鞋底的皮革类型。

女性：

每天工作时，头发必须随时整理好，不得有例外情况。

长袜应与员工肤色一致，为裸色或自然色。

指甲油只能是透明、白色、粉红色或红色，不得有花哨的美甲或过长的指甲。

鞋子必须为纯黑色皮革或带有橡胶（防滑）鞋底的皮革类型。

化妆品（粉饼、腮红和睫毛膏）必须贴合肤色且涂抹均匀，口红必须一直涂抹。

达琳·杰斯珀森（Darlene Jespersen）在内华达州里诺市的哈拉酒吧工作。但她从不化妆，无论是在工作中，还是在空闲时间。她觉得化妆会让她看起来像一个"性对象"和"小丑"，在二十多年的工作场合中，她没有涂过口红，所以她并不打算开始化妆。

1964年《民权法案》中的第七章就有规定，禁止就业中的性别歧视。从严格意义上来看"歧视"一词，哈拉酒吧的着装规范显然符合，因为它要求女性并且只有女性才能化妆。但是第九巡回上诉法院驳回了达琳·杰斯珀森的诉求，这一决定让很多人感到惊讶，除了少数民权律师。法院遵循了几十年前制定的法律先例，而该先例也将性别着装规范排除在就业歧视法之外。杰斯珀森不是第一个抱怨特定性别着装规范的女性，也不是最后一个，而且抱怨这些规范的并不仅仅只有女性。例如，在客户抱怨"某些公司员工着装草率"后，美国国家计算机服务公司（您可能还记得，该公司在20世纪20年代禁止新潮女郎的风尚）向男性员工发布了以下声明："头发必须修剪整齐"。不幸的是，"长发发型"却正是员工吉拉尔德·费根（Gerald Fagan）想要的。"我的头发长度在耳后和衣领以下，符合时尚风格，展现了自我形象，也符合同龄人的时尚意识。"他在1973年写的一篇有关性别歧视的文章中这样说道。

在第七次诉讼初期，法院已经对该着装规则持不同意见。有些人认为特定性别着装规则是具有歧视性的。例如，1971年，俄亥俄州法院出现了这样一幕，通用磨坊公司要求男性在食品加工厂必须留短发，而女性则允许用发网将头发盘起来，这就是对性别着装要求的非法歧视。1972年，加利福尼亚州法院认为，尽管雇主有权针对不同的工作制定不同的着装规范，但任何着装规范都必须适用于特定工作类别中的每个人，且不分性别。但其他法院却认为，对不同性别制定不同着装规范是常识，并认为只要不破坏平等就业机会，这种着装规范就是合法的。又如，1972年，加利福尼亚州法院认为，就业歧视法不会禁止"对雇员薪水没有实质性影响的一般就业规则，因为男性雇员希望留比公司规则规定的更长的头发"。而同样在1972年，华盛顿特区的某所法院认为，该法律仅禁止"过时且不合理的着装性别刻板印象，因为根据性别对着装要求进行特别规定，会使某一性别在就业机会上有明显劣势。根据这项法案，国会并没有赋予联邦法院决定头发是否应于衣领处或衣领之下的权利"。同样1972年，乔治亚州的一所联邦法院则坚持认为：

> 雇主期望男性和女性在着装方面存在差异，这并不是没有道理的，而且这种期望并不意味着歧视性的性别对待。如果不这样想，那么从逻辑上来说，如果雇主允许女性穿裙子上班，则雇主就不应阻止男性穿裙子。本法院不会对制定合理着装标准的权利（考虑到社会风俗）予以无正当理由的侵犯。

该法院对于吉拉尔德·费根这一纠纷，与此后大多数的联邦法院一样，也认同上述观点，法院驳回了费根的诉求。从那以后，法律规定雇主可以实施特定性别的着装规范，只要这些规范不会"贬低"另一性别或对某一性别造成"不公平的负担"。

例如，20世纪70年代末，旧金山记者克里斯汀·卡夫特（Christine Craft）受聘主持哥伦比亚体育广播电视台，在主持"体育界的女性"这一专栏节目时，管理层让她将头发染成金色，并且要化浓妆，但由于卡夫特的浓妆太有违和感，最终导致该专栏节目停播。于是在1981年，当圣路易斯电视台聘请卡夫特共同主持晚间新闻时，尽管她事先告诉管理层，自己不想再过多改变外观，该电视台还是聘请了形象顾问来重新设计卡夫特的着装和妆容。当（为电视节目提供反馈意见的）重点群体表明对此妆容打扮不满时，电视台就把她降职了。随后，卡夫特起诉该电视台有性别歧视的行为，指出她的男性同行都没有进行类似的外观改造或有类似的外貌标准。尽管该电视台要求男性减肥、改变发型、佩戴隐形眼镜、穿更合身的衣服，但对卡夫特的标准要比这严格得多。例如，一位形象顾问告诉卡夫特，不要每三或四个星期内穿同样的衣服超过一次。而相比之下，男士在同一周内却可以两次穿着同样的西装，只是领带有所不同。据该电视台称，由于观众的要求，才会对卡夫特提出更高的标准："观众们对女性的批评要比男性更为严苛，所以女性在镜头前的外表，以及着装要求会更为复杂和苛刻。"根据此电视台的说法，这不是电视台的错："而是这个大社会驱使电视台有这样的区别标准。"

联邦法院驳回了卡夫特的诉求，认为"基于性别的外观规定"是合法的，其合法前提是"标准合理，且平等适用于两方。虽然我们认为圣路易斯电视台确实有过分强调外观，但电视台不是适合辩论和争辩电视节目形象问题的场所。所以该电视台外观标准的制定仅是从中立的专业和技术角度方面考虑的，并没有受女性刻板角色和形象的影响"。

很难不得出这样的结论，即这种基于公众性别期望的"中立的专业角度考虑"，往往会导致雇主对女性员工的外观形象带有"刻板印象"。在实际生活中，若没有原则上的问题，法律通常会允许这种情况的存在，就像在克里斯汀·卡夫特这一案件。但是，这也存在局限性。例如，普华永道会计师事务所拒绝提拔安·霍普金斯（Ann Hopkins）的原因之一竟是由于她的着装打扮，要知道她可是一位有前途且高素质的候选合伙人。于是其他合伙人建议她在明年再试一次，与此同时，还建议她"走路要突显女人味，化合适的妆容，改变发型，佩戴珠宝首饰等"。霍普金斯认为该着装规范并不公平，会削弱她在工作岗位上的威信，使得她的工作更难推进。于是她以性别歧视为由起诉，1989年，该案一路申诉到美国最高法院，这一过程也激发了法律领域的变革。正义的桑德拉·戴·奥康纳[1]（Sandra O'Connor）是法庭上唯一的一位女性，她指出普华永道会计事务所曾要求，霍普金斯着装体现出性别刻板印象，这样才能在职业生涯中取得进步。更糟的是，这种性别刻板的着装要求无法展现工作的专业度和能力，也无法让高管在员工中树立威信。霍普金斯陷入了"第二十二条军规"的进退两难的境地：她的着装打扮必须要体现所谓"职业女性"的形象，才能获得晋升，但这又会破坏她在同事和客户中的职业信誉，而她又需要给这些客人留下好印象才能获得成功。为加强对民权的保护，国会于1990年修订了《民权法》。奥康纳大法官的意见仍然具有很高的影响力，这些意见既是对法律的解释，也是对职业女性所面临挑战的评述。

尽管霍普金斯诉普华永道会计事务所案存在争议，但若一家企业出售的是性感产品的，雇主便可以对员工的外表和着装提出要求。例如，猫头鹰餐厅只雇用女服务员，而且她们必须穿着橙色的热裤和紧身的低胸上衣。据该公司称，"猫头鹰女孩是我们公司的特色。她们来我们公司面试，一旦被录用，她们就必须保持性感迷人的装扮，为我们的顾客提供独特的猫头鹰体验。"这在法律上是有问题的。但是这些性感的"猫头鹰女孩"却经受住了多次投诉和联邦平等就业委员会的调查。

在猫头鹰餐厅事件之前，20世纪60年代和70年代是有花花公子俱乐部的。1963年，年轻的格洛丽亚·斯泰纳姆（Gloria Steinem）写了一篇题为《兔女郎的故事》的文章，其中描述了兔女郎的制服，暗示她对其短暂的兔女郎职业生涯的不满：

> 她给了我一条亮蓝色的绸缎裙。裙子实在是太紧了，后面的拉链都夹住了我的皮肤，而且裙子很短，露出了我的髋骨，臀部有五英寸暴露在外。塑腰设计会让斯佳丽·奥哈拉脸色发白，整个服装设计将身上的肉都挤到了胸前，让我觉得弯腰一定会很危险。一条蓝色绸带和配套的兔子耳朵绑在我的头发上，就像是一个大型裤管夹，一个葡萄柚大小的白色绒毛半球

1　美国法学家，美国首位女性最高法院大法官。——译者注

绑在制服最后面的钩子上。"好的宝贝,穿上你的高
跟鞋,走吧……"

　　毋庸置疑,花花公子俱乐部要求女性并且只有女性才能穿这种制服,
因为俱乐部只雇用女性来扮演"兔子"。花花公子俱乐部制订了以下准
则,以便根据女性员工的外表对其进行排名:

1.毫无瑕疵的美(脸、身材和仪容)。

2.特别漂亮的女孩。

3.处于边缘区(正在老化或已形成可纠正的外观问
题)。

4.失去"兔子"外观形象(已老化或无法修复的外
观问题)。

　　这些标准成为民权诉讼的主题。1971年,纽约州人权委员会指出,
由于花花公子俱乐部基本上是在兜售性吸引力,"该着装规则仅限于对作
为'兔女郎'的女性进行约束,这是合法的职业资格要求,因此不受就
业中性别歧视法的约束。"纽约州人权委员会的董事会总结了争议并作
出如下判决:

　　在很大程度上,花花公子俱乐部的顾客,都会被提供
服务的女郎所吸引,这些女性个个都年轻貌美,大

家都称她们为"兔女郎"。剥削年轻貌美的女性,雇佣"兔子",已成为该行业的普遍标准。原告的起诉已被终止,因为她的身体比例并没有达到"兔女郎"的可接受标准。在该案例中,她用同类中近乎完美的身材标准来要求自己。尽管作者认为,基于性吸引的商业利用,和故意寻求刺激以及诱惑的企业,不建议成立或存在,但这类企业的存在并不违背《人权法》。

在最早成立的一批花花公子俱乐部中,最后一所永久关闭的俱乐部是在1988年,但也有几次重新开张:一次是在2006年的拉斯维加斯,持续营业了六年,另一次则是在2018年的曼哈顿。当问及斯泰纳姆女士对这些事情的看法时,她坚称"花花公子俱乐部简直就是对父权制的真实再现",她坚持认为,"兔女郎"就是"吟游诗人表演[1]的女性化版本"。另一位著名的前花花公子俱乐部"兔女郎"玛丽·劳伦斯·赫顿(Mary Laurence Hutton),在花花公子俱乐部开始工作时,采用了自己中间名的缩写作为名字,之后便成为时尚界首批超级名模之一——劳伦·赫顿。她对花花公子俱乐部的回归抱持相对乐观的态度:"我想指出的是,兔子服饰就是一件连体泳衣。事实上,就目前来看,这可是一套'严谨'的服饰搭配,因为你还得戴着兔子耳朵,这是很有趣的。"

兔子的泳衣、兔耳朵、衬衫领子和领带是性别象征主义的一个极端、典型的例子,性感的女性气质与传统男性服装元素相结合,既引发了人们对女性气质的关注,又暗示了男性在性方面拥有的特权,这是男女异装的典型模式。这套服装的服饰理念涉及刻板的女性角色和形象,是一套"有意义"的服装,因为这是一套令人热血沸腾的服装,而不只是奇装异服,只不过在几个世纪里,时尚体系对其赋予了丰富且复杂的象征意义。花花公子中的"兔女郎",以其夸张的形式反映了20世纪末女性对理想状态的追求以及所遭受的约束。

1　指美国一种娱乐活动,包括滑稽短剧、杂耍、舞蹈和音乐,吟游诗人将黑人讽刺为愚笨、懒惰、滑稽和迷信的人种。——译者注

高跟鞋

　　我的同事黛博拉·罗德（Deborah Rhode）撰写了《美丽的偏见》（The Beauty Bias）这本书，该书有力地抨击了不公正的性别审美标准，其封面是以黑色为背景，白色为标题文字，还有一张高跟鞋的剪影。高跟鞋与女性魅力、性诱惑，以及父权统治密切相关，它们既是搭配服饰的单品，也是一个具有象征意义的抽象图标。这些高跟鞋背后的含义，体现在短信表情符号、公共厕所的女性指示标志上，它们是用于标志和广告的具有性感韵味的符号。作为服装的一部分，穿高跟鞋是富有女性气质的象征，在许多情况下，传统习俗和规定都会要求女性穿着高跟鞋。要是说哪件服饰单品会包含关于服装性别的争议、矛盾、快乐、痛苦和偏见，那一定非高跟鞋莫属了。

　　2000年，里诺和拉斯维加斯地区的鸡尾酒女服务员，举着写有"嘿，老板，吻我的脚"的标语牌，以此对要求女性必须穿高跟鞋的着装规范进行抗议。"为什么女人要为了男人的视觉享受而承受身体上的痛苦？"一位鸡尾酒女服务员问道。2013年，鸡尾酒女服务员对康涅狄格州的福克斯伍兹赌场拥有者们——马山塔基特皮阔特部落发起了类似的抗议，因为该部落要求其鸡尾酒女服务员穿高跟鞋。鸡尾酒女服务员认为穿高跟鞋有害健康，有些人也认为，要求穿高跟鞋也是迫使年长员工离职的原因之一，因为她们的身体无法承受长期穿高跟鞋带来的伤害，"大多数女孩在这里工作了15年，甚至20年"。"这项工作确实给我们的双脚带来了巨大伤害，老板们都知道这一点。"福克斯伍兹的一位服务员抱怨道。为了压制这些抗议活动，抗辩将高跟鞋着装规范视为性别歧视的诉讼，一些赌场对着装规范进行了重新定义，将性感服装定为工作要求中不可或缺的部分。在拉斯维加斯大道，很多年轻女性的工作都是酒水服务员，这与20世纪70年代花花公子俱乐部的言论相呼应，根据《石板》（Slate）[1]杂志上的一篇期刊报道："在赌场里，她们除了销售酒水，还会通过跳舞来娱乐客人。这些赌场相信，他们重新制订的着装规范能够帮助他们规避

1　　一种网络杂志，1966年创立于美国，曾获得"美国期刊奖"的最佳网站奖。——译者注

性别和年龄歧视诉讼，因为年轻和性感的工作岗位要求是合法的。"

要求穿高跟鞋的着装规范适用于富人、名人以及酒店业的职业女性。例如，2015年，有几名女性因穿平底鞋参加戛纳电影节，违反了正式着装的要求，于是被戛纳电影节拒之门外。许多女性对此感到愤怒，不仅因为穿高跟鞋有害身体健康（一位参与者抱怨说："即使是出于医疗原因不能穿高跟鞋的年长女性，也被拒之门外。"），而且着装规范背后也暗示着男女之间的不公平。第二年在戛纳电影节上，几位一线女演都穿着平底鞋，甚至是光脚。女演员克里斯汀·斯图尔特（Kristen Stewart）察觉到了外界的质疑声，回应道："男人会被要求必须穿高跟鞋吗？穿正式礼服时，平底鞋和高跟鞋都可以搭配，不能要求女性必须搭配高跟鞋。"

好莱坞名人对该着装规范的公然蔑视可能会奏效。毕竟，光脚和晚礼服可是电影里的搭配，早在《甜蜜生活》（*La Dolce Vita*）这部电影中，女主安妮塔·艾克伯格（Anita Ekberg）身穿晚礼服赤脚在喷泉旁的画面就已成为经典，但这对于低薪女性来说，不穿高跟鞋是要冒很多风险的。尽管如此，一些人还是会铤而走险，她们的反抗偶尔也会奏效。例如，2016年，英国接待员妮可拉·索普（Nicola Thorp）因为穿平底鞋而被打发回家。当她四处游说，散发禁止穿高跟鞋的着装规范的请愿书时，一双合脚的鞋子可是帮了不少忙。有超过15万人签署了请愿书，这促使议会委员会制定出更"合理"的着装规范。反对高跟鞋的斗争已蔓延到东京，那里的女性已团结起来支持"#KuToo运动"——"日语中鞋子（kutsu）和疼痛（kutsuu）的双关语"。像妮可拉·索普一样，女演员石川优实（Yumi Ishikawa）提交了一份请愿书，呼吁制定一项法律，禁止雇主要求女性穿高跟鞋的规定。

高跟鞋是如何成为传统女性服装不可分割的一部分的？在众多时代和文化中，女性的双脚一直是人们审美关注的重点。中国古代臭名昭著的缠足习俗就是一个很好的引证，尽管它与西方鞋类时尚没有那么多的共同点，但也体现了无论时代与国家，人们都很重视对女性双脚的审美。这一古老习俗的起源尚不清楚，许多历史学家推测，裹足让成千嫔妃蹒跚而行，其初衷是为了让她们保持对皇帝的忠贞。随后，裹足成为了一种身份的象征，女性为了显示身份地位，纷纷开始裹足。不管如何，一旦缠足成为一种身份的象征，这种旧习就会一直沿袭。1644年，清朝政府试图根除缠足的旧习，发布了许多法令禁止缠足，但是这一习俗却还是持续了三个世纪，一直到19世纪都仍然很普遍。

另外一种可能是，高跟鞋的前身是厚底鞋——一种穿着会让人眩晕的厚底鞋，这种鞋子最早出现在15世纪，意大利威尼斯的妓女和贵族女性会穿这种类型的鞋子。有些厚底木屐的高度超过20英寸，尽管当时的礼仪规定，穿着厚底木屐的女性要举止优雅，但她们往往只有在仆人的搀扶下，才能平稳地行走。1430年，威尼斯的法律规定，厚底鞋的高度不得超过三英寸，但这一着装规范显然没有得到重视。直到17世纪，厚底鞋在威尼斯和西班牙仍然大行其道。

虽然缠足与厚底鞋在表面上都与高跟鞋有相似之处，但今天的高跟鞋可能既不是中国古代缠足的改良变体，也不是意大利厚底鞋的延续。相反，这些鞋子是女性模仿男性着装的产物，并已成为惯例。几个世纪以来，高跟鞋一直都是男性时尚。简单的时尚单品高跟鞋，涉及了太多信息，它将普通实用的鞋子转变为身份的象征、女性气质的象征、恋物癖、当然还有个人时尚的宣言。

根据多伦多巴塔鞋类博物馆馆长伊丽莎白·塞梅哈克（Elizabeth Semmelhack）的说法，最初的高跟鞋是一种波斯骑兵鞋，这种鞋的出现主要是想让士兵在马背上作战时能够用马镫将自己固定，以保证自身的安全。1599年，当穿着高跟鞋的波斯骑兵首次访问欧洲时，他们的高跟鞋深深迷住了欧洲贵族，很快便掀起了时尚热潮。

自此，高跟鞋便成为地位的象征，以及男性气概的标志，因此自然而然地被过分宣扬和夸大，贵族们会穿越来越高的高跟鞋，以此向下层阶级的人们显示自身的优越性。此外，高跟鞋的不实用性也渐渐成为其地位的象征：笨重的服装在托尔斯坦·凡勃伦眼里，就是一种资源浪费，因为穿着厚重的衣服就意味着，一个人无法工作，或者在极端情况下，甚至都无法走路。法国国王路易十四，身高只有5英尺4英寸，却穿着4英寸高的高跟鞋。他通过将鞋底和鞋跟染成红色来突显自己的鞋子，将鞋底鞋跟染成红色在当时非常昂贵奢侈，因此这也就成为一种财富的象征。某个象征地位的事物一旦出现，很快就会有大批模仿者：1661年，英格兰的查理二世在其加冕画像中，就穿着显眼的红色高跟鞋；到了17世纪70年代，这种鞋子极其受欢迎，甚至威胁到上层阶级的崇高地位，因此路易十四宣布，只有王室成员才能穿红色高跟鞋。

大胆的女性们首先采用男性化的风格，作为一种挑衅：穿高跟鞋意味着女性在为自身争取平等的地位。高跟鞋的女性化始于，女性将这种象征男性地位的事物变成了女性服装的搭配元素。女性化的高跟鞋可能仍然是一种反常的现象，但是对于着装文化规范来讲，却有着一个更大的变化，即"男性时尚大摒弃"。随着贵族阶层不断受到攻击，平等勤奋的新思想占据上风，旧制度的象征，如华丽、不切实际的时尚，就变得不合时宜。到18世纪初，穿高跟鞋的男人甚至被认为是滑稽可笑的。例如，英国讽刺作家兼诗人亚历山大·蒲柏（Alexander Pope），就曾发话要开除任何一个在绅士俱乐部"鞋跟超过一英寸半的人"。

高跟鞋成为一种独特且带有成见的女性装饰，对于道德家来说，也很快成为考验女性虚荣心的又一事物，但事实上，穿高跟鞋的女性经常是为男性而穿，且还不止这一种意义。穿着时尚高跟鞋的女性会炫耀其财富和特权，但启蒙运动中冷静务实的人是不会借此展现自己的身份地位的。和现在一样，"娇妻"是丈夫财富实力的体现。通过女人的穿着打扮，可以从侧面体现丈夫的财富，因此高跟鞋也成为某种地位象征。此外，高跟鞋也是性感的体现：穿上高跟鞋可以拉长腿部，这一优点十分讨人喜欢，无论男女都是如此。而且，穿上高跟鞋不能大跨步走，而是要小心踱步，这也从侧面透露出女性温柔娇弱的一面，增强了性感的韵味。

高跟鞋逐渐成为体现女性气质的时尚单品，穿上高跟鞋既可以看起来贤惠尽职，就像反宗教改革时期修女的装扮一样，又体现了异域风情和反叛情绪，就像贝纳迪诺修士的谴责：高跟鞋就像是珠宝，已成为妓女的时尚单品。高跟鞋只属于女性，这体现了女性对传统着装规范的遵从。但从根本上来说，高跟鞋只有装饰性，没有很强的实用性，这一点也招致了很多人对女性虚荣心的谴责。在每一个要求穿高跟鞋的着装规范背后，至少有一个规范会认为，穿高跟鞋略显轻浮，甚至有悖常理。就像15世纪意大利犹太人的耳环，或文艺复兴早期女性的"虚荣"一样，高跟鞋既是身份地位的象征，也是女性堕落的标志。例如，1871年《纽约时报》中的一篇评论文章抱怨说：

那个时期的年轻女性所穿的鞋子，无疑是时尚界最

可恶的发明之一。脚尖像鸟喙一样,鞋跟高三英寸。现在几乎没有一个年轻女人没有拇囊炎、老茧、鸡眼等疾病。任何理智、独立且情绪稳定的女性,似乎都沦为了时尚的"奴隶"。而选举权,担任公职的权利,则首先向我们展示了独立且有品位的女性,这些女性穿着舒适且不会影响其步伐的鞋子,阔步走在第五大道上。

在20世纪初,马萨诸塞州和犹他州提出的着装规范,禁止人们穿鞋跟高于一英寸半的鞋子。1921年,犹他州审议了一项法案,该法案规定对任何拥有高跟鞋的人,处以最高1000美元的罚款以及最长一年的监禁。当制鞋商于1921年在马萨诸塞州立法机构前,抱怨拟议的该州法律(禁止60%的女鞋)时,马萨诸塞州整骨疗法协会的代表则回应说:"高跟鞋是所有国家有史以来经历的最严重的'流行病'。"并坚持认为"87%的女性疾病来自于穿高跟鞋",这与之前人们对紧身束衣的批评"相呼应"。最糟糕的是,社会人士坚持认为,"高跟鞋会影响受孕"。高跟鞋对贤淑端庄的女性形象似乎也是一种威胁。

即使在今天,高跟鞋仍然象征着女性的虚荣心,因而导致很多人诋毁高跟鞋,并谴责穿高跟鞋的女性,正如19世纪和禁酒令时期的道德家所做的那样。例如,2013年,高科技初创公司坎特龙系统的首席执行官豪尔赫·科泰尔(Jorge Cortell),在一次会议上偷偷拍下了一名穿着高跟鞋的女性,并在Twitter上发布该照片,还附上了标题:"这些高跟鞋在搞什么鬼?"和"不需要大脑"。科泰尔在后来的信件中详细阐述,坚称穿高跟鞋是"愚蠢的行为,因为它有害健康",并且是一种"将肤浅的形象置于健康之上的"装扮,而不是"真正健康科学的文化"。 许多女性对科泰尔的言论感到愤怒:"难道你认为指责女性愚蠢就没有问题吗?"科泰尔的评论从侧面暗示着,穿高跟鞋的女性要么无脑,要么根本就不需要大脑,因为她们可以靠性感的身形来获得成功。细跟高跟鞋就是她们争夺职业优势的秘密武器,正如《大西洋》(The Atlantic)杂志作家梅根·加伯(Megan Garber)在解读科泰尔推文时所说的那样:"利用女性特质来扰乱正常的职业体系。"作为来自以男性为主导的行业中的一员,科泰尔对高跟鞋的攻击带有沙文主义的味道。但这一观点却在很大程度上与许多女权主义的观点不谋而合，女权主义将穿高跟鞋视为导致女性处于从属地位的原因，并认为靠穿高跟鞋获得职位晋升是一种不切实的想法，损害了女性的自主权，而且强化了女性处于从属地位的观念。例如，2000年，我的同事黛博拉·罗德在《纽约时报》上撰文称："对于厌恶女性的人来说，女鞋行业是他们最不能接受的地方。"并将高跟鞋描述为"致残的鞋子"，"功能相当于缠足"。尽管"没有人强迫女性穿高跟鞋，但这些评论也对女性生活造成困扰"。对于一个在职业生涯中，大部分时间都饱受高跟鞋困扰的人来说，这样的反应可以理解。但正如科泰尔的评论表明的那样，这是一条将女性时尚批评与对穿高跟鞋女性的批评区分开来的分界线，没有什么比一双高跟鞋更让人难以忍受了。

对于高跟鞋的着装要求仍然很复杂。有些女人认为穿高跟鞋不实用，具有性挑衅的暗示或是父权制的体现，而另一些女人则认为高跟鞋是时髦的、讨人喜欢的，甚至是权势的象征。例如，2013年，时尚顾问查西·波斯特（Chassie Post）回复高跟鞋批评者时说："我接受各种形式的高跟鞋，如果可以的话，我会穿上它们慢跑，我喜欢它们的外观，以及它们带给我的时尚感，更高、更时尚、更有活力。高跟鞋不仅让人觉得'时髦'，还能让你在职场上光彩照人，鞋子在这一点发挥的作用很大。"

无论如何，高跟鞋还是一如既往地流行，甚至在那些无视着装法则的女性中也是如此。1992年，鞋履设计师克里斯提·鲁布托（Christian Louboutin）开始在他所设计的女鞋上使用红色鞋底。如果说鲁布托的鞋子很受欢迎，这还只是轻描淡写的陈述：在2007年、2008年和2009年，奢侈品研究所的奢侈品牌地位指数宣布鲁布托是世界上最有声望的女鞋制造商。如今，他设计的鞋子卖到600多美元一双，最贵的可能超过6000美元。热爱时尚的女性都会冲到零售店购买他的最新设计品，有时会有多种风格和颜色。"鞋底是红色的，这是'血色鞋底'。去商店里，所有的我都想要，我不想做选择。"卡迪·B（Cardi B）在谈到自己又尖又高的鲁布托高跟鞋时这样说道。据报道，小说家丹尼尔·斯蒂尔（Danielle Steel）拥有6000多双鲁布托高跟鞋，她一次就能买80多双。多年来，鲁布托起诉了多家制鞋企业，因为这些企业的鞋底都是红色的，鲁布托认为红色鞋底是自己独有的商标。2011年，美国第二巡回上诉法院裁决，鲁布托拥有独家生产红色鞋底高跟鞋的权利。在路易十四颁布的反奢侈法律被废除的230多年后，法律仍然可以限制购买红底高跟鞋的人群，以此来确保这些人独有的社会地位。

时尚的受害者

要将端庄女性与堕落女性区分开来的古代观念，仍然定义着当今的着装规范，许多人会用这些陈旧的观念来证实，对女性穿着进行强制性的控制是合理的。一些着装规范会惩罚像达琳·杰斯珀森这样的女性，也会惩罚那些因避免被当成性对象，或避免打扮浮夸而不穿高跟鞋的女性，这些规范要求女性的穿着必须保守端庄。穿着保守端庄与被当成性对象，以及打扮浮夸是对立的，但即使对立也要迎合男性的欲望：女性要打扮得性感和赏心悦目，但同时又要求穿着保守端庄的女性要避免吸引过多关注，这是极其矛盾的。对女性既要赏心悦目又要保守端庄的要求，实则是一枚男权硬币的对立面，现代女性必须在其边缘保持平衡，合理控制穿着打扮的"度"。

在19世纪，女人的脚是能够引起男人性兴奋的部位，其性刺激远远超过胸部。根据历史学家菲利普·佩罗的说法，女性的脚是"令所有男性痴迷的部位，是他们欲望的火花，也是满足他们所有性幻想的起点"。裙子遮挡住大部分的身体部位，因此女性的鞋子和脚便成为男性"狂热关注的部位"。那些卖弄风情的女人懂得"若隐若现"就是对男性最大的吸引，她们坐着或从马车上下来时，会适当掀起裙摆，刚好露出"令人着迷的脚尖，这会让你不自觉地想去窥探裙摆下的'风景'，越是看不到，欲望就更为强烈，女性根本不用露出什么，就能让男性充满无限的幻想"。相反，如果女性暴露得太多，男性的情欲反而会减弱，因为那些美好的幻想可能会就此破灭："一个天真烂漫的少女，若只露出从脚到脚踝的部位，就不会有人怀疑靴子上半部分是否有瑕疵，长袜是否有褶皱。"但极具讽刺意味的是，要求衣着贤淑端庄的着装规范，反而让合理着装与非法着装之间的界限变得更为色情化，因为它在引诱性欲而没有阻止性欲的发泄。"若隐若现"更能体现禁忌之果的魅力。

在21世纪，锁骨取代了脚的地位，成为情趣部位和社会禁忌。2015

年，肯塔基州伍德福德县的斯蒂芬妮·邓恩（Stephanie Dunn）因穿了一件露出锁骨的衬衫而被送到了校长办公室。同年早些时候，加比·芬莱森（Gabi Finlayson）在犹他州高原区的孤峰高中的舞会门口被拦了下来，只因她穿着及膝的高领无袖连衣裙（多丽丝·戴可能在20世纪50年代的好莱坞喜剧中穿过），这种裙子没有达到规定要求的两英寸宽的肩带。佛罗里达区16岁的学生米兰达·拉金（Miranda Larkin）因穿了一条被校方认为太短的裙子上学，而被迫换上了一件印有"违反着装规定者"字样的超大号荧光黄T恤。2013年，加州佩塔卢马区的一所初中为女孩们举行了一场特别的集会，其目的是宣布禁止在校穿瑜伽裤、紧身裤和紧身牛仔裤。

这种严格的着装规范看似是一种思想观念的倒退，但实际上却越来越受欢迎。2000年，46.7%的美国公立学校实施了"严格的着装规范"，到2014年，这一比例达到了58.5%。越来越多的学校把"严格"提高到一个新的标准。例如，2014年，斯塔顿岛的托滕维尔高中实施了一项新的着装政策：禁止戴帽子、发带、太阳眼镜，禁止穿连帽衫、背心、低胸衬衫、吊带衫和暴露腹部的衣服。2014年9月5日，一百名学生因违反着装规定而被送到院长办公室，接着这些学生被关在了学校礼堂里，直到他们的家长带来符合着装规范的新衣服，并在家长监督下换好衣服后，才能离开。在头两周，甚至有200名学生因违反着装规范而被送去拘留所。

这些捍卫严格着装规范的人们坚持认为，许多青少年通过穿明知不合适的衣服来试探礼仪的界限。一些研究表明，着装规范可以避免许多不必要的分心，以此促进学习，而且像校服一样，着装规范可以帮助学校管理人员监督学校里学生组织的帮派和小团体，并减少可能因身份地位和衣着打扮而产生的校园霸凌。即使是那些看似不合理的严格限制，其实际意图也是为了让着装规范表述更为清晰。经验法则规定了裙子和短裤的长度，例如，著名的"指尖规则"规定，当学生的手臂完全伸出来垂在身侧时，其服装的长度必须到指尖处，而同样被广泛使用的"信用卡规则"认为，衬衫衣领高度从喉咙开始，最低只能有一张信用卡长度的范围。要求衬衫遮住锁骨的着装规范也有类似的道理。很少有人会因为看到女人的锁骨而亢奋不已，但也许重点不在此。正如伍德福德县高中的斯科特·霍金斯（Scott Hawkins）所说："锁骨本身没有什么值得惊奇的，这只是服装设计的一个参考点。"

即使学校严格的着装规范漏掉了要禁止穿一些极其不得体的服装，这些捍卫严格着装规范的人们也会教学生懂得得体外表的重要性，因为这是在为他们将来迈入职场做好准备。最近，某项颇具争议性的学校着装规范便可从这个角度来理解。卡洛塔·奥特利·布朗（Carlotta Outley Brown）是得克萨斯州休斯顿市詹姆斯·麦迪逊高中的校长，她向学生家长强制性地提出了一项着装要求，即禁止家长留着发卷、穿打底裤、睡衣、短衬裤以及戴浴帽进入校园，该着装规范还因此成了新闻头条。布朗注意到，穿着不得体的成年人来到校园，会给孩子们树立不好的榜样。她在给家长的信函中解释了着装规范的要求，并劝诫道："你们是孩子的第一位老师，我们希望孩子们通过父母的穿着知道穿什么是合适的，穿什么是不合适的……"愤怒的家长们和旁观者都指责布朗势利而且过于刻板，认为这些着装规范只是为了所谓的"体面政治"，甚至是带有种族主义色彩的（詹姆斯·麦迪逊高中的许多学生是拉丁裔和黑人，布朗本人是黑人）。休斯顿市议员中的一位候选人坚持认为应该解雇布朗，并抱怨说："大多数家长可能都无力遵守这一着装规范。"休斯顿教师联合会主席说，这一着装规定是"阶级歧视"，并补充道："这个校长可能每周都会花很多钱和时间去理发店打理自己的发型。那她又有什么资格去剥夺家长们打扮自己的权利呢……"然而布朗立场坚定，坚称着装规范需要共同的努力，而不是光靠资金。她指出，许多家长不会穿着不得体的服装"去教堂"，可以非常坦率地说"如果他们在晚上外出，就不会穿这些不得体的衣服，学校是知识的殿堂，一些在家里可以穿的服装，但在学校是不允许的"。此外，为学龄儿童父母制订着装规范的想法可能正在孕育而生。田纳西州代表安东尼奥·帕金森（Antonio Parkinson）提出立法，即为公立学校孩子的父母制订在全州范围都生效的着装规范，他说："有的家长穿着内衣出现在学校……想象一下他的孩子可能会因此受到嘲笑和欺凌吧。"

当然，大多数学校的着装规范还是仅限于孩子们。不幸的是，孩子们特别容易对自己的身体产生焦虑，而不理智地执行着装规范会引发和放大这种焦虑。在2018年秋天，也就是在为这本书做研究的期间，我在华盛顿特区一个涉及学校着装规范的小组上发过言。该小组成员包括一位头脑聪明且魅力四射的高中生（曾多次因违反着装规范而被遣返回家）、一位华盛顿特区公立学校的管理员、一位来自全国妇女法律中心的律师，以及一位来自非营利组织的教育工作者（该组织致力于帮助处于危险中的年轻女性）。小组讨论的重点是一份刚发表的报告——《着装规范》，该报告讨论了着装规范在执行中出现的不平等问题，例如，黑人学生比例较高的学校通常有着最为严格的着装规范，而且规则的具体要求以及执行模式大多都针对女孩。黑人女孩面临的情况最为糟糕，因为这些规则不仅具有种族歧视性，且在执行中还具有性别针对性，诸如限制裙子长度、衣领高低和瑜伽裤，以及全面禁止黑人女性做造型和佩戴头饰。这个学生小组成员声情并茂地描述了自己进入青春期时的经历，她已经意识到自己的身体在发生变化，她不想让别人察觉到，但却不得不面对来自学校管理人员的一些不必要的关注，这些管理人员甚至会揪着她几个月前穿过的衣服不放，对她加以指责。

从字面上看，学校的着装规范似乎既合理又公平：它们同等适用于男孩和女孩，对男女服饰的款式也提出了禁止的平等要求，例如，男孩经常穿的紧身衫和佩戴的具有冒犯性的帽子，以及女孩喜欢穿的短裤或低胸上衣。但在执行过程中，着装规范几乎针对的总是女孩。例如，在托特维尔高中被抓的200名学生中，约有90%是女生。而这种男女比例的悬殊并不令人惊讶，因为许多高中着装规范都明确表明，女性身体本身就更具诱惑力，更容易让人分心。例如，密歇根州大急流城的普利茅斯基督教高中的校长吉姆·巴赞（Jim Bazen），为着装规范主要针对女孩这一问题进行辩护，他认为这是让女孩远离男孩的一种方式："大量裸露的皮肤对男性来说是一种性吸引，这会导致男性将她们视为性对象。"仿佛男性的性欲是与生俱来却又无法控制的神秘力量，这位校长对一连串无法抵御的女性诱惑进行了指责："期望男性把目光从穿着低胸衬衫、短裙、紧身裤、短裤或紧身衬衫的年轻女士身上移开，就好比即使身处雨中，却期望不被雨水淋湿。"学校管理者经常坚持认为，针对女性的着装规范能够使女性"远离"男性的伤害，这也与古代观念交相呼应，即女性是所有罪恶的源头。例如，巴赞校长含蓄地谴责说，是妇女和女孩触发了男人和男孩的情欲："一个年轻人可能无意淫乱，但当一个穿着不雅的女孩经过他身边时，他也许就会产生性的想法。"因此，性骚扰和被当做性对象，这些错误行为本身是学校规则无法控制的，而是应按照奥古斯丁的教条所言，这是"人的完全堕落，堕落腐蚀纯洁心灵"的必然结果。根据这种推理，女性应为原罪而受到谴责，并应在道德层面承受不当服饰所带来的所有罪孽："帮助年轻男子不把年轻女性当作性对象的唯一方法，就是告诉年轻女性穿衣不要过于暴露！"

女性因服装而面临审查和指责的事件，远不只发生在高中。2007年，23岁的凯拉·埃贝特（Kyla Ebbert）在登上圣地亚哥飞往图森的西南航班后被告知，要"注意遮蔽"。她穿着一件露脐装毛衣、内搭圆领T恤衫和牛仔超短裙。就在飞机即将起飞时，一名空姐却坚持要她下机，原因是其着装太过暴露。埃贝特在此之前并没有意识到自己的着装有问题，她办理了登机手续，通过了机场安检，在众多西南航空公司员工面前登机，并在前往座位的路上与众多空乘人员擦肩而过。面对空姐的当面驱赶，埃贝特感到十分难堪，但因担心自己会因此错过一个重要的约会，所以她只能稍作遮掩，将裙子向下拉，并在裸露部位系上一条毯子，用实际行动说服了空姐，此刻她的穿着足够保守低调，这才能得以留在飞机上。同年晚些时候，西南航空的一名空乘斥责乘客瑟特拉·卡西姆（Setera Qassim），不应穿着低领太阳裙，要求她用航空公司的毯子遮盖住，否则就得换航班。2012年6月，西南航空的工作人员拦住了一位从拉斯维加斯飞往纽约的年轻女性，因为该工作人员坚持认为她的裙子太短。但极其讽刺的是，几十年前西南航空公司自身的制服更撩人。西南航空公司因"友爱航空公司"的称号在航空业中声名鹊起。20世纪70年代，航空公司的广告中全是穿着热裤和高筒靴的女性空乘人员（西南航空曾因将男性排除在该职位之外，而输掉了一场歧视诉讼案件）。

并不是说这些年轻女性的服装没有达到航空乘客应有的正式程度和优雅标准。恰恰相反，衣着邋遢、仪容不整、缺乏基本卫生，在航空旅客中太常见了。例如，2014年，《时尚先生》杂志中的马克斯·贝林格（Max Berlinger）曾不满地指出，一些乘客在飞机一起飞时，就会脱掉袜子，并告诫称："曾经有一段时间，男人在飞机上都是穿西装的，虽然现在并非人人都应穿西装登机，但基本的公民行为准则要一直铭记于心，所以请穿好你的袜子。"《石板》杂志的J.布莱恩·劳德（J. Bryan Lowder）

也同样抱怨道:"在世界各地的航站楼里,穿睡裤、运动服、睡衣、涂鸦服和不合身运动衫的人随处可见,但在公共旅行中我们要意识到,这里是公共场所而不是客厅……"不过,最终,《时尚先生》——衣着考究的模范杂志,做出了让步:"航空旅行不存在形象或尊严等问题的考量,所以几乎没有人会迫使自己打扮得更体面。"

虽然航空公司在大多数情况下,能够容忍这种糟糕的着装打扮,但却仍会特别对待穿迷你裙或露脐装的女性。为什么着装要求没有得到一视同仁的执行?也许是因为航空公司实际上对着装没有明确的规定。例如,西南航空明确禁止乘客穿着"淫秽或暴露"的服装。同样,在与美国航空公司合并之前,全美航空公司有规则禁止出现"不得体的着装"。这些不明确的着装规范实际上是将着装的裁量权赋予给了个别员工,让员工能够更肆意地解释着装规范和评判乘客的衣着,这会让那些带有偏见、嫉妒或怨气的个别员工和乘客发生争执:"不得体"的标准是什么?谁才是真正应该被羞辱的人?航空公司在着装规范方面所做的这些任意、武断的评判,让高中着装规范显得更为严谨翔实,至少高中会提前通知学生不要穿什么。

针对女性的严格着装规范,不仅仅鼓励女性要衣着端庄,而且还对某些类型的服装进行了严格的定义。高中禁止穿瑜伽裤或裸露锁骨的上衣,但这些规范并没有真正减少女性穿不得体的服装。从某种程度上说,这反而增加了女性穿不得体衣着的比例,她们通过性吸引让一些服装变得习以为常。瑜伽裤真的很性感吗?(这实际是爱踢足球的妈妈们和她们处于青春期的女儿们经常穿的衣服。)你觉得其他航空乘客会注意到,一些争夺头顶行李箱空间的人穿的是迷你短裙吗?其实这些着装规范的真正作用是断定某些服装是否具有性挑逗性,就像文艺复兴时期的道德家坚持认为"虚荣心"就是妓女所拥有的一样。毕竟,人们对暴露的着装并没有一个客观的定义。随着时间的推移,这一定义已经发生了巨大的变化。想想上面提到的双足,在19世纪,足部可是"所有男性迷恋的部位",正如《时尚先生》杂志中的马克斯·贝林格指出的那样,现在的航空乘客都衣着暴露,恨不得向所有人展示自己的身材。但在过去,就如科尔·波特(Cole Porter)所写的那样,人们瞥见袜子都会觉得暴露过多。而现在,我的天……锁骨和腹部都会裸露出来!能瞥见丝袜反而令人震

218

惊，因为袜子一直在被衣服掩盖着，将袜子暴露在众人眼中，人们便不会再有想更深入"探索"的欲望。反之亦然，为了公德，必须遮盖住性感的锁骨，这一行为也许就是在助推人们对锁骨的迷恋。

人们对端庄得体的衣着没有明确的定义。任何女性群体，无论她们的穿着如何，都会被分为品德良好的和德性不端的，或是好女孩和坏女孩（由于女性背负着夏娃的原罪，道德家们总会挑出一些坏女孩）。高中执行过于严格且具有歧视性的着装规定时，就是在做学校最擅长的事情：教育自己的学生。学校在教育学生，瑜伽裤不仅仅是休闲装，还是道德败坏的标志。学校还手把手地教女学生们通过穿着来识别坏女孩，而且告诉她们不能与这些坏女孩成为朋友。

时尚之罪

如果服装能够成为区分罪恶与美德的标志，那么法官和陪审团谴责遭到骚扰、攻击和强奸的受害者是因为穿着暴露才引诱嫌疑人犯罪，也就不足为奇了。例如，回想1989年佛罗里达州对史蒂文·拉马尔·洛德（Steven Lamar Lord）的审判，他被指控持刀强奸了一名年轻女子。事发后不久，该女子就被送往医院处理刀伤。身体检查报告能够证明她和被告发生了性关系。另一名妇女也在审判中作证说，洛德在佐治亚州用刀威胁，并强奸了那位年轻女子。但由于受害者当时的衣着是一条迷你短裙和一双高跟鞋，这套穿着打扮就让这个看似简单的案件变成了一个"疑点众多"的案件。在陪审团宣告洛德无罪后，陪审团主席解释说："从她的穿着来看，我们都觉得这是她自找的。"后来洛德又犯了一起强奸案，当时他在袭击受害者时曾对其说："穿这么短的裙子就是你自找的。"

可悲的是，人们对这种不公平的司法现象早已司空见惯。直到20世纪70年代末和80年代，各州才开始禁止这种不公平的判案依据，在强奸案的审判过程中，辩护律师经常会出示一些受害者性生活或衣着暴露的证据，以此暗示被害人道德败坏。陪审员通常也认为，是穿着不当的女性引诱原告对其实施强奸行为，换句话说，这是她们"自找的"。

事实上，社会学研究表明，人们普遍认为穿着暴露或化浓妆的女性更有可能遭遇强奸或骚扰。根据1991年的一项研究表明，专业的精神病学家也认为，"暴露的服装确实增加了女性遭受性侵的风险。"实际上，暴露的服装并不会增加遭受性侵的风险。正如女权主义者认为的那样，强奸是一种暴力犯罪和侵略性的犯罪而不是性欲。同其他犯罪一样，强奸犯会瞄准易攻击的目标，而不是外表诱人的目标。事实上，在有限的范围内，穿着端庄得体的服装似乎更有可能吸引性侵犯者的注意。一项针对强奸犯的研究发现，他们会认为穿着"不暴露服装（如高领衣、长裤子和长袖子，多层衣服）"的女性会更加顺从恭敬，因此更容易成为其攻击的目标。相比之下，穿着更暴露的女性会给人感觉更自信，更有可能对性侵行为进行反击，作者总结说，"这些结果"与传统普遍的观念相冲突，即女性穿着暴露时，遭受性侵的风险更大。认为性感的服装会招致性侵犯，这种想法是错误的。这一不成文的着装规定将男性的罪行归咎于女性。如果说穿性感的服装就会有遭受性侵的风险，那么该风险并不是由于男性与生俱来的性欲所导致的，而是这样的传统观念为施行暴力提供了契机。

值得庆幸的是，如今的法律通常不准许律师指出性侵犯受害者的性行为或穿着，以避免成为误导其遭受性侵犯的原因。例如，针对史蒂文·拉马尔·洛德的无罪判决，佛罗里达州禁止提供强奸受害者"在案发现场的穿着"，并禁止借此证明是因为受害者的着装而"引发的性暴力。"但出于其他原因，法庭上也可能提及受害者的着装，例如，受害者的着装可以助推或减弱有争议的事件：一件难以脱下的衣服可能与被告在没有受害者协助的情况下，迅速脱掉其衣服的说法相矛盾；一件被撕裂或弄脏的衣服也许能证实被告是暴力性侵的说法。这些判断是有道理的，但也带来了一些风险，即被告的辩护律师会找借口，以其他借口引入暴露性服饰的证据，利用社会对不雅行为的强烈谴责来左右陪审团的判决。

若穿上它，就会受到惩罚……

有关古代女性打扮和端庄形象的观念，仍然定义着当今女性的衣着打扮。人们会认为，不打扮的女人会缺乏女性气质，是一个失败的女性。但衣着暴露的女人又会被谴责为荡妇，是一个堕落的女性。随着女性寻求同男性一样的社会和政治方面的平等，这些旧的规范与新的要求便发生了冲突。要想在以男性为主导的企业中被视为专业的职业人员，今天的女性则需要放弃一些潮流服饰，就像几个世纪前的男性那样（"男性时尚大摒弃"运动），但又要保持足够的时装感。她们必须穿那些看起来得体贴身的剪裁服装，同时又要保留传统垂褶服饰具备的端庄气质。掌控和界定女性服装的着装规范，在文字规定和实际着装要求上自相矛盾，这使得女性处于进退两难的双重束缚之中。

可悲的是，这不仅仅是一个大男子主义的问题，对女性着装最尖刻的批判反而来自其他女性，这些女性反对传统的女性审美观念，以推行一种新的且同样狭隘的女性审美观。想想女演员艾玛·沃特森（Emma Watson，哈利·波特系列电影中的角色赫敏·格兰杰扮演者）面临的困境，在我12岁的女儿眼里，沃特森一直是两性平等的倡导者，她现在是联合国的亲善大使。但即使作为演员和活动家的沃特森在其领域取得了巨大的成就，都遭到了伦敦电台主持人朱莉娅·哈特利-布鲁尔（Julia Hartley-Brewer）在Twitter上的贬低，其原因竟是因为在一张宣传照片中，沃特森穿了一件暴露的上衣，布鲁尔在Twitter上讽刺道："艾玛·沃特森一直叫喊'女权主义，女权主义……根据性别有工资差距……为什么呢？为什么我的努力没有被认真对待……女权主义……哦，这是我的胸！'"

当然，大男子主义现象更为普遍。埃克塞特大学教授弗朗西斯卡·斯塔夫拉科普罗（Francesca Stavrakopoulou）是一位历史学家，曾专门从事古代宗教和《希伯来圣经》的研究。在主持英国广播公司的一档名为《〈圣经〉埋葬的秘密》（The Bible's Buried Secrets）的电视节目中，她也面临着类似的批判。电视评论家汤姆·苏克利夫（Tom Sutcliffe）给她的节目做了很好的开头，他说："提到……斯塔夫拉科普罗的长相或外表是不恰当的。"但他接着提到了令他们着迷的舞女，他将斯塔夫拉科普罗描述为"是在《所罗门之歌》的火辣伴奏下，向观众展现性感希米舞[1]的舞女"。对此，斯塔夫拉科普罗表明，这种对女性着装的评判太常见了：

1　抖动着肩膀和臀部的舞蹈。——译者注

> 言下之意就是，打扮更有女人味的女性会过于专注
> 于漂亮的事物，而无法成为一名严肃的学者，因为女
> 性不可能既迷人又聪明……我的鞋跟太高了，我的
> 头发太长了，我的时髦牛仔裤太时尚了。我看起来太
> "迷人"或太"有女人味"，这些心态都不适合做一
> 个学者。

斯塔夫拉科普罗回忆说："每当谈到我的外表时，无论是男性还是女性都会对我加以指责……一位资深女教授建议我应该穿长裙或宽松的裤子，而且要把头发扎在脑后……因为这样听课者才可以集中精力理解我讲的内容。"

斯塔夫拉科普罗同事们的建议是对的吗？如果她穿着不那么时尚的衣服，那些批判者就会去关注她的学识而不是她的外表吗？就在两年前，斯塔夫拉科普罗因穿着太过性感，导致节目无法在电视台黄金时段播出，而剑桥大学古典文学教授兼古罗马研究专家玛丽·比尔德（Mary Beard）却在英国广播公司一档名为《会见罗马人》（*Meet the Romans*）的节目中亮相。与斯塔夫拉科普罗不同，比尔德的打扮并不太性感迷人：

> 我不化妆……不染发……我是一位57岁的妻子、母
> 亲和学者，对自己的皱纹、鱼尾纹，甚至多年来因
> 在图书馆桌上苦苦思索学习而佝偻的背而感到骄
> 傲……像伟大的希腊哲学家苏格拉底一样，我看起
> 来一团糟。但如果你花心思去听苏格拉底的讲话，他
> 一定能够传递一些有价值的东西给你……简而言之，
> 这个比喻也可以适用于我。

比尔德教授避开了性感的鞋子和名牌牛仔裤。没有了凸显女人味服饰的干扰，人们是否就会忽略她的着装外表，而去关注她的思想呢？恰恰相反，电视评论家A.A.吉尔（A. A. Gill）发现，比尔德谦逊、随意的衣着外表反而会让人分心："对于一个如此仔细审视过去的人来说，却没有仔

细地审视自己的衣着，这就太奇怪了……发型糟透了，衣着也很不搭配。这并不是性别歧视，"吉尔坚称，"如果你想穿着得体，就得做出努力。"

当然，比尔德也有可能做出过努力，她内化吸收了斯塔夫拉科普罗收到的建议，并避开了显示女性虚荣心的任何衣着暗示。又或许，在经历了女性职业装得不到认可的遭遇后，她早就放弃了打扮自己的外表，以堵住性别歧视者的嘴。吉尔的声明，在几乎相同的背景下，与斯塔夫拉科普罗面临的评论截然相反，这恰恰证明了，是性别歧视导致歧视者攻击、骚扰和轻视女性，与性感的鞋子、迷人的长发、裸露的锁骨或低胸上衣毫无关系。带有性别歧视的着装规范，不仅没有为女性的穿着提供"正确的"打扮方式，反而还存在许多错误的穿着方式，其中每一种着装规范都有可能成为贬低和攻击女性的借口。

法律诉讼

有人可能会认为，了解司法要求和诉讼的律师，不会将女性置于性别着装规范的双重约束之下。然而，每当涉及女性着装时，法律界却是对其最不宽容的行业之一。女律师面临着当代女性面临的所有苛刻要求和棘手问题，除了古旧行会的着装要求，所有这些苛刻要求都在法律的背景下进行了阐述。

副总检察长也是美国最高法院代表联邦政府权益的律师，在法庭上做口头陈述时，必须穿上一套独特而古老的服装。但有一个例外（我很快就会提到），自19世纪早期以来，每一位副总检察长都会穿晨礼服，这是一件剪裁考究的晨礼服，搭配条纹长裤、西装背心和宽领带。根据最高法院的案卷，出于习俗和尊重，所有律师在法庭上辩护时，都要穿着正式的服装出庭，这就是这一传统的由来。未穿正装的辩护人是会倒霉的。据报道，1890年，当参议员乔治·沃顿·佩珀（George Wharton Pepper）穿着"便衣"来到法庭上时，霍勒斯·格雷法官（Horace Gray）就惊呼道："那个敢穿着灰色外套就进来的畜生是谁？"法庭拒绝佩珀的进入，直到他穿上晨礼服才放行。

如今，在最高法院辩护的大多数律师都穿着日常的商务套装，但副总检察长和其工作人员却继承了较早的传统，都身着晨礼服。顾名思义，晨礼服是一种只在白天穿的男士正装的变体（人们更为熟悉的黑领带和燕尾服只在晚上穿）。当然，如今有机会穿晨礼服的人越来越少，"正式"服装指的是黑色或深蓝色的礼服，搭配丝绸或罗缎翻领以及侧缝条纹裤，美国人将其称为"无尾礼服"。严格来说，无尾礼服是半正式的服装，是领带和燕尾服的简化结合版，曾被认为只适合在私人住宅里举行活动时穿[《唐顿庄园》（Downton Abbey）的粉丝可能会记得一个片段，格兰瑟姆伯爵的正式着装因被仆人放错了地方，迫不得已穿着半正式的晚礼服就去参加了晚宴，因此遭到了伯爵夫人对其"睡衣"的不满]。现在，晨礼服已成为一种独特的服装，因为时尚已发生了改变，而该服装却没有。另一方面，晨礼服最初是模仿已婚女性的端庄服装，就像修女的服饰一样。所有这些都表明，副总检察长的晨礼服在贵族时代明显就是一个错误的存在，晨礼服被安置在一个自以为是世界模范宪政民主的守护者的司法体系之中。

英美法院的着装传统是在法律职业专属于男性时代之时建立起来的。晨礼服、司法假发，甚至法官的黑色长袍都是男装。虽然现在的男性穿着看起来很是奇怪，但对于女性来说，场面则更为尴尬。因此，当一位名叫埃琳娜·卡根（Elena Kagan）的年轻律师，在2010年成为第一位女性副总检察长时，她的职业装便受到了广泛的关注。她会穿晨礼服吗？这事关重大，因为在英美传统中，法学家在服饰礼仪方面往往是严谨苛刻的。按照英国的习俗，不戴司法假发的大律师，其身份将不会被法官承认，那位穿着灰色外套就进入法庭的律师，其冒犯行为惹怒了霍勒斯·格雷法官，这就足以证明事实了。哥伦比亚大学的法学院教授帕特里克·威廉姆斯（Patricia Williams）讲述了另一个与卡根情况相关的例子。在克林顿政府时期，副总检察长办公室的一位女副手曾避开穿男性化的晨礼服，而在最高法院出庭时穿了"鸽褐色"或"鸽米色"的商务套装。观察员称，首席大法官威廉·伦奎斯特（William Rehnquist）在公开法庭上谴责了她的着装，随后还向副总检察长办公室发了一封斥责信，要求不要再出现这种违反礼仪的情况。作为回应，该办公室建议其女律师穿着具有"女性化"风格的传统晨礼服，只有穿成这样，才能出现在伦奎斯特的法庭上。

女性化版本的晨礼服究竟是什么样的？威廉姆斯教授推测，它将"或多或少地与男性版本相似，只是在胸线处有缝褶……而不是搭配经典的条纹炭色长裤，也不是新古典的条纹炭色裙子。至于是否同样需要打一个温莎结，也还是一个问题。"《石板》杂志的法律评论员戴利亚·里斯威克（Dahlia Lithwick）在处理副总检察长卡根面临的窘境时指出，从历史角度来看，"女性的晨礼服要么是露肩舞会礼服，要么是新娘母亲的淡雅礼服"。对于卡根来说，晨礼服之所以成为职业服装，是因为它是该时代的正式男性服装。晨礼服象征着冷静判断和勤奋之美德，正是这些助推了"男性时尚大摒弃"。男性服饰之象征意义的一个不可或缺的部分在于与其对立面——女性服装的对比，女性服装与"男性时尚大摒弃"所摒弃的许多东西密不可分，如衣着装饰品、炫耀、幻想和虚荣。晨礼服本身无疑是充满阳刚之气的，因此，任何穿它的女性都会显得不合时宜，就像电影《摩洛哥》（Morocco）中的玛琳·黛德丽（Marlene Dietrich）一样。从设计上看，晨礼服的象征意义无疑是具有阳刚性的，不可能有女性化的服饰。正如里斯威克指出的那样，同时代的女性正装与其西服的象征意义是对立的，就像双面骑士穿长裙不适合击剑一样，穿长裙也不适合在法庭上露面。里斯威克总结道："卡根应克制自己，避免穿着某些有争议的服饰，这些服饰往往都暗示着她作为一个女人，却在做男人的工作。"对于一位女性来说，当某项传统排斥女性时，却还要让女性尊重这一传统，这是不可能的。显然，作为副总检察长，卡根并不认可必须要穿着晨礼服这一规定，所以她穿了一套女性商务装出席法庭。如今，她已找到了解决传统职业装问题的办法：作为最高法院的联席法官，她穿着一件中性的黑色长袍出庭。

又或者说，这件黑色长袍真的是男女都可以穿吗？联席法官露丝·贝德·金斯伯格（Ruth Bader Ginsburg）在2009年告诉电视频道C-SPAN，标准的司法袍"是专门为男性设计的，因为它有一个地方可以展示衬衫和领带。因此，桑德拉·戴·奥康纳（第一位进入最高法院的女性）和我认为，如果我们在袍子里加入一些典型的女性化设计，也是很合适的。"如今，金斯伯格法官的蕾丝衣领、领结和假发在最高法院中已成为传奇。她有大量的收藏品，其中包括一串南非的豪华白色项圈，一串蓝金相间的彩色项圈，以及几串白色蕾丝项圈。在她对法院的意见提出异议时，她会戴一串特别简洁的黑金项圈，而在她宣读多数人的意见时，则会戴另一串金项圈。粉丝们给金斯伯格大法官送来了很多手工制作的项圈，她的（法院）书记员们也给她赠送了项圈，以纪念她们一起工作的时光，她自己也购买了许多项圈作为纪念品。在美国最高法院中，金斯伯格法官的时尚感已成为意识形态争论的关键点：保守派律师埃德·惠兰（Ed Whelan）指责金斯伯格用独特的项圈吸引人们关注其性别，这"强化了人们对性别歧视的刻板印象"。就金斯伯格而言，在唐纳德·特朗普当选美国总统的第二天，就戴上了"独特"的项圈。特朗普坚持认为女性应该"穿得有女人味"，这一言论引发了热议。

最高法院大法官露丝·贝德·金斯伯格戴着的项圈，让传统的黑袍显得更为个性化和女性化。

对于男副总检察长来说，晨礼服是安全的制服，虽然笨重且过时，但在法庭上穿是合适的。埃琳娜·卡根不得已另辟蹊径。同样，男律师可以选择穿深蓝或木炭色西装出庭，而相比之下，女性律师虽面临着一系列的选择，但选择任何一种服装都会有反对的声音。因此，女律师和有抱负律师的着装规范、风格指南以及着装规则，都可以从伊迪丝·海德的《如何成功着装》一书中获得建议。例如，2010年，芝加哥律师协会举办了一场"时装秀如何穿搭"的活动，据《石板》杂志记者阿曼达·赫斯（Amanda Hess）报道："一群法官、法学教授和法学学生对法庭上的女性着装可谓是吹毛求疵。"另一个律师协会活动，"在法官和律师召开会议的过程中，对穿着性感的女同事都进行了吐槽……美国伊利诺伊州北区破产法院法官A.本杰明·戈德加（A. Benjamin Goldgar）解释说，女律师穿得太性感是一个'大问题'……你不能穿着像'去参加周六派对'那样去法庭……"据法律新闻网站"法律至上"报道，在2011年，杜克大学法学院的职业发展中心与法学院的女学生会共同发起了一项名为"面试着装禁忌"的活动。着装建议包括以下内容：

上衣：

包括以下规则：（1）永远不要穿低胸装；（2）注意打好蝴蝶结或领带；（3）衣服要平整；

化妆：

一定要化妆，妆容要低调适中。可以涂眼影，但不可以太浓……

头发或其他美容用品的使用：

我们喜欢黛博拉·李普曼（Deborah Lippmann）涂的指甲油和莎莉·汉森（Sally Hanson）[1]贴的指甲贴……

2012年，"法律至上"网站对纽约大学教授安娜·阿克巴里（Anna Akbari）进行了采访，该教授就如何获得大型律师事务所的暑期实习机会这一问题，为女性法学生提供了许多有用的建议。她坚持认为，女性需要靠穿着打扮来吸引男性的注意力："在像法律这样由男性主导的职业领域里，裙子或礼服特别值得推荐，因为它们对男性更具有吸引力。尤其是在面试时，女性应穿着裙子或连衣裙，因为这样的打扮深受面试官的青睐（其中许多人是男性）。"至于鞋子，女性不应穿鞋跟"超过3.5英寸"的高跟鞋，但也必须"避免穿平底鞋，除非碰到紧急情况。因为这些平底鞋不能凸显身材和装束，而且穿平底鞋也不能凸显你的女性力量。"2014年，洛杉矶洛约拉法学院的校外实习主任告诫女学生："低胸

---

1 名人修甲师。——译者注

上衣和细高跟鞋不适合出现在办公室这样的场合，原本我以为不需要提醒……然而，我却收到了主管的投诉。"与此同时，为了迎合杜克大学"不该穿什么"的研讨会，阿克巴里教授坚持认为女性"至少应该化些妆"。研究已经证明，化妆的女性在职场会得到更高的报酬，而且会被认为更有能力胜任工作。

有人不认为该着装规范已过时，对此，一位专业的时尚顾问表明，"在1950年后出生的人都不会对（女服）裤套装抱有意见。然而……采访你的人并不会总是在1950年后出生的人……我们听到这样一个故事……一个盲人法官会让他的书记员在女律师穿裤套装的时候提醒他。这就是为什么我们总是穿裙子……"同样，女权主义网站上的一篇文章也抱怨说，必须穿裙子的着装规范不仅已过时，而且还贬低了女性，但这篇文章也不得不勉强承认，建议女性在职业场合穿裙子，可能是合理的："因为穿戴不整齐得体的女性，可能无法得到工作……"

与此同时，一些法官认为女性着装要符合规范并不难。2013年，田纳西州巡回法官罗伊斯·泰勒（Royce Taylor）抱怨说，"法官……没有以相同的男性标准来要求女性……"并为其法庭发布了新的着装规范，以解决穿迷你裙、暴露上衣和运动裤等违规装扮。诚然，女律师在服装方面比男律师拥有更自由的选择权，因为男律师受限于长期以来的习惯，只能穿传统的西装和打领带。但是，女性在着装选择方面会受到一些无情的批判，这些批判之词不仅来自法官，还来自律师事务所的合伙人、高级合伙人、收发室的办事员，以及街上路过的男性。女律师必须穿裙子和高跟鞋（裙子不要太短，高跟鞋不要太高）。她们必须化妆以吸引男性，但又要确保看起来不像是在吸引男性注意。其实，任何能够弄清并掌握所有这些繁杂且隐含规则的人，在处理错综复杂的法律问题上应该是没有任何问题的。

人们可能总是会基于着装来判断对方。事实上，因为我们穿衣服是为了表达自己，从某种意义上说，我们能够接受他人对着装的评判，但我们希望这些评判是正面的。然而，人们对女性服装的评判往往五花八门：这些评判不留情面、虚伪、矛盾，更糟糕的是，这些评判从道德层面谴责女性。但如今，有越来越多的女性正在毫不掩饰地将更多的女性风格带到工作场所和正式场合。例如，2017年，民主党女议员组织了一次抗议活动，以反抗禁止穿无袖装进入国会大厦部分区域的着装规范。虽然大多数女性觉得需要穿"纯色、简洁素雅的连衣裙和宽松长裤"才能引起重视，但亚利桑那州参议员里斯汀·西尼玛（Kyrsten Sinema）却因为穿着鲜艳、佩戴珠宝、踩着细高跟鞋以及合身且无袖的衣服而成为时尚大咖。正如20世纪20年代的情况一样，在意识形态对立的情况下，时尚可能会为其提供一条通往平等的道路。

在为这本书做研究的期间，我与《纽约时报》的首席时尚评论家瓦妮莎·弗里德曼（Vanessa Friedman）在该报所在的曼哈顿办公室进行了交谈。我不禁注意到，她是在场为数不多的女性之一。那是在二月，一个寒冷潮湿的早晨，她穿着休闲而又时髦的全黑衣服：一双时髦的摩托车靴、一件高领毛衣和一条长裙，时尚圈内人的时髦与记者严肃的工作着装简直巧妙地融合在一起。我向她询问了职业女性面临的挑战，也很期待服装业专家和从事男性职业的女性对此问题的见解。弗里德曼提出了一个谨慎又满怀希望的观点：

> 回顾一下女性"应该穿什么"这段历史。在20世纪40年代和50年代，她们必须穿裙子、高跟鞋以及佩戴珍珠项链……然后，当她们置身于更传统的男性角色中时……在20世纪80年代，权力套装（乔治·阿玛尼设计的强调宽肩的套装西装）出现了——这时你需要宽阔的肩膀来撑起衣服……这就需要采用男性的制服，但对于女性来说……你可以穿鲜艳的颜色，但你必须要有一件夹克；你可以穿裙子，但不可以是性感的裙子。近来……女性……更愿意穿古典化或柔和风格的服装……一种不那么硬朗的风格，千万不要觉得这是在以某种方式放弃自身的权利。玛丽莎·梅耶尔（Marissa Mayer）在管理雅虎时，经常穿开襟羊毛衫、奥斯卡·德拉伦塔（Oscar de la Renta）的花裙子或米歇尔·奥巴马（Michelle Obama）常穿的连衣裙，而在梅耶尔之前，第一夫人

一直穿的是裙装……我认为这有助于帮助女性自由
地打扮自己，让她们在职业岗位上能穿着更舒适，并
且能够根据自身喜好打扮自己，而不是一味地迎合
男性。

20世纪后期的着装规范通过规定和禁止女性的着装，延续了限制女性政治、社会地位和性自由的陈旧规定。当今，一系列令人眼花缭乱且相互冲突的着装规范，最终寻求的并不是要单一地限制女性着装，而是将女性置于被监视的状态之下——女性一旦符合其着装规范，该规范就又会发生改变。与此同时，时尚也为人们提供了无数抵抗的机会，并且颠覆性地给旧的象征符号赋予新的时尚含义，这反过来也刺激了新一代的着装规范。

第十四章

互换性别角色

不属于你性别的服装：舞会之夜的燕尾服、男孩的蓝色（或粉色）、女孩的粉色（或蓝色）、迷你裙、芭蕾舞裙和定制套装

古代服饰和着装规范的目的是展现自身社会地位，而性别是决定社会地位最基本的要素，因为性别可将有性生殖中的生物功能与一系列社会角色联系起来。但近年来，新技术使生殖功能发生了变化，同时社会规范的变化也挑战了过去的性别角色。由于医学的进步和人们观念的改变，女性摆脱了必须怀孕和照顾孩子的束缚，能够去追求家庭以外的生活。男性也从过去养家糊口的专属角色中脱离出来，不再将父亲作为人生中的必要角色，他们得到了解放，能够去探索那些因成为父亲而无法触及的领域。21世纪的新着装规范既反映了性别角色的变化，同时也抵制了性别角色带来的改变。

2016年，宾夕法尼亚州哈里斯堡的阿尼娅·沃尔夫（Aniya Wolf）在麦克·德维特主教高中的毕业舞会上穿了一套保守的套装：黑色西装、领结和灰色马甲。她还加了一块蓝绿色的口袋巾来搭配裙子。在过去三年里，沃尔夫每天都穿着裤子和衬衫去学校，她的装束符合舞会的着装要求，这些要求罗列出了可以接受的各种服装，但没有规定女孩不能穿西装。实际上，沃尔夫参加高中毕业舞会的套装正是应对端庄着装要求的最佳方案，这种端庄的着装要求困扰着全国范围内正在筹划毕业舞会的高中女生。"你知道有很多女孩的着装……太暴露了。"她若有所思地说，"我觉得自己穿着相当得体。"但这所学校修改了着装规定，要求女生在毕业舞会必须穿礼服。当沃尔夫穿着西装来参加舞会时，学校校长竟拒绝让她入校，并威胁说要报警。

　　同年，在传统保守的加州中央谷小城克洛维，一群高中男生特意穿连衣裙上学，以此抗议学校禁止男生留长发、戴耳环、穿裙子的着装规定（富有同情心的女孩通常会穿纹格法兰绒衬衫和牛仔裤，以此表明与男生和跨性别学生立场一致）。这样的抗议活动既是为了要求学校接纳跨性别学生，也是为了呼吁制订更为舒适和适宜的着装规范。克洛维联合校区发言人凯利·阿凡特（Kelly Avants）对此次抗议发表了讲话，向学生保证着装规范对跨性别者可保留例外情况："我们将与这些学生共同打造一个良好的校园环境，让他们能够穿着符合其真实性别的衣服。"该校区的理事却委婉地为着装规定辩护，并坚称："女人就是女人，男人就是男人，这是有天壤之别的。"但加州教育法规却禁止基于衣着的性别歧视，美国公民自由联盟也威胁要起诉该学区。另一地区的受托人金妮·霍夫塞皮安（Ginny Hovsepian）提出了一项新颖的法律理论，以辩护性别着装规范，以及反对非歧视性的命令："虽然这是一条法律，但并不意味着我们就得忍受它。"对于霍夫塞皮安来说，这才是"法律"一词的真正含义：该校区最终做出让步，并采纳了一套更为不偏不倚的着装规定。男孩现在可以留长发，也可以戴耳环；但男女生都禁止蓄须，以及其他任何身体部位的打孔。

　　由于面临越来越多的学生反对，许多其他学校一直都在努力地执行特定性别的着装规范。这些学生通常都接受跨性别者和非二元性别的身份，并且对那些限制性的性别规范深感失望。新一代的人们正在利用时尚创造新的身份，这些身份让那些曾被视为理所当然的性别差异变得复杂或具有颠覆性。在他们努力地尝试改写定义性别服装和性别意义规则的同时，也正在书写未来的着装规范。

着装规范如何塑造性别

　　从古至今，着装规范都要求服装能够成为区分性别的标志。《圣经》和法律的限令让那些特定性别的着装规范发生改变。即使不断变化的规范已削弱了服装和多种社会地位之间的联系，但法律和习俗仍限定了服装和性别之间的联系。随着时尚的变化，并没有什么特定类型的服装本身就应该"属于"男性或女性；此外，时尚的变化有可能削弱男女性之间的工作差别。性别化着装规范的核心目的不是要确保各性别的人穿或不穿任何特定类型的服装。相反，它是为了确保衣服能清楚地表明穿着者的性别。

有时，性别象征主义也具有延伸性，比如中世纪晚期和文艺复兴时期的遮阴袋[1]，又或者说是长领带，人们可能会根据其字面意义将其解释为与阴茎有关的事物，所以该物不仅指向而且还意味着阴茎。但大多数服装在性别象征方面都很随意，比如蓝色就意味着男性，而粉色意味着女性。但这种普遍的旧俗并没有在颜色中反映出任何男性或女性的固有特征。事实上，在不到一个世纪之前，这种颜色的象征意义都是与之相反的。1918年，一篇零售业文章坚持认为，"普遍能接受的规则是男孩穿粉色，女孩穿蓝色，"并解释说，"粉色更坚定、更强烈，所以更适合男孩，而蓝色更精致、更优雅，所以更适合女孩。"重要的是，直到今天仍然如此，男孩和女孩穿衣是不同的。事实上，虽然性别划分的意义由来已久，但区分性别的精准划分标准已随着时间的推移而改变。在19世纪末和20世纪初期，男女婴和男女童都可以穿白色外套，而且年轻的男孩和女孩都可以留长长的卷发，穿高跟鞋，颈部可以有花边领饰，还可以戴帽子。男孩们只有在身体发育到足够成熟的时候，大约在六七岁，才会第一次剪头发，穿男装。男性的服装并不与男性的性别本身有关，而是与男性的阳刚之气有关。无论男女，孩子们都被认为是娇弱的、天真的，因此，人们会认为孩子后天形成的穿衣气质，与家庭女性的气质紧密相关。

这种服装象征的任意性表明，大多数性别化的服装与人类的生物特征无关。相反，它反映的是一种社会习俗。"女性服装"反而是并不特别适合女性身体的服装，它只是女性通常穿的服装。这也就意味着，每一次对性别规范的违反也是对这些规范的潜在修正：如果有足够多的女性穿裤子，那么裤子也就会成为女性的服装。

着装规范确保了这种变化不会对服装的性别差别造成很大影响。例如，在20世纪中期，数百个美国城市的法律明文禁止男扮女装，还有许

---

1   遮阴袋是15、16世纪欧洲男子穿短马裤或紧身裤时，盖在生殖器官前面的东西。——译者注

多城市则采用一般禁令，以此禁止公共场合的不雅行为。通常情况下，这些着装规范根本没有强制任何特定类型的性别服装。相反，这些城市还实施了一种性别象征主义的制度。由于性别装束的定义既不明确又不稳定，因此这些变装禁令不可避免地具有模糊性。实际上，非法变装要么意味着有意违反性别规范，要么意味着对某些既定惯例的违反。这两种处理变装的方法都有问题，在20世纪70年代，因变装而受到指控的人开始质疑这些法律，并认为这些法律侵犯了公民权利。

早期的质疑来自那些被医学界认定为"变性人"的人（在此我请求读者原谅，该术语可能会冒犯到许多人，但该术语广泛使用于当时的相关法律意见书之中）。例如，在哥伦布市诉赞德斯（Zanders）案中，法院认为，一位变性人（男性变成女性）在变性手术时穿女性服装，是在为成为女性做心理准备，并不是有意为之，因此这种行为缺乏精神层面的罪责，无法根据当地的变装禁令确定其犯罪意图。法院认为："对于真正的变性人来说……打扮成女性更多的是由于不可抗拒的冲动或丧失意志力的结果，而不是想要故意地违反法令的规定。"这一观点与言论自由无关，也不是对变性人权利的辩护。事实上，从某种意义上来说，这种观点加强了对"故意"变装的禁止，以及对性别装束的既定惯例的执行，赞德斯是无罪的，因为她希望并打算以大众能够接受的传统方式穿着女性服装，即成为一名女性。

四年后，俄亥俄州哥伦布市的法令同样受到了质疑，因为该法令没有明确禁止或要求什么类型的服装可穿或不可穿。在哥伦布市诉罗杰斯（Rogers）一案中，法院判定该法律不符合宪法的规定：

> 男性和女性的着装方式在历史上是受制于时尚变化的。目前，为两性出售的服装在外观上非常相似，以至于"一个普通人"可能无法识别该服装是男性服装还是女性服装。此外，有人会故意穿着异性穿的服装，这种情况在当今并不少见。

正如四年前的赞德斯案一样，这并不是穿衣自由的胜利。在罗杰斯案中，法院并不反对变装禁令，唯一的问题是不清楚法律究竟要禁止什么。由于时尚的不断改变，导致有些人会在无意中违反法律条文，要么穿一件性别模糊的衣服，要么"故意但无坏心"地穿一件异性服装来作为适合自己性别的服装，例如，在20世纪70年代，一位男性可能会穿一件带褶边的飘逸上衣来传达一种浪漫的时尚，以达到所谓"虚张声势"的效果；一位女性可能会打领带和穿西装外套来作为"安妮·霍尔[1]造型"的一部分。对罗杰斯案来说，即使某些个别元素"属于"异性，但违反性别化着装规范就会牵扯到混合元素的服装，包括人体明显的身体特征，都可以明显看出是男性或女性。

惩罚违规行为

对性别规范的"无害"违反行为与变装之间的界限并不是很明确。在20世纪60年代和70年代初的"孔雀革命"[2]期间，男性尝试了浮华的新潮流，这不禁让人想起"男性时尚大摒弃"之前的男性审美：鲜艳的印花图案、荷叶边衬衫、醒目的珠宝以及长而有型的头发（他们通常会解开领口来衬托面部和胸部的毛发）。到了20世纪80年代，有关美国男性角色在社会中的焦虑现象，引发了人们的强烈抨击，性别规范也因此变得更加合理。虽然艺术家、音乐家和追求时尚的都市人仍在尝试非常规的性别着装，但传统的美国人却仍在既定的性别界限内苦苦挣扎。在反对同性恋盛行的年代，男性会担心，过于时尚的服装显得娘娘腔或让人感觉像是"同性恋"，即使是无意地或开玩笑似的违反性别界限，也仍然会遭到嘲笑和骚扰。今天，尽管禁止变装的法律已不再适用，但那些不加掩饰的变装者仍经常受到社会的蔑视、排斥，甚至暴力。

具有讽刺意味的是，受到最激烈攻击的变装者也许是那些先前可能被法律免诉的人，因为这些变装者是按照惯例穿戴其性别装束的。想想格温·阿劳霍（Gwen Araujo）的悲剧，一个17岁的女孩，虽然按照传统的医学定义应是男性，但心理认知却是女性。17岁的阿劳霍，一般会穿露脐上衣和牛仔裤，但在去参加加州纽瓦克地区的一个朋友的家庭聚会

1　　伍迪·艾伦同名电影的女主角。
2　　由时装设计师哈代·艾米斯提出，指男性服装渐趋于华丽的倾向。——译者注

时，她从那个朋友那里借来了一身罗马尼亚式上衣和迷你裙。早在几年前，阿劳霍就慢慢开始了性别转换。从外表上看，她现在就是一位有魅力的年轻女性。但她的母亲却很担心这条迷你裙会给她带来麻烦，因为阿劳霍的腿部看起来很男性化，而且以前都是穿牛仔裤。此外，阿劳霍没有做过生殖器再造手术，而且裙子的遮盖性也不如牛仔裤。

事实证明，阿劳霍的母亲担心是对的。当何塞·梅瑞尔（Jose Merel）——一个阿劳霍认识的男孩，据说之前与他有过亲密接触，开始追问阿劳霍时，派对上发生的事就呈现出了丑陋的一面。他问道："你到底是男人还是女人？"当另一位朋友妮可·布朗（Nicole Brown）提出带阿劳霍去浴室"检查"她是男是女时，对阿劳霍来说可就更糟了。布朗在审判中证实说，她将手伸向了阿劳霍的裙子，"我想我触碰到了一条阴茎"，然后她就"吓坏了"，还跑到大厅里大喊："我不敢相信他居然是一个男的。我无法相信，也无法应对这种情况。"

后来目击者说，三名男子——何塞·梅瑞尔、迈克尔·马吉森（Michael Magidson）和杰森·卡扎雷斯（Jason Cazares）——一起殴打并勒死了格温·阿劳霍，并用绳子捆住她的手和脚，然后埋葬了她的尸体。在随后的谋杀案审判中，他们的辩护律师宣称，这属于"激情"杀人案件，不构成预谋杀人罪。一位辩护律师告诉陪审团，"这是一个关于欺骗和背叛的案件"。他坚持认为，当他的当事人发现阿劳霍是变性人时，他的当事人"就被激怒了，而且情绪'超出了理性'的范围，他的反应是愤怒和暴躁，以及震惊和厌恶"。发现"阿劳霍的真实性别"后，引发了"如此强烈的反应，几乎是本能的反应……性别的选择，对我们来说非常的重要……而且本案中的欺骗行为……是一种实质性的挑衅行为，这涉及性别的欺诈、欺骗和背叛"。何塞·梅瑞尔的母亲万达·梅瑞尔（Wanda Merel）告诉记者："如果你发现和你在一起的漂亮女性其实是个男性，这会让任何一位男性发疯。"一名报纸评论员将这一观点推到了一个更为极致的猜测，他认为正因阿劳霍与梅瑞尔以及马吉森的关系十分亲密，所以是阿劳霍先欺骗了他们，才引发了这场谋杀：

> 这些人之所以这样做是因为阿劳霍侵犯了他们，阿劳霍用谎言和欺骗手段诱使他们发生性关系，是阿劳

霍没有对他们坦诚相待，如果阿劳霍没有欺骗他们，那这一切就不会发生……这些人也确实受到了侵犯，他们遭到了强奸。

杰森·卡扎雷斯对法院所判的故意杀人罪表示"无异议"。但陪审团在这一案件上陷入了僵局，从而导致审判无效，在随后的审判中，梅瑞尔和马吉森被判处二级谋杀罪。2006年，加州颁布了《格温·阿劳霍受害者正义法》，减少了审判中所谓的"为同性恋或变性人辩护"的使用。2014年，该州完全取消了这一辩护。

跨性别活动家及哲学家塔里亚·梅·贝彻尔（Talia Mae Bettcher）指出，"用来遮蔽身体特殊部位的服装，也能从侧面显示出该生殖器官的重要性。"贝彻尔认为，跨性别者如果拒绝遵循这些传统的着装规范就会受到惩罚："通过服饰能够识别出性别以及生殖器官，在这一方面，变性人是没有选择的。"通过观测性别化着装规范的历史进程，我们可以将贝彻尔的想法更进一步，即性别化的服装能够显示出性生殖器官（也就是真实性别）。性别差异的体现不仅仅是靠生殖器官，例如，在哺乳动物中，性别是由出生后，动物哺育婴儿的能力来定义的。因此，许多女性的服饰都吸引了人们对女性乳房的关注。此外，由于传统的刻板印象将某些心理倾向（如攻击性或同理心）与性联系在一起，这些观念也塑造着性别化服饰。性别化服装能够显示出所有这些特征以及特点。但一些人对跨性别身份感到不安，因为这些性别化服饰经常以一些意想不到的方式与这些特征结合在一起。从某种程度上来说，这也是某些人对那些不符合性别刻板印象的人深感不安的原因，比如安·霍普金斯和达琳·杰斯珀森。

何塞·梅瑞尔的母亲试图解释自己的儿子是因为愤怒才有此行为，如果你发现和你在一起的漂亮女人其实是个男人，任何一个男人都会发疯的。但在这里，一个由格温·阿劳霍假扮的美丽女性实则不是女性，没有人会对她产生性幻想，即便她身上汇集了太多理想的女性品质。带有性别色彩的衣服不仅能遮蔽裸露的身体，还能打造一个理想化的外表形象，并且间接地塑造了不同性别之间的情爱关系和社会关系。但所谓"欺骗性"的变装者却威胁着这种性幻想。

事实上，虽然性别的非传统表达方式不带有欺骗性，但也常常引发暴力行为，许多人会借用为杀害阿劳霍凶手辩护的措辞来为凶手的行为辩护。例如，2017年4月20日，怀俄明州参议员迈克·恩兹（Mike Enzi）在格雷布尔高中面向一群学生发表演讲，他讨论了各种各样的话题，包括他认为《合理医疗费用法案》存在过分之处，并且所在党派也想要废除该法案以及教育部对当地学校实施的专横法规。该演讲的最后一个问题来自二年级学生贝利·福斯特（Bailee Foster），她问参议员："你有为同性恋群体做些什么？"恩兹回复说，在怀俄明州，"你可以成为任何你想成为的人……只要不拿在明面上说"。为了阐述自己的观点，恩兹提到"在周五的晚上，一个哥们如果穿着芭蕾舞短裙去酒吧，可能会引发暴力事件。好吧，他是自找的"。恩兹没有详细说明，但我们可以推测，该绅士明目张胆地穿着芭蕾舞短裙，导致性别与服装的不对应，会让人们无法接受。通过意想不到的方式结合象征性别的服装元素，"变装者"让人们关注到那些构成我们性幻想或理想的性对象的诡计。

自然穿着

从历史角度来看，性别化服装的一个主要功能是表明穿着者的生理性别。这不仅解释了有些服装是根据生殖器官来设计的，还解释了青春期前男孩与女孩穿着相似的原因、未婚女性与已婚女性穿着不同的原因，以及老年女性与育龄女性穿着不同的原因。在君主制和贵族社会中，社会地位是靠血统来维系的，性别化服装有一个重要的功能，即象征着人物的生殖角色，而王朝、王国和帝国的命运也就取决于此。这并不意味着变装在过去具有"欺骗性"，但这确实挑战了社会角色，而这些角色都具有深远的经济利益和地缘政治意义。

但在今天，政治权力通常不是继承下来的，许多人在没有后代的情况下依然过着幸福而充实的生活。快乐已经取代了繁衍后代而逐渐成为性行为的主要动机，与此同时，技术也让无性生殖成为可能。我们的服装也反映了这些变化。时尚历史学家安妮·霍兰德注意到了这种无性服装的趋势：

将每个人打扮成孩子,可以从中找到真正的两性平等。现在,一群在博物馆或公园里的成年人看起来就像是在进行校园旅行。每个人都穿着和孩子们一样的五颜六色的拉链夹克、毛衣、裤子和衬衫……这些服装意味着绝对的身体自由,不用承担任何责任……是成年人对无忧无虑的儿童特权的延续……此外,这些服装还代表着他们摆脱了成年人需承载的性别负担……男性和女性……穿得一模一样……他们穿得像小男孩和小女孩……在这个年龄,他们不需要靠衣着来区分性别,因为他们参与的社会活动以及他们的思想对这方面没有需求……

与非性别化的青少年服装相比,人们故意违反性别化着装规范是想凸显其成熟性感的身形。变装者和跨性别者通过各种新颖且具有创造性的方式搭配着装,与其传统服饰的性别要素完美融合。人们想要以新的方式,对某些人来说,或是令人不安的方式,即将服装与性别象征意义结合起来,这一想法不足为奇。真的,我能说吗?一些人会在心理上不认同性别是由其生殖器官决定的。过去传统的性别观念如今无法用来区分变装者或跨性别者,我们大多数人会通过衣着故意突显生理性别的特征,许多人也会通过其他干预手段,如整容手术或极端健身来达到这一目的。如果说这是"非自然的",那么性别化服装也是一样的。正如著名的变装皇后(男扮女装的男子)鲁保罗(RuPaul)所说:"我们都是赤裸地出生,但剩下的就是靠变装来突显性别了,宝贝们。"

今天,越来越多的人,无论是不是变性人,都会别具一格地利用服饰的性别象征意义。例如,舞蹈家萨拉·格弗拉德(Sara Geffrard)就偏爱时尚男装,并给自己的博客起名为"潇洒小姐",这个博客昵称既富有女性采访时的飒爽,又具备独特的时尚感。格弗拉德发现经典西装给予了她自信:"我是一个非常、非常害羞的人,但如果我穿上西装,我就会感到非常自信……否则,我就会觉得自己太不起眼了。"对格弗拉德来说,最重要的衣着转变是从运动装转变为量身定做的服装:"我以前穿得更多的是……城市街头服装,有些装扮不是我喜欢的……每当我走进一家商店，就感觉有人在跟着我。但当我开始以现在的方式穿衣服时，我就不再有这种感觉了。"格弗拉德不是变性人，她并不认为穿西装与自己的性别相矛盾。她说："这些西装实际上就是女性的服装。"同样，博客文《她是个绅士》的作者丹妮尔·库珀（Danielle Cooper）也偏爱男式西装，她说："我不想成为一个男人，但我想成为一个穿男装的女人。"

2015年，威尔·史密斯（Will Smith）和贾达·平克特·史密斯（Jada Pinkett Smith）两人的儿子贾登·史密斯（Jaden Smith）因穿着路易威登的裙子为其女装打广告，成为时尚界的风向标。史密斯以打破传统风格而闻名，《GQ》杂志曾赞赏地指出："豹纹紧身牛仔裤就是他的日常裤子，裙子就是他的日常T恤。"《纽约时报》的时尚编辑凡妮莎·弗里德曼（Vanessa Friedman）指出，史密斯的风格之所以引人注目，是因为"他不是一个处于转型中（男性转向女性）的人……或者说他穿的衣服看起来男女都可以穿……他是一个穿着明显女性服装的男人。虽然他穿上这些衣服看起来不像女孩，但其实看起来也还不错。"这也许是一个预兆，预示着在未来，性别化着装规范很大可能会得到重新组合。这些性别服饰的新搭配是当今世界转变性别方式的手段之一，这也暗示着新的社会角色和新型性幻想的出现。

尽管有这种不稳定的平衡，或者也许正是由于这种不稳定的平衡，控制和规范性别化着装需要更多的努力。性别化着装规范一直都在发生变化，这折射出了新社会规范和新技术，但这些性别化着装规范仍塑造着我们与身体、社交、个性之间的关系。

第五部分

零售期望

如果你为了它而打扮，你就可以得到任何你想要的生活。

——伊迪丝·海德（Edith Head）

我设计的不是衣服而是梦想。

——拉尔夫·劳伦（Ralph Lauren）

第十五章

功勋奖章

适合工作场所的服装：红底鲁布托鞋、21俱乐部领带、蓝色外套、学院风套装、红色运动鞋、巴塔哥尼亚背心、灰色或黑色T恤。

不适合工作场所的服装：设计师品牌服饰、高跟鞋、套装

中世纪和文艺复兴时期的着装规范让贵族能够通过奢华的服饰来突显特权：精英阶层的服饰极其华丽。启蒙运动后，不成文的着装规范允许穿着优雅和精致的服饰来突显社会地位，这反映了人文主义的公民美德，以及对人类身体形态的赞美。当今的着装规范包含这两个古老传统元素。奢华依然存在，尤其是在女性服饰上，而且昂贵奢侈品的排他性能够使产品成为精英地位的标志。与此同时，"男性时尚大摒弃"的精神也反映在朴实的定制服装上（尽管如此，服装还是包含了很多微妙的身份象征：内部构造、剪裁、纽扣放置和缝制等细节），并且，越来越多的休闲装出现在很多重要场合（人们穿着短裤和夏威夷衬衫出席海滨婚礼，工作日的每天都是休闲星期五式着装）。自20世纪60年代以来，追求原真性服饰的观念在时尚界越来越有影响力，这激励着更多的人选择穿一些看起来自然且实用的服装，并且不认同服装被过度剪裁。具有讽刺意味的是，由于这种功能性服装现在成为一种地位的象征，导致许多此类服装的设计变得模式化及矫揉造作，与人们期望呈现的状态相悖。在朴素美学中，这种摒弃的精神被发挥到了极致，朴素美学仿佛与时尚不沾边，却又赋予时尚道德价值，这些都体现在大学教授们那逆来顺受的势利态度上，体现在所谓美国中心地带的伪无产阶级上，以及体现在加州硅谷那些朴素的休闲运动装上。

杰出的标志

根据美国第二巡回上诉法院的说法，克里斯提·鲁布托因"注重鞋底而出名……鲁布托鞋子的特点是……鲜红色的外底，这几乎总是与鞋子其他部分的颜色形成鲜明的对比"。法院强调，"在高风险的商业市场和社会圈子里，这些事情非常重要……'一闪而过的红底鞋'如今'立刻'就能被'知情者'认出来……"时尚的这种神秘感引起了法庭的兴趣，因为"鲁布托在2007年3月27日提交了一份申请……保护……'红底商标'"作为注册商标，并宣称拥有制造和销售红底漆面鞋的专有权。因此，当伊夫·圣罗朗（Yves Saint-Laurent）"准备销售紫色、绿色、黄色和红色的'单色'鞋系列"时，即整只鞋，包括鞋底都是同一颜色时，鲁布托便提起了诉讼，要求停止销售红色系列的鞋。

该纠纷涉及知识产权法的一些模糊细节，其中"审美功能"和"获得显著性"等晦涩的法律概念发挥了很大作用。但这场争端的基本利害关系很容易理解。像许多高级时装品牌一样，克里斯提·鲁布托的商业策略是确保其产品易于识别，且具有独特性。在鲁布托的不懈努力下，红色鞋底已成为一种让人追捧的身份象征。为了确保品牌的独特性，公司需要掌握谁能制造，或者说操纵谁能穿红底鞋。但鲁布托的成功也引发了冒牌货的出现，为阻止快消时尚品牌Zara和其他几家在欧洲销售廉价红底鞋，鲁布托与这些公司进行了斗争。与路易十四不同的是，鲁布托不能简单地下令根据社会等级限制穿红底鞋。但对鲁布托来说，幸运的是，当今的法律提供了一个更微妙但几乎同样有效的着装规范。

中世纪和文艺复兴时期的反奢侈法与变化多端的时尚水火不容，而如今的反奢侈法则与时尚结为"盟友"，利用时尚对人进行分类和划等级。由于人们深受启蒙运动价值观的影响，使得人们无法接受这种堂而皇之的地位等级制度：要么隐藏身份地位，要么就假装看起来很民主。因此，在18和19世纪期间，基于地位而制订的着装规范让位于看似平等的精英统治。当然，皮草、柔软的皮革、丝绸、山羊绒、长绒棉，更不用说贵金属和宝石了，仍然像过去一样被用来彰显身份地位。不同之处在于，过去穿戴华丽服装会直接受到身份地位的限制，但现在越来越多地只受到间接限制，即支付能力的限制。时尚的快速变化强化了社会等级制度，助长了托尔斯坦·凡勃伦所谓的"奢侈浪费"：确保衣服在穿过之前就已过时，时尚圈的存在让那些穿着时髦的人证明了自己的财富实力。当然，这些地位象征在今天仍然存在，但到了19世纪，这些地位象征就已经变得没那么可靠了：工业化和大规模生产使得服装的制造成本降低，普通人也可以模仿精英阶层的时尚穿搭。这一趋势在21世纪发展迅速，如今，合成材料以极低的成本模仿昂贵的纺织品，将奢侈品的外部设计带到了大众市场，而快销时尚则能在时装店刚发布那些精致前卫的服装设计后不久，就将这些服装款式售卖给大众市场。

如今，我们依靠其他的方式来突显身份地位。就像后启蒙时代的许多着装规范一样，今天的法律以更好维护平等地位为幌子，实则强化了社会地位的观念，在这种情况下，奢侈品的内在质量，不再是人们购物时的首要考虑。拉尔夫·劳伦的马球标志和马球运动员的徽章，路易威登的首字母缩写，香奈儿重叠的"C"，蒂芙尼独特的蓝色包装——这些标识符号就是21世纪的紫色丝绸和银鼠皮镶饰。同样，高跟鞋的红色鞋底曾是法国贵族的专属，现在是设计师克里斯提·鲁布托的独家商标，也是其富有顾客的身份象征。这些标志都具有排他性，象征着崇高的身份地位，这在很大程度上是因为法律限制了服装在市场中的数量，就像都铎王朝的法律或路易十四的法令一样，限制了奢华面料和珍贵宝石在市场上的流通。精英时装公司和奢侈品珠宝商，通过严格控制商品在市面上的流通（从制造点到销售点），以确保其价格居高不下、供应有限。一些公司与零售商签订合同禁止或严格限制折扣，将其最独家的产品留给自己公司能控制的精品店。所有这一切都是有可能的，因为法律赋予这些公司以排他权，这样的权利能保障该公司在贸易过程中的身份地位：他们的商标具有排他性。法律并没有直接规定哪些人可以穿戴这些象征崇高身份地位的服饰。但是，现代商标法的作用是保护排他性和崇高地位，就像过去的反奢侈法律一样。正如商标法专家巴顿·毕比（Barton Bee-be）教授所说："反奢侈法并不像人们普遍认为的那样，随着工业化和民主化的发展而消退。相反，它在现代商标法中以新的形式呈现。"

商标法应将公司的名称和标志与其产品联系起来，从而为消费者和竞争性市场提供准确的信息。通过赋予制造商使用独特名称或标志的专有权，该法令禁止不择手段的卖家以次充好，冒充对手。从理论上讲，诚实的制造商和消费者都能从中受益，一家以优质产品著称的公司，能够享有这种名誉所带来的好处，而买家也能知道他购买的产品是一家值得信赖的公司生产的，而不是劣质的仿制品。这种对商标法的标准解释与精英管理精神是一致的：我们通过商标显示产品的区别性，以表明产品的质量以及制造商的优势所在。

然而，很大一部分商标法的内容与确保消费者获得准确信息的目的没有关联。例如，法院认为，低价仿制昂贵商品是非法的，因为这一行为"减弱"了商品的排他性，以及象征崇高身份地位的这一特性，即便实际消费者很清楚相关产品并非具有表面上看起来的质量。为什么那些仿冒品是非法的？在曼哈顿运河街花25美元购买"普拉达"手袋的消费者，实际上并不认为他们买到了著名的米兰时装店普拉达的商品。购买40美元劳力士表的人并不会真的相信这是一块精密的瑞士机械表。这些假货是非法的，不是因为真正的买家可能会被误导，而是因为随机的第三方观察者可能会被误导：这些假货让正品变得不那么独特专有。例如，颇具名声的积家制表商制造的"空气"钟，被其他生产商复制生产，并廉价售卖，就是在这样一起案件中，法院指出，"消费者会购买……廉价的钟是为了通过展示那些旁观者所认为的有身份地位的物品，从而获得声望……"同样，在一项禁止山寨爱马仕手袋的裁决中，法院指出，"正品的购买者……因山寨品的普遍存在，利益受到损害，因为山寨品削弱了正品的高昂价值，而这种价值部分源于其产品的稀缺性。"同样，即使红色鞋底的鞋是以不同的品牌名称进行标示和出售的，但克里斯提·鲁布托仍有权阻止其竞争对手生产红色鞋底的鞋，因为大量的红底鞋会削弱红色鞋底与财富以及崇高身份地位之间的联系。这些案例中的问题并不是便宜产品的购买者被骗了。相反，人们担心的是他们不公正地得到了某种虚伪的名望，而正品奢侈品的消费者高价购买商品，得到的身份地位却与其价位不对等。这些廉价仿制品的买家，有点像文艺复兴时期那些屠夫的妻子，虽然地位不高，但都戴着闪闪发光的王冠——他们混淆了既定地位象征的含义。

奢侈品的价值很大程度上在于其稀缺性。事实上，这类产品的经济市场与其他非奢侈品的市场有着本质的不同。典型的产品包括基本必需品、实用工具、普通衣服，它们之所以有价值，是因为它们的客观质量具有价值。经典的供求经济法则适用于此。对此类产品的需求通常应反映出产品的质量和价格：物美价廉的高质量产品将比价格较高的同类产品或相同价格的低质量产品有更大的市场需求。因此，类似产品的制造商会在价格上争夺顾客，压低价格，以使消费者受益。但是，许多奢侈品之所以受人青睐，不仅是因为它们的稀缺性，还因为其内在品质。对于这些产品来说，更高的价格实际上可以激发奢侈品消费者对目标市场的需求。因此，制造商可能不是在产品价格的基础上竞争，而是在其排他性的基础上竞争，这就导致在某些情况下，竞争的目的是提高产品的价格，而不是降低其价格。经济学家对这种独家的、高档的产品有一个名称：凡勃伦商品。凡勃伦商品以著名的显性消费理论家的名字命名，其价值正是来自其稀缺性。因此，凡勃伦商品之所以受欢迎，是因为它们价格昂贵，而且是一种专属身份的象征。例如，对于爱马仕"凯莉"或"铂金"手袋的购买者（他们通常必须等待数月甚至数年，才能获准支付高达30000美元购买该物）来说，高价是一种保证排他性而不可或缺的手段，与曾经的反奢侈法承担着同样的社会功能。

由于凡勃伦商品的价值源于其排他性，因此严格控制产品供应至关重要。商标法准许制造商控制供应，人为制造出一种稀缺性。因此，该法律不仅禁止劣质仿制品，而且禁止生产与授权商品相同的仿制品。例如，即使是古驰自己的员工也无法辨认出那些由"超级仿制者"制造的假冒手袋。尽管如此，这些产品和那些劣质假货也一样都是非法的。同样，当蒂芙尼起诉易趣网站为销售仿制蒂芙尼品牌珠宝提供便利时，蒂芙尼自己也不得不承认，其专家往往同样无法区分正品和仿制品。事实上，有时一些获准产品商标的工厂会偷偷摸摸地生产超额产品，在其授权渠道之外销售。这些超额产品和授权的产品完全一样：它们是由同样的人、同样的设备、原材料以及同样的方式制造的。但它们和廉价的仿制品一样也是非法的，因为这些超额产品可能会淡化奢侈品有意营造的产品排他性。

奢侈时尚品牌执行着现代反奢侈法律，像17世纪的裁缝行会一样狂热地捍卫着自己的特权。它们的商标是历史进程中最新的服装地位象征，每一个都比上一个更精致、更抽象。在时尚诞生之初，身份的象征需要华丽的服饰来进行展示：精致的设计、昂贵的面料，以及贵金属和宝石的使用。在"男性时尚大摒弃"之后，象征身份的服饰变得更为微妙，其包括那些奢侈但低调的面料，如细羊毛和羊绒，以及那些只有懂行的人才能识别出的精致设计结构：从某种意义上说，剪裁考究的定制西装就是奢侈服饰的一种体现，一种精致且纯粹的形式表达。商标通过这一进步，得出一个逻辑结论：所有体现贵族身份的事物，都只是一个抽象的符号。人们不再穿着厚重的豹皮和天鹅绒，而是挎着标有爱马仕"H"的包，人们会穿一双设计简单的红色鞋底的鞋子，来取代华丽的珠宝皇冠。

辉煌的开拓者

在19世纪，这些有着微妙之处的着装规范仍然存在，尤其是在剪裁讲究的服装方面。尽管民主价值观和大规模生产催生了平等职业制服的诞生，如运动夹克、深蓝色休闲西装上衣和商务套装，但社会身份地位仍然通过服装上的微小变化来传达。社会环境崇尚节俭低调，但同时也在助长那些奢华且吸引人眼球的打扮，这让那些精细的风格设计成为背后身份象征的标志。

"那是一个潮湿的日子，但坐在四季酒店烧烤室的每个人都穿着夹克。"据《纽约时报》报道，在2013年炎热的夏季，午餐时穿着光鲜且考究的用餐者，如身家亿万的金融家、媒体大亨和房地产大亨，这些人无论穿什么都能获得尊重。但不成文的着装要求很明确："少数衣着不整的用餐者可以要求从挂在楼上衣帽间的30件海军蓝（即深蓝）休闲西装上衣中挑选一件穿在自己身上"。

高级餐厅执行正式的着装规范，因此"租借"夹克[1]是高级餐厅一项历史悠久的传统。这主要有两个目的：保留餐厅的优雅氛围，让穿着者显得像个"乡巴佬"。《泰晤士报》恰如其分地将这些典型的外借服装描述为"污渍斑斑、不合身、丢人的涤纶夹克"。官方着装规范让这家餐厅成为一个优雅的场所，但同时还有一个更为复杂的着装规范，以区分不同身份的顾客。穿夹克打领带就等于优雅，因此，要求穿夹克打领带的餐馆也是高雅的，但有些外套和领带比这些更高雅。传统剪裁和时尚剪裁所

1　这里的夹克不是指休闲夹克，而是泛指西装上衣。——编者注

传达的信息是不同的，设计上的一些微妙细节会被懂行的人注意到，那些穿着剪裁考究和时髦服装来用餐的人，其身份地位要高于那些穿着不合身且质量低劣服装的"租借"人。

即使是服装"租借"人，彼此之间也有额外的细微差别。例如，在曼哈顿的21俱乐部，在放弃要求穿西装和系领带这一强制性的着装规范之前，该俱乐部会向那些未穿正式服装来参加晚宴的人提供一件非定型的深蓝色休闲西装上衣以及一条领带，通常会有"21"的标志或俱乐部标志性的草坪骑手的形象，对那些来参加晚宴却穿戴不得体的人来说，这是耻辱的徽章。但21俱乐部"租借"人的领带，除了在21俱乐部之外，任何地方都可以适用，于是成了一种身份的象征：它不仅表明该人在这家著名的餐厅就过餐，而且还显现出这个人已将此事视若平常，以至于出现在大众视野时，衣领也是无意间敞开的（也许是刚刚在网球俱乐部打完一场壁球）。因此，几十年来，美国精英预科学校、学院和大学的学生都以他们与21俱乐部的关系为荣，这种关系也是在与亲戚、朋友或信托基金管理者共进晚餐后"建立"的。

"租借"西装基本上都是海军蓝西装。深蓝色西装是男士衣柜里的主打服饰，因为它适合所有人，几乎是万能搭配。它既可以是资产阶级体面的标志，也可以是贵族血统的象征。它是一个理想的"租借"品，因为它既能同质化又能差异化，它仿佛体现着平等主义，背后却又蕴涵着等级制度。深蓝色西装可以作为司机的制服，也可以由坐在后座的富豪穿着，因此它具有普遍性和民主象征意义。但是，上帝就在细节里！有慵懒的深蓝色涤纶西装，也有来自伦敦裁缝师的定制深蓝色西装，这些都是为布莱船长量身定做的；有批量生产的粗布深蓝色西装，这是全世界中层管理人员的默认制服；还有超轻的丝绸和羊绒深蓝色西装，这是由那不勒斯工匠手工缝制的，是欧洲贵族和风险投资家的首选。深蓝色西装以其简洁、微妙细节和普遍性的特点，揭示了服装细节是如何象征社会地位、表达政治理想和表达个性的。可以回溯一下四季酒店深蓝色西装的租借库，即使在2013年，在这家标志性的餐厅被迫搬出西格拉姆大厦之前，都一直要求男士穿西装打领带。事实上，正式餐厅的着装规范时代即将结束，仅仅两年后，纽约人权委员会宣布，"要求男性打领带才能在餐厅就餐"的规定是一种非法的性别歧视。尽管如此，许多只穿衬衫的顾客还是选择借一件西装。曾经的官方着装规范如今已成为一种非正式的、不成文的规范，也许正因为如此，才成了地位象征更有力的标志。

传统的服装术语将西装上衣（blazer）和运动外套（sports coat）区分开来。后者的起源可追溯至狩猎、划船和网球等运动时所穿的夹克（因此叫作运动外套），并保留了那个时代的痕迹：粗花呢面料、土黄色格子，以及狩猎时方便使用的口袋；大胆的图案和颜色来自赛艇运动以及球拍运动。海军蓝西装上衣源自海军军官的制服，这就解释了为什么它还保留着传统的黄铜纽扣，为什么是仅有一件上装的"奇怪"西装（没有相适配的西装裤），传统服饰习惯让它仍然保留着双排扣的样式。一种流传已久的说法是，这款西装的名字来自一艘军舰，即HMS blazer号[1]。该舰舰长为他的手下配备了深蓝色外套，上面装饰着铜制纽扣，以便给年轻时尚的维多利亚女王留下好的印象。男装权威人士G.布鲁斯·博伊尔（G. Bruce Boyer）开玩笑地说："这个故事已经被讲了太多次，所以应该是真的。"可惜的是，西装上衣最初很可能指的是剑桥、牛津、其他英国学院和大学的划船俱乐部所穿的红色西装。

抛开名称不谈，最早的深蓝色西装是18世纪英国海军军官的制服，既简约又实用：宽大的翻领可以扣上纽扣，以抵御寒冷的海风；颜色沉稳而不张扬。作为军官的制服，法律和习俗使西装仅限于精英阶层，因此该西装成为一种身份地位的象征。正因如此，时尚也紧随其后。对于军官来说，下班后穿西装已成为一种时尚，很快平民也开始接受这种服装。与此同时，时尚商店的产品也发生了很大的变化：一些商店会用黄铜纽扣来突显这款西装的航海故事，另一些商店则用徽章来突显其俱乐部风格，还有一些商店则用精致的剪裁和奢华的面料呈现其闲适优雅的韵味。

保守主义者会争论纽扣的合适类型和位置。黄铜纽扣虽然传统，但看起来可能很俗气。喇叭纽扣虽低调，却削弱了这款西装的航海气势。徽章纽扣具有象征意义，但只有当成盾牌标志，或徽章属于自己的母校、私人俱乐部或家族时，才具备象征意义。时装设计师使用的假徽章是暴发户的标志，至于"借来的"的徽章，人们只需看看《时尚先生》的创

1　皇家海军有七艘舰艇以HMS blazer命名。——译者注

意总监尼克·沙利文（Nick Sullivan）的故事就知道了："一位朋友得到了一件萨维尔街[1]制作的羊毛衬衣……和一套布莱克希思高尔夫俱乐部的纽扣……但缺少一颗金扣。于是他回到了原先的裁缝那里……他们说，'是的'。他们会乐意补上一个。我的朋友需要做的就是提供布莱克希思高尔夫俱乐部的会员证明。"

然后是位置问题。对于单排扣西装来说，两粒能扣上的扣子是标准款式，但缺乏创意。然而三粒扣子就招人厌烦了——除非是只扣上两粒扣子，不扣最上面的一粒纽扣，翻领会被裁剪延伸至第二颗纽扣处。这样的款式才是闲适优雅的最高境界。就双排扣而言，纽扣位置的微妙之处就是将经典西装与庸俗懒散风格区分开来。就像男装权威人士"尼古拉斯·安东贾瓦尼（Nicholas Antongiavanni）"（据说是前共和党演讲稿撰写人迈克尔·安东的笔名）所解释的那样，六二式（六颗扣子扣上两颗）"形成……一个双腿的马提尼酒杯，中间一行的（两颗）扣上。"弗雷德·阿斯泰尔（Fred Astaire）、亨弗莱·鲍嘉（Humphrey Bogart）和《60分钟》新闻主播埃德·布拉德利（Ed Bradley）等时尚男士都穿戴过此类型的着装。它还有一个多用途的优点，就是也可以扣上最下面一排，"这让你看起来更休闲、放松。"事实上，男装杂志《男性》（*Rake*）对双排扣中只扣最下面一排纽扣的简约时尚风格进行了赞扬，该杂志用一整篇文章介绍了由罗马的卡拉塞尼（Caraceni）裁缝开创的可变换的双排扣西装外套的优点："这种西装的风格……可以从中间扣上纽扣，也可以从下面扣上纽扣"。但要注意！对这一类型的西装，虽然都是选择扣最下面一排纽扣，但与经典的六一式西装（只有一个可扣纽扣）必须扣最下面一排纽扣的性质是完全不同的。六一式西装"自成一派（并非双腿马提尼酒杯造型），只有最后一排有扣子"，而且根据安东贾瓦尼的说法，如果身着这类西装，还在"服装区讨价还价"，显然就不合时宜。O.J.辛普森（O. J. Simpson）的辩护律师约翰尼·科克伦（Johnnie Cochran）和游戏节目主持人埃里克斯·崔柏克（Alex Trebek）也是值得人们引以为鉴的例子。然而，即使在这里，也有一个很明显的例外：著名的

1　世界最顶级西服手工缝制圣地。——译者注

巴黎品牌希弗内里以六一式双排扣而闻名，颇具影响力的时事通讯《永久风格》（Permanent Style）的男装权威人士西蒙·克朗普顿（Simon Crompton）认为，这种西装"绝对的精致"。

　　据最终统计，我有四件海军蓝西装外套：一件无衬里的热带羊毛，带有白色珍珠母纽扣，单排扣，翻领（无可否认，这种搭配很不正统，但规则就是用来打破的）；一款西装外套是厚斜纹布料的，带有贴袋和烟熏珍珠母纽扣；一款西装外套是中等重量的单排双扣，款式宽松；还有一件西装外套是六二式（有两颗可扣纽扣）的双排扣，采用比海军蓝法兰绒稍轻的面料。（同样，对纯粹主义者来说，虽然这些服装是不讨喜的，但纯粹主义者又多有趣呢？）我不否认精英主义的元素，我偏爱那不勒斯式的肩部设计——尤其是传说中的"单肩衬衫"（spalla camicia），袖子在肩膀处收拢起来，形成一种微微褶皱的效果，还有外科医生那带有功能性纽扣的袖口。那不勒斯式的肩部设计和带有功能性纽扣的袖口都是高端剪裁的标志：前者需要熟练的手工制作，后者需要熟练的定制修改，因为袖子必须缩短以适应个人，然后再加上扣眼，这些通常都是手工缝制和裁剪而成。和过去一样，曾经独一无二的服装特色也会在大众市场上出现，现在许多廉价的、大规模生产的西装外套，其袖口上都带有工作扣。但在这种情况下，袖子便无法在袖口处适当缩短，这就给人们留下了两难选择：袖子太长意味着一个人缺乏财富、修养或两者都缺乏，要么把袖子从肩部开始缩短，但这即使对一个专业的裁缝来说，也是一项困难且耗时的工作，因此他的收费也会高于这件外套本身的价值。不太专业的尝试，会导致肩部设计发生改变而不再合适。所以最好保留袖子的长度，然后把它卷起来，这就是潇洒不羁。

这件夹克是"外科医生的袖口"有扣眼设计。

在上大学之前，父亲带我去买了我的第一件并且看起来还"不错"的深蓝色西装外套。我们去了旧金山的几家商店，这些地方也出售传统的男士服饰及用品，比如剃须刷、象牙柄直剃刀、马毛服饰刷和过膝礼服袜。即使在这些高雅的男士服装店，也有一些让人看不上眼的夹克式西装，有几件是布料不透风的。我父亲对售货员皱了皱眉头："这是大陆式风格时代留下的吗？"那人见状迅速拿走了那些令人不悦的西装外套，其中一件前面有四个扣。当父亲疑惑地看向第四粒纽扣时，售货员说"这可是最新款式！"我很喜欢这件衣服，因为我在杂志和音乐视频上看到过著名演员和音乐家，穿的是有四粒纽扣的西装外套。

"不，"父亲坚定的说，"这件衣服在你上大学二年级之前，就会过时。"

另一件衣服肩部垫得很厚，是用轻薄的绉绸面料缝制的。我认为这件衣服很棒，于是乞求父亲能够买下它。

"这件有点像大卫·鲍伊穿的那件……"

这些服装都没能让父亲心动，他回答说，演员和音乐家在舞台上可能会穿着各种各样古怪的服装，但我们是购买上学所需要穿着的衣服，不是买来戏剧试镜的。

销售员最终坦诚地说，他和我父亲一样，不看好这件夹克式西装外套，并抱歉地补充道："但，这是现在年轻人想要的……"

"那就让他们买吧，"我还没来得及插话说我也是个年轻人啊，父亲又补充道："那些想自己付钱买的人，那就去买吧。"我们要买一件不仅能让我度过大学四年的（或许还包括研究生生涯），还能让我在大学晚宴或鸡尾酒会上显得有面子的西装外套。在宿舍走廊，参加过一场极其热闹并以几杯果冻伏加特结束的准大学生活动后，我不相信现代大学生活需要这样的服装。但我们最终选定了一件还可以接受的西装外套：三颗质朴的古色古香的黄铜纽扣，翻领延伸至第二颗纽扣处，全帆布设计，采用热带重量的海军蓝羊毛，透气且有口袋。我们还买了几件白色和天蓝色的纽扣领牛津布衬衫，几条条纹领带，以及一条简单的深棕色皮带。离开商店，拐过街角，我们去了一家同样的老式鞋店买了一双马革休闲鞋。我的全套衣服都买好了。无论是去教堂还是剧院，这些衣服都能让我有型有款。这些服饰虽质量好，但并不是很昂贵——价位适合一个年轻人。

这比我父亲上学时能够买得起的服饰要好得多。我很庆幸自己能够拥有这些服装，当穿上这些衣服时，也对自己的拥有感到欣悦。

我在斯坦福大学读大二的时候，往北走30英里，参加了有史以来最后一次在旧金山举行的即兴赛前集会，这是斯坦福南加州大学周末足球比赛的一个传统开幕活动（第二年，因为该市强制要求游行许可和100万美元的财产损失保险，类似比赛暂停了）。我在斯坦福大学游行乐队中吹奏萨克斯管，这并不是一支传统乐队，其演奏曲目包括经典摇滚歌曲。比赛前，我们早餐时喝了啤酒，吃了甜甜圈。斯坦福大学游行乐队因其"反常行为"，已经被几家主要的连锁酒店、两家国际航空公司和一个国家列入黑名单，不向其提供服务，而斯坦福大学校园里"乐队摇篮"的耻辱墙上张贴着恶意邮件，以示庆祝。

周末的集会是没有计划的，算得上是一场穿过旧金山街道的游行，最后以水上公园的海滩集会结束。我和我最好的朋友为这个晚上制订了一个计划。我将与乐队一起"游行"，直到抵达联合广场附近，这里是南加州大学周五晚上的集会地点。在那里，我会从人群中溜出来，脱下亮红色上衣和吉利根式水桶帽，然后换上适合与年轻女子喝酒和调情的衣服，在伟克商人酒吧与好朋友碰面。我是一个极其害羞，还有些笨拙的人，因此确信这个计划不会成功。但是，我的朋友身材高大，相貌英俊，全身散发着自信的气息，就像是福尔摩斯的化身。他坚持认为，如果我跟着他的思路走，我俩都会拥有各自生命中的美好夜晚。事情就这样决定了：我把深蓝色西装外套、领带、衬衫、灰色法兰绒衣服和一双拖鞋塞进我的萨克斯管的演出包里，然后便动身前往"懂行之城"。

按照计划，我从联合广场的游行队伍中溜了出来，在百货公司的洗手间换好衣服后，前往伟克商人酒吧。外面聚集了相当多的人，酒吧里面也挤满了人。当我们朝酒吧里张望时，看到一群打扮得非常漂亮的年轻女性自信地走进了酒吧。她们和一群穿着南加州大学运动衫、牛仔裤和网球鞋的年轻人在一起，但当他们试图进入酒吧时，领班却拦住了他们："很抱歉，我们生意太火爆了，除非有晚餐预订，否则任何人都不允许进入酒吧。"这些人久久地看着那些把他们甩在身后的年轻女子，开始和领班吵了起来："不管怎么说，你看上去还没有到可以喝酒的年龄，请站到一边去。"

我朋友转向我。"来吧，"他说，"我们去喝一杯吧。"不等我回答，他就大步走进了酒吧餐厅。他穿着剪裁得体的蓝色西装外套、牛津布纽扣衫、针织领带、灰色法兰绒裤，看上去风度翩翩（事实上，他是瓦卡维尔一个房地产经纪人的孩子），表现十分得体。当他走近吧台时，他看了看那位满怀期待的领班，喊道："卡罗尔，是你吗？"当然不是，但当领班转过身去看的时候，我的朋友迅速扫了一眼预订名单，寻找还未到的那些客人名字。

"约翰森，四人小组，我们的朋友已经到了吗？"

领班用手指了一下预订名单。"不，先生，你是第一个。因为你一直没来，我差点就把你划掉了。"

"对不起，交通状况实在太糟了。"

"是的，这个周末到处都是大学生。我怕现在还没有空桌子腾出来。我们以为你不来了。"

"能理解，我们就在酒吧里面等会儿吧。"

我们进了酒吧，我的朋友一边和两位年轻女士聊天，一边继续伪装着，假装我们是联合广场一家艺术画廊的共同所有者，但在喝了一杯酒，又演了几分钟后，我再也坚持不下去了。我坦白了我们其实是大学生，女人们都大笑起来说："你当然是，我们也是。如果你没有把莫奈和马奈混为一谈，我也许会相信你的话。莫奈画的是睡莲；马奈画的是野餐。但我得告诉你，你穿得很得体。"

为成功做准备

我有一本丽莎·伯恩巴赫（Lisa Birnbach）的经典讽刺参考书《权威预科生手册》（*The Official Preppy Handbook*），是略微破旧的平装本。在我家从东北部搬到加州多年后，这本书仍是一本很有风格的指南。作为一个青少年，拥有来自加州中部公立学校的非裔美籍预科生[1]的身份，实在太讽刺了，让人真的很抗拒。不仅如此，预科生还是一个吸引人的研

---

1 预科生专指预科学校毕业进入常春藤大学的美国上层社会子女。——译者注

究对象。由于人们对盎格鲁-撒克逊白人新教徒的神化,预科生身份对我来说既是异国情调,又有熟悉的陌生感。我父亲当然不是白人,更不是盎格鲁-撒克逊人,但他是一个彻头彻尾的主流新教徒,是长老会的一位受命牧师。在20世纪70年代初,他在东北部一个非常传统和建设良好的长老会工作——长老会如此的传统和正式,以至于教堂的引座员都穿着晨礼服。我们是唯一一家参加周日礼拜的非裔美籍家庭,所以面临着很多困难和尴尬,因为我们是第一个融入这样一个古老又有些许迂腐机构的人,但我的母亲和父亲很珍惜在教堂的这段回忆,以及那庄重而精致的集体礼拜。

《权威预科生手册》里面体现的文化很狭隘,外人很难看懂,但只要充分注意其规则和例外情况,也可以理解和模仿该文化。"预科生们穿得都像,因为他们的穿衣风格是从父母和同龄人的穿衣搭配中模仿来的。尽管预科生的这些穿衣风格可以模仿,但非预科生有时也会因为对这些潜在规则的误解或无知而暴露其身份"。伯恩巴赫写道。随后的45页插图详细描述了马德拉斯棉布(一种薄棉布,可做衬衫、窗帘等)的重要性、对珠宝的限制以及某些类型的鞋子不得穿袜子等等。阅读《权威预科生手册》后,留在人们脑海里的不仅仅是一份"该做什么和不该做什么"的列表,人们开始欣赏一种内在的逻辑,这将引导人们应对一些不可预见的挑战。《权威预科生手册》建议将合理的强制性(表带必须与腰带和鞋子相搭配;头发必须整齐;脸上胡须必须刮干净)和具体的违规行为(相冲突的鲜艳颜色搭配在一起,裤子穿大一码)结合起来。俗丽的色彩搭配和粗劣的剪裁比比皆是,但每一件不好看的衣服都因与昂贵的运动或独家学校有着密切的联系,从而弥补了审美上的不足。预科生服装中也存在一种美学(或者说是反美学),这些是规则的基础。这种美学的核心,对于那些在加尔文主义传统中成长起来的人来说,是非常熟悉的:对快乐和美的长期怀疑,与人类对快乐和美的普遍欲望相冲突。

这种新教地位和道德的独特融合在美国达到顶峰。相比之下,英国人(预科生服饰沿袭了新教的地位象征,但没有继承其品位)却有一种受大众喜爱的时尚感。从博·布鲁梅尔到温莎公爵,尤其是男性装束,许多经久不衰的口碑良好的服饰都归功于权杖之岛的居民。事实上,在意大利裁缝们尝试让经典的英式剪裁适应于地中海的温暖气候之时,闻名世界的意大利服装风格也就此诞生了。但是，美国殖民者在大西洋彼岸，带来的并不是古英格兰的跳脱奇异，而是英国清教徒压抑的气质，以及单调的浮华之气。因此，在美国主流文化中，任何感官享受都无法逃脱其惩罚。涉及快乐的任何活动或尝试，以及有关否认和误导的观念都必须正确加以看待，其中食物、饮料，最重要的是性和时尚要一致。性是可以容忍的，因为它是延续家族血脉的一种方式，也是健康男性欲望的释放之处，这一点越少说越好。就如同食物是必要的一样，有些时候人们必须特意装扮，以呈现得体的外表，但再提一次，享受不是重点，准备工作也不得缺乏相应的得体。饮酒是随处可见的，但人们不会承认这仅是一种奢侈的放纵，所以在预科生眼中，饮酒成了一种竞争性运动：这正是预科生主导的美国兄弟会借其欺凌仪式发明的饮酒"游戏"、啤酒瓶游戏以及类似祸害美国大学的众多"游戏"。

至于服装，当务之急是尽可能多地花钱，但与此同时衣服要看起来有些许随意和自然。因此，那些只能在玛莎葡萄园等地购买的小众流行品牌大量涌现，而且只有那些知情人士才会意识到其价格昂贵。所以，一些势利之人会穿破旧的西装和鞋子，以表明自己十几年来都是这样穿的，而且他们断然拒绝任何显示出自己努力搭配服装的痕迹。

《权威预科生手册》本身是一种"调侃"，但有一些严肃的书籍和网站却致力让读者相信，东部沿海地区的古老家族是衣着品位的绝佳典范。在这些规劝中，通常还会加上一句：预科生的着装风格是多么的精致、如此的微妙，还具有美学上的神秘感，以至于那些不属于这种风格的人，会将这种风格误认为是懒散、冷漠、退隐以及自满的世袭精英的装束。正是以这种方式，预科生的着装风格才保持了其生命力：任何质疑其风格的人，都会因其怀疑态度而暴露自己的无知，太过于愚钝而无法欣赏贵族阶级的审美感知。预科生们可能会假装对这种描述感到不快，但事实上他们什么都不会接受，因为他们想要的既不是时尚，也不是美丽，而是独有的排他性，他们也的确实现了这一点。男士穿的是破旧的牛津布半扣领衬衫和"楠塔基特红"斜纹棉布裤；女士则穿着毫无特色的平底鞋，戴着毫无创意的珍珠项链——这些正是预科生们的着装选择，正因为这些衣着昂贵、毫无特色，还有些许花哨，才确保了其他人不会这样去穿。

反向势利和红色运动鞋效应

对过去时代的轻描淡写让巴尔达萨雷·卡斯蒂利奥奈产生了"刻意疏忽"的观念：对卓越的漠视掩盖了实现它所需要付出的努力。这种观念随着"男性时尚大摒弃"而变得尤为重要。如今的"刻意疏忽"通常与昂贵的定制剪裁和奢华的面料息息相关，这遭到贵族们的不屑。不出所料，时尚的意大利人就是这种风格的缩影。男装博客和杂志仔细研究"刻意疏忽"背后那些看似偶然的细节，试图将毫不费力的优雅简化为任何人都能遵循的公式，但这些都是徒劳。意大利子爵的领带以不经意的方式，打得很不对称。领结甚至会垮塌，但垮塌处从来不会出现在领结的中心位置。领带的窄边（小剑）太长，从较宽的前片领边（大剑）后探出来，让人感觉领带主人似乎都不屑于重新整理一样。但不可避免的是，尽管有这些明显的瑕疵，这条领带仍然能让人看起来很协调、很优雅。纽扣衬衫的领子可以不扣；手表可以戴在衬衫袖口上，就像菲亚特汽车公司的继承人詹尼·阿涅利（Gianni Agnelli）那样；运动外套的袖子可以解开、卷起来或推到胳膊肘（表现出不慌不忙的状态，而且还能看到定制工作袖的纽扣孔）。这些表现的共同特点是能够传达出穿着者对高档服饰习以为常的态度。

虽然这么做需要金钱，但也需要一定的信心，这种信心必须靠自己建立，或者从家族那继承下来，这是金钱无法买到的。与这种不刻意装饰的着装相比，美国第45任总统唐纳德·特朗普的着装则显得厚重而笨拙，他曾在多个场合被拍到用透明胶带固定领带，之所以要使用胶带，是因为特朗普习惯把领带系得太长，远远低于腰部，导致领带在腰部以下晃来晃去。因此，过短、较窄的一端无法触及过长、较宽的一端的剑环，这两个剑环有可能走向不同，就像内阁成员相互竞争的议程一样。

根据男装礼仪规范，这是一个明显的错误：系领带时，应使领带的正面刚好垂到腰部，然后窄的一端要穿过宽的一端后面的剑环，使其整齐地固定在合适的位置并被遮挡起来。当然，时髦的意大利人系领带时通常是歪斜的，而且窄的领带条过长，同样违反了这一惯例。而两者关键的区别在于，特朗普与意大利人"刻意疏忽"的态度不同，他的领带暴露出了他其实在意很多事情，而且都是在乎错误的事情。意大利人微微歪斜的领带显示出的是一种淡然，这是"刻意疏忽"的标志，而特朗普打错的领带，则表明他其实拼命地想让自己看起来令人印象深刻，但却失败了——这是没有安全感的标志。尽管意大利人的领带没有精心去整理，但看起来也还不错；反观特朗普的领带就看起来很糟糕，显然是因为他的品位让人一言难尽。一条系得完好的领带比一条真实却系得不太好的领带更糟糕，因为这不仅是一种失败，也是一种欺骗，就像是一张纸月亮笨拙地卡在纸板上。

"刻意疏忽"（一种看似毫不费力的古老艺术）既是一种身份象征，也是将制服转变为表达个人理念的一种方式。它是介于细心和随意之间的微妙平衡，对过去的着装规范既有尊重，也有不敬。规则是存在的，但规则就是用来打破的——只要打破的方式正确，表现出的是熟练掌握和不经意的疏忽，而不是无知或好战的挑衅。

一种不那么巧妙但却同样有影响力的权力服饰，完全且彻底地颠覆了传统地位的象征，将违反优雅准则行为视为一种荣誉徽章。英国文学和法律教授斯坦利·菲什（Stanley Fish）注意到，大学教师对于喜欢的汽车存在反向势利的行为。菲什观察到，在20世纪70年代，"美国学者不再购买那些难看的大众汽车……而是开始购买难看的沃尔沃……或不好看的萨博……"这些车"为一个新的困境提供了解决方案……如何在享受富裕带来益处的同时，还对财富所带来的物品持有适当轻蔑的态度"。菲什将难看的沃尔沃汽车看作美德尽显的体现，这一观念适用很广："在学术界的眼中，邋遢……冷漠和无效率是一种美德，是对表面事物投以轻蔑的标志，这种蔑视本身就是对更高，甚至是无形价值的奉献。"大学教授们因衣着古朴、头发蓬乱、外表凌乱而享有很好的声誉。教职员的办公室里堆满了皱巴巴的书、歪歪斜斜的期刊、成堆的文件和还剩着半杯咖啡的杯子，场面可谓是一片狼藉。心不在焉的教授，骑着一辆摇摇晃晃的自行车，穿着一件破旧的灯芯绒运动外套，这是电影和大多数现实生活中大学校园里的场景。

这里有迷人的事物，甚至是令人钦佩的东西：在精神世界里没有时间去追求虚荣；思想的高度让人们不再在乎形象；实质战胜了形式主义。但人们对萨博和沃尔沃这样既丑又贵的汽车的偏好表明，其中不乏带有势利的情感。在资本主义世界中，终身大学教职工享有的个人自由也许是所有受薪职业中最大的。我们没有真正的老板，大学的行政人员经常抱怨，但也只是半开玩笑地说，他们基本上是为我们工作的——他们没有需要取悦的客户或顾客（学生不算，因为毕竟是我们给他们打分）。教授之所以穿得这样糟糕，是因为他们可以不受惩罚，在这个意义上，邋遢、随意的着装象征着他们所享有的特权。事实上，通常教授的地位越高，他的衣服就越寒酸。终身教授通常比初级教职工穿得更随意，后者仍然觉得有必要给学生和资深同事留下好印象。在任何全国性的学术会议上，常青藤联盟的教授几乎都是会议人群中衣着最不得体的人。

反向势利的力量是如此广泛，以至于研究人员为其起了一个名字：红色运动鞋效应。西尔维娅·贝莱扎（Silvia Bellezza）、弗朗西斯卡·吉诺（Francesca Gino）和安纳特·凯南（Anat Keinan）教授发现，在学生们看来，那些穿着亮眼红色运动鞋或留着邋遢胡须、穿着T恤的大学教授，会比那些胡须刮得干干净净、皮鞋擦得锃亮、打着领带的教授享有更高的地位。红色运动鞋效应远远超出了学术界之高墙：奢侈品精品店的销售员认为，与穿着礼服和皮草外套的购物者相比，那些穿着运动服的购物者更有可能是名人或大人物。"富人有时穿着很糟糕，以显示其优越感，"一名店员指出，"如果你敢这样衣冠不整地走进这些精品店，你肯定会买东西的。"对时尚的漠视从侧面显示了其高等的身份地位，因为这透露了那种不在乎外表的务实观念，更因为其体现了不在意他人眼光和意见的思想高度。就像那位穿着运动服在爱马仕购物的贵宾一样，衣着寒碜的教授也借颠覆传统服装的象征，来宣扬自身的崇高地位：他的穿着不是为了给人留下深刻印象，因为他根本不需要给人留下深刻印象。

不合适的职场穿着

2019年3月，备享声誉的高盛投资银行高管大卫·M.所罗门（David M. Solomon）、约翰·E.沃尔德伦（John E. Waldron）和斯蒂芬·M.谢尔（Stephen M. Scherr），发送了一封主题为"全公司着装规范"的内部邮件，其中部分内容是：

鉴于……工作场所的性质不断变化……为了在一个

更为休闲的环境中工作，我们相信现在是在全公司范围内实施灵活着装规范的最佳时机……大家的着装要符合客户的期望。我们相信大家会在这方面始终保持良好的判断力。我们所有人都知道，在工作场所什么服装可以穿着，什么服装禁止穿着。这些规定仅适用于公司内部。

几十年来，银行和金融行业的职业人士都必须穿商务套装。事实上，有人说，细条纹套装上的细条纹最初是用来代表会计分类账上的线条。西装显得庄重和实用，遵循了"男性时尚大摒弃"的象征意义，通过剪裁、合身和面料等服装细节，传达了一种地位等级制度。其他的服装无法实现这种朴实与奢华的完美融合、谦逊与展示的契合。但近年来，西装已经开始不受人们的青睐。高盛绝不是第一家将西装定位为礼服的公司，事实上，它是最后一批这样做的集团。在2019年3月，《华尔街日报》报道称，男士西装的销量在过去4年里骤降了8%。

也许西装不再是男性职业装的默认款式，因为随着时间的推移，它已经成为了一种服装，就像在18世纪末取代富丽堂皇的贵族服饰一样，很明显已成为一种身份的象征。此外，它的象征意义已经过时了。如今在高端金融界，人们不再看重西装背后代表的审慎和沉着。相反，人们推崇的是大胆和创新，这并不是追求投资所应得的利润，而是对意外之财的积极追求。因此，新一代的金融家（绝大多数仍然是男性）已经放弃了西装。始于20世纪60年代的"你好，星期五"活动，在20世纪80年代以"休闲星期五"的形式在全国范围内传播开来，现已成为工作日的休闲着装规范，人们只有在极少数"面对客户"的场合才会穿西装，类似出席国事活动时穿的宫廷礼服。商务休闲装已成为一种新常态。

人们可能会想象，金融家们会利用新获得的自由来表达自己。但恰恰相反，从东海岸到西海岸的职业人士都以惊人的速度穿上了另一套新的工作服，比最普通的蓝色西装更加平淡及朴素。Instagram的账号MidtownUniform（中城制服）展示了一大批来自不同城市环境的职业男性，他们穿过曼哈顿街道，在普通的商业区咖啡馆点杯咖啡，站在办公楼的玻璃门前，穿着几乎一模一样。"中城制服"包括一件白色或蓝色的牛津布衬衫（大胆的人可以选择粉色或柔和的格子布），一条卡其色或海军蓝裤子，一双昂贵的休闲鞋，以及一件巴塔哥尼亚羊毛背心，通常是灰色的，偶尔也会是黑色或深蓝色的。

两位穿着中城制服的男士。

　　大约两个世纪以来，职业男性实际上穿的都是统一的服装——黑色、深蓝色或灰色的西装。"中城制服"反映了一种不成文的着装规范，这一规范急于填补旧着装规范消亡后留下的空白。卡其色裤子、深灰色衬衫和休闲鞋都是一种非正式的风格。我们可以想象，有些人可能会在不上班的时候穿成这样，但很少有人真会这样穿。因此，"中城制服"看起来朴实无华（只是一件随便穿上的衣服），但别人也能即刻认出来是职业服装。巴塔哥尼亚羊毛背心复刻了运动外套、西装外套或马甲的功能：既能遮盖身体，也能修饰身形，衬托出身材。巴塔哥尼亚羊毛背心暗示着一项罕有的户外运动：羊毛是为徒步旅行、野营和攀岩等野外活动而设计的，而城市居民很难接触到这类野外活动，因此，出于这一原因以及文化因素，通常都是富裕阶层才会参与这类活动。中城着装规范不允许用印有运动队标志的连帽衫（类似工人阶级的服装）来替代巴塔哥尼亚羊毛衫。事实上，所有证据都表明，羊毛必须是巴塔哥尼亚的，或者是价格相当但不那么时尚的品牌（例如，葡萄园的葡萄藤[1]、诺梵卡·蒙克勒也

1　　葡萄园的葡萄藤是1988年在美国成立的一家服装和配饰零售商。——译者注

许可以接受，但这流行趋势是有风险的，不言而喻，同时销售女性手提包、古龙香水或西装，对公司而言不是一个明智的抉择）。一件印有知名公司或专业会议标志的羊毛衫，只要是专门发给员工或参会者，而不是向公众出售，也是可以接受的替代产品。印有公司或会议标志的巴塔哥尼亚羊毛毛衣尤其享有盛誉。

现今，在金融和管理咨询领域，几乎不存在书面着装规范，即便有，也总是会省略一些具体的规定或禁令，倾向于一些模棱两可的警告，比如高盛集团的高管们坚持说道：我们所有人都知道在工作场合穿什么是合适的，什么是不合适的。彭博社财经记者马特·莱文（Matt Levine）是高盛集团的资深员工，他是这样解读着装规范的：

> 高盛的着装规范是，你应该按照高盛的着装方式来穿……一位普通银行家和一位杰出银行家之间的区别就在于对这种隐晦知识的理解，一种恰当感、细微之差别和处事机警……如果你需要明确的着装规范，那么你将永远无法掌握真正困难的部分……这就是着装要求。

"中城制服"为那些不怎么会处事的人提供了解决方案。比起穿错衣服，没有创新且朴实无华的着装要好得多，可以让自己置身于那些知道工作场所适合穿什么和不适合穿什么的人群之外。

当然，"中城制服"在本质上还是对商务套装的重新诠释。和西装一样，"中城制服"也传达了实用性和男性运动精神，并通过暗示专属的户外运动，展现其社会地位，同时也允许细微的改动，以此来体现一个人在等级制度中的平等地位。因此，在"男性时尚大摒弃"带来西装的三百年后，时尚又回到了起点，这一时尚就是基于微妙的社会等级和具有男性排他性的职业着装规范。

大多数人认为，激发"中城制服"设计灵感的商务休闲装规范，是为了迎合硅谷的闲适气质而制订的。硅谷成为越来越多投资银行客户的所在地。如今技术人员的着装规范（或反着装规范）诞生于20世纪60年代，总部位于纽约的国际商用机器公司（以下简称"IBM"），是一家典型的科技公司。IBM是20世纪中叶官僚主义企业的缩影，其着装规范要求是穿着白衬衫、黑领带和深灰色西装，这仿佛意味着每一位员工可以成为一台校准精确的机器的可替换部件。北加州那些规模较小、杂乱无章的软件公司给科技行业带来的是一种叛逆、嬉皮士式的风格，强调灵活的思维和创新，而不是官僚主义的纪律。例如，英特尔公司取消了20世纪公司典型的管理层级，鼓励个人创造力和主动性："没有着装规范，没有等级制度，没有规定。"雅达利公司、太阳微系统公司，以及后来的微软公司都跟从了这种反官僚主义的模式。因为取消职业着装规范与个人主义精神密不可分，所以这些新兴公司相信这种精神可以促进创新。

但是，一项新的、不成文的着装规范很快就在旧规范的灰烬中崛起。人们认为传统的职业着装（以西装为代表）体现了过时的思想，这导致西装直接从常规着装变成了禁忌。科技企业家彼得·蒂尔（Peter Thiel）在2014年出版的《从零到一》（Zero to One）一书中，明确提出了这条反着装规范，建议"永远不要投资那些穿西装的科技CEO"。但是新的着装限制随之而来。例如，科技高管豪尔赫·科泰尔（Jorge Cortell）描述穿高跟鞋是缺乏智慧的体现，并且认为这与尊重"数据、科学、健康……"相悖。然而，他所表现出的不是对时尚的漠视，反而是对时尚的痴迷，因为他自己定义的着装，大多都是明智且实诚的服装，以此来反对高跟鞋肤浅的设计。

尽管人们宣称要反对企业的一致性，但今天的科技公司并不完全是个性的聚集地。事实上，有一种技术制服，几乎和"中城制服"一样，还是那么一成不变。2014年，软件工程师阿列克谢·科米萨鲁克（Alexey Komissarouk）在帕洛阿尔托市中心对人群进行调查时，告诉科技商业记者奎娜·金（Queena Kim），他可以通过一个人的穿着来判断其是否从事科技工作。事实上，他甚至可以分辨出每个人从事的是哪种科技工作："工程师们穿的是T恤、牛仔裤和连帽衫。"另一位工程师对此表示认同，"连帽衫是年轻人才的标志"。风险投资家会穿一件纽扣衬衫，然后在外面套一件有拉链的毛衣（"中城制服"的精炼版）。软件设计师（在技术领域具有创造性的行业）会穿设计师设计的运动衫和磨边牛仔裤，这"虽像工程师的服装，但更具有特色"。

根据硅谷内部人士的说法，"在快速发展的科技世界里，这样的着装是为了表明你没有把宝贵的时间浪费在时尚这种虚荣的东西上"。2013年，当雅虎首席执行官玛丽莎·梅耶尔身穿迈克·高仕的宝蓝色连衣裙和伊夫·圣罗朗的高跟鞋出现在*Vogue*杂志上时，硅谷的反应既不是祝贺，也不是漠视，而是不赞同。一位评论员总结了梅耶尔着装搭配的不足之处，称她"看上去就像在度假，别人都在工作时，她却悠然自得"。

同样，Facebook的创始人马克·扎克伯格（Mark Zuckerberg）因穿着连帽运动衫或灰色T恤以及人字拖而出名，此后，他便不单单满足于舒适的服饰和平平无奇的衣橱，而是对他的衣橱赋予道德意义：

> 我真的很想理清我的生活，这样我就可以尽可能地少做决定，花更多时间在Facebook上……做一些关于你穿什么，或你早餐吃什么，或诸如此类的小决定……会浪费你的精力……如果我把精力花在愚蠢或无聊的事情上，那我就没有做好我的工作……这就是我每天穿灰色T恤的原因。

扎克伯格身穿灰色T恤，完美呈现了硅谷的理想精神：一个没有自我意识的工作狂，忙着设计未来的科学技术，而无暇顾及外表。这散发着一种无畏世俗、执于初心的魅力。但是，如果公司的首席执行官认为，把精力花在无聊的着装上，自己就没有做好工作，那么我们该如何看待那些穿着剪裁考究的西装或鲁布托高跟鞋来上班的员工呢？在这里，扎克伯格将问题转向另一个话题是很有启发性的，他开始讨论自己的抱负，但随后还是坚持认为"做……关于穿什么的决定……会浪费你的精力"。所谓对外表的漠视成为了基于外表进行判断的理由，一个新的着装规定取代了一个旧的规范。漠视时尚已成为一种趋势。如今，许多服装店和服务机构都在迎合科技行业的需求，承诺要将工作与工作服区分开来，"这样你就可以把时间花在成长为一名优秀的男性员工上"。（人们却开始担心另一个销售卖点由此应运而生。）BlackV俱乐部，你一听这个名字肯定就猜到了，这是一家专门生产售卖黑色V领T恤的俱乐部，以"你太忙了，没时间考虑穿什么衣服：世界上最成功的人不会花时间在选择穿什么衣服上"为卖点，推销其昂贵的棉质套头衫。

这种极度的禁欲主义不仅体现在服装上，还体现在食物上。索伦特[1]公司表明，为节约宝贵的时间，不再让那些忙碌的科技专业人员去吃固体食物，而是去吃一种与水和油混合的粉末状食物，据称该代餐食物含有"身体所需要的所有营养物质"。索伦特公司是反势利派荒谬地进行自我否定的体现：伪装成可靠的实用主义者。但索伦特公司的支持者表示，索伦特这一名字虽有点奇怪，但提供了选择和便利。[该名字取自科幻电影《超世纪谋杀案》(Soylent Green)，在这部电影中，一个反乌托邦的未来社会以一种神秘的食品为生，而这种食品后来被证明由人类尸体制成。]"想吃就吃，想吃就吃索伦特"是该公司的广告词。但是，在知名高管都不想把时间浪费在选择早餐的情况下，索伦特公司的产品或类似的食物需要多久，才会如衣橱一样乏味而不讨喜，进而成为歌颂职业美德的必备标志呢？

2018年，当马克·扎克伯格被传唤到美国国会为其商业行为辩护时，他穿了一件西装。这是一个明智的决定：立法者和政府官员倾向于将扎克伯格的着装视为尊重的象征（或许也可视为缺乏尊重的标志）。例如，在扎克伯格出席的前一天，唐纳德·特朗普的首席经济顾问拉里·库德洛(Larry Kudlow)公开表示，"他是否会穿上西装，系上领带？是否穿上干净的白衬衫？这是我最想问的问题。"他会表现得像个成年人吗……或者给我在这胡穿个什么东西，是什么来着？连帽衫和牛仔裤？

在不拘礼节的硅谷，即使是对那些非正式的商务人士来说，西装似乎仍有其用途。

这是因为西装提供了其他套装无法提供的优势。与连帽衫或中城制服不同，西装传达了严肃的态度。它反射出对惯例的熟知与尊重。因为穿西装需要良好的身形，而且其剪裁让身形与姿态得到了改善，暗示了个人对身体和精神管控的纪律性。尽管一套做工精良的西装可以像牛仔裤和T恤一样舒适，更不用说巴塔哥尼亚羊毛衫了，但其真正的舒适性来自于其投射的个人能力。当马克·扎克伯格在自己的地盘上时，他可以通过反向势利的方式维护自己的地位。但是，在他不适应并受到攻

击时，他需要服装作为盔甲。他需要给人的印象是一个负责任的成年人，有能力管理世界上最大的公司之一，并应对美国民主带来的意外挑战。在他不得不关心别人的想法时（也需要别人知道他在意这些）他就会穿上西装。

西装在服装形式上是一个巨大的进步，以至后面所有的改动，都是对近300年前确立的基本设计的小幅改进。由于这一基本设计的优势，西装在不断发展的同时仍保留了其基本形式。几个世纪以来，西装的基本要素没有变化，一直都是男性所穿的常见制服，因此，西装可以将其实用性、勤奋与公民美德的传统联系与其他含义结合起来，这些含义是在其漫长的历史中从无数穿着西装的男性，以及近来穿着西装的女性那里获得的。

例如，作为过时的资产阶级地位的象征，西装并不能解释迈克尔·凯恩（Michael Caine）在《意大利工作》（*The Italian Job*）、《伊普克雷斯档案》（*The Ipcress File*）和《卡特》（*Get Carter*）等影片中锋利的着装剪裁所展现出的痞里痞气的魅力，也不能解释阿兰·德隆（Alain Delon）在新自由主义经典影片《萨莫拉伊》（*Le Samouraï*）和《红堡》（*Le Cercle Rouge*）中所穿的钢灰色西装。这些紧身着装与弗兰克·辛纳特拉（Frank Sinatra）、迪恩·马丁（Dean Martin）、小萨米·戴维斯（Sammy Davis Jr.）和彼得·劳福德（Peter Lawford）——臭名昭著的"老鼠帮"——的不羁形成了鲜明对比，这些人常出没于棕榈泉、拉斯维加斯和曼哈顿的酒吧、夜总会和赌场。虽然反主流文化将"西装"一词变成了一个绰号，但没有哪个嬉皮士比迈尔斯·戴维斯（Miles Davis）更潮了，他穿着纽扣式牛津布衬衫、"专门为他的……演奏而裁剪的夹克式西装"以及从哈佛广场的安多弗商店买来的麻袋套装，给人一种酷酷的感觉。优雅、剪裁得体的西装会让人联想到保守的老前辈，这种简洁、修身的西装是联邦政府官员的制服，如果配上高领或开领毛衣，则是放荡不羁的花花公子的装束。这种丰富的象征意义，经过了三个世纪的发展，在西方时尚经典中仍然独一无二，没有任何一件服装能像它那样具有象征意义，唤起人们的共鸣，同时在影响上也丰富多变。

西装甚至能让人联想起盔甲，这反映了裁缝是过去运动装备或正式宫廷服装的起源。这使得西装成为绅士间谍的完美服装，这些间谍不能引起贵族和工业巨头的注意，但同时又要随时准备战斗。詹姆斯·邦德因其行事风格和执行秘密任务而闻名，展示了极为著名的西装图解的例子。肖恩·康纳利（Sean Connery）的萨维尔街剪裁将长期以来的服装传统与现代风格相结合，创造出既"无可挑剔"又不失沉闷的服装[其中最好的例子有《诺博士》（Dr. No）中的披肩领和翻袖口晚礼服，以及《金手指》（Goldfinger）中的格伦格三件套]。最近，丹尼尔·克雷格（Daniel Craig）健美肌肉完美贴合了汤姆·福特品牌的剪裁西装，这让《纽约时报》将这种新造型称为"006½"。而詹姆斯·邦德西装网站的编辑马特·斯贝塞（Matt Spaiser）则认为克雷格的西装"剪裁太时尚了……太紧了，到处都拉得很紧，很不好看……"《天幕坠落》（Skyfall）的服装设计师则认为，这种非常规的剪裁是让西装变得更加多样化的一种方式："西装总是与商人联系在一起……但是，我想要一件很酷的衣服。我想让人们……说，'我不介意邦德穿西装跑步或开摩托车'，因为在这种情况下，西装就是第二层皮肤。"

很难想象邦德会穿着企业休闲装或"中城制服"进行商贸活动。西装仍然是一种身份的象征，但也可以巧妙地表达个性。设计让西装既能代表大众的世俗，又能代表文人的孤傲，既能代表清醒，又能代表颓废，既能象征传统的礼节和正式的仪式感，又能象征反文化的反抗和阳刚的粗犷，只需要对标准西装稍作修改就能达到这样的效果。西装具有可塑性，而且也是民主的象征。由于其象征专业能力和公民美德的含义有着悠久历史，如今已成为各行各业和男女人士的最佳选择。因此，随着女性开始穿西装，西装便慢慢失去了男性专属的特性，不再以挑衅性质的变装或越界的异装方式出现，而是慢慢成为了女性服装的一部分。具有讽刺意味的是，作为象征权威、特权和成功意义的制服，西装已被改良，以适应不同的个性和生活方式。尽管西装的起源象征着专属的男性美德，但如今的西装仍是六个多世纪以来西方时尚中最平等的套装之一。

如果连马克·扎克伯格偶尔都需要穿这种剪裁风格的西装，那么这种非正式的着装规范又将那些每天都在努力争取被认真对待的人置于何处呢？那些不需要博得他人好感的人，才拥有反向势利的特权。红色运动鞋效应只适用于那些有其他更明显的身份标志的人（如他们的种族和性别）来突显其地位。女性能做到这一点很难得，正如玛丽·比尔德的经历所呈现的那样——著名的古罗马历史学家，因其不修边幅的外表而遭受一位电视评论家嘲笑。优雅的外表是轻浮的体现，这种观点再次让女性陷入两难境地。就像曾经的西装一样，"中城制服"也只适合男性。因为它融合了运动装和商务休闲装的特点，体现了男性的运动精神、男性的沉稳低调和男性特权。而女版的西装则会像女性晨礼服一样令人处于尴尬的境地。人们会认为穿着"中城制服"的女性是不性感的、邋遢的、男性化的，或者，还是色情的，因为在与内敛的男性原型的对比中，每一位女性的身体特征都会极其地突显。也许她可以穿运动羊毛衫和牛津布衬衫，来搭配裙子和高跟鞋，或者下班后想穿得休闲运动一些，可能就会选择穿瑜伽裤，但这种简单、实用的服装所存在的长期争议表明，这类服装不会达到预期的效果。事实上，"中城制服"比西装更具有男人味，几十年来，女性已经适应了自己的需求。正如福特汉姆大学时尚法律研究所主任苏珊·斯卡菲迪（Susan Scafidi）所指出的那样，"我们刚刚实现了西装上的平等，突然就被告知，标准西装不再是职场着装。"女性则需要再找其他方式来实现着装平等……

有色人种实现红色运动鞋效应就更罕见了，一个穿着连帽衫和牛仔裤的黑人更有可能导致特雷沃恩·马丁那样的遭遇，而不是像马克·扎克伯格那样。确实如此，想想世界上最富有的女性之一奥普拉·温弗瑞（Oprah Winfrey）的经历吧，她从横跨大陆的航班下机后，冲进了巴黎的一家爱马仕精品店。她就是那种敢穿得衣冠不整就进入精品店的人，因为她肯定是要在店里买东西的。她习惯于得到周围人的认可，以及社会对富人和名人的尊重。但在这里，她遭到了一位售货员的拒绝，这个倒霉的售货员告诉她商店已经关门了，显然，这个售货员没有认出她，以为她只是一个穿着便装的黑人妇女。这一冷落事件简直传遍了全世界，对爱马仕来说，这就是一场公关灾难，引发了人们对这位售货员动机的各种猜测，其行为究竟是出于种族主义或是疲于应付，还是巴黎人独有的傲慢（我当时的理解）。无论如何，大部分公众对这一事件的反应表明，温弗瑞因违反了有关肤色的着装规范而受到影响。一位与温弗瑞关系密切的匿名人士坚称，在类似情况下，该商店就会接待席琳·迪翁（Celine Dion）或芭芭拉·史翠珊（Barbra Streisand）这样的人物。一篇评论该事件的博客文章写道："奥普拉肯定忘了自己是个黑人。"这一事件的背后表明，有色人种必须穿得漂亮，才能获得尊重。对一些人来说，优雅的着装与其说是为显示其优越感，不如说是对平等的追求。

当然，这就是为什么西装开始失去其优势地位的原因。因为在零售过程中，西装能够传递各种各样的信息和象征意义，几乎适合所有人穿，所以它也就不再适合作为身份地位的象征。取而代之的则是休闲的中城和技术性的着装规范，这些暗示着对着装的漠视，同时也赋予了其在道德上的重要性，已成为21世纪的一种精神表达，正是这种精神推动了"男性时尚大摒弃"的到来。但这种强制的禁欲主义并没有反映出上层人士思想的深度或务实性，更谈不上精神自由。相反，这是反向势利的一种形式，是职业道德的象征，它剥离了其精神上的不可一世，并作为一种新的世俗道德而为大众所接受。

尽管人们都打着平等主义的旗号，对服装象征的身份地位毫不关心，但如今的服装仍然是一种社会等级的标志，这种社会等级几乎和欧洲古代政权的等级制度一样，划分精细明确。品牌名称和商标提炼了服装象征地位的符号本质，这是纯粹的社会等级标志，因其昂贵而具有独特性，又因其独特性而十分昂贵。剪裁以及其深奥的细节，是品牌服装区别于其他服饰的微妙之处，在当今正式的无阶级社会中甚至更为明显。同时，反向势利将低调的精英主义发挥到了极致，高度风格化的禁欲主义已成为公民美德的标志。如今的着装规范并没有放弃过去界定反奢侈法律和社会礼仪的等级秩序。相反，如今的着装规范对其进行了改进，使其比以往任何时候都更具隐蔽性和狡猾性。

第十六章

技巧与挪用

服装的文化之旅：漂染而成的金发、脏辫、环形耳环、旗袍、粉色Polo衫、阿巴科斯特衫、欧洲奢华定制服装

自中世纪晚期以来，时尚重新利用了过去的象征意义，为新的社会运动、政治方案和自我表达方式服务。新的时尚将旧的、曾经统一的时尚一片一片地重新组合，唤起了这些旧时尚的最初意义，但也通过将旧时尚置于新的背景下来改变旧时尚。时尚吸收并重新利用了地位、种族、国籍、宗教和性别等古老标志，在吸收这些标志的象征意义的同时，也削弱了这些标志的原有意义。例如，精英男性最初选择穿着高跟鞋，因为高跟鞋能够彰显军事实力，这样一来，他们就改变了高跟鞋的意义和外形，将高跟鞋从军事马靴变为宫廷地位的象征，后来，高跟鞋又转变成了女性性感的标志。这种为自我表达服务的象征意义的转变，正是西方时尚的精髓所在。

　　20世纪，随着时尚体系（无论是时尚产业，还是创意个人和创意团体）的步伐加快，对旧有服装符号的创造性再利用和破坏也随之而来。这种对现状的挑战意味深长，且常常是有意为之的行为，对各行各业的人来说，这样的挑战既是机遇，也是威胁。时尚打破了古老的世袭特权，却创造了新形式的精英主义；时尚以同样冷漠的态度，破坏了旧的等级制度和受压迫群体所珍视的亲缘关系。21世纪初的着装规范反映了这些不断发生的变化，并对此作出了回应。

　　将熟悉的服装元素与审美天赋相结合，这种新颖的组合可以是独一无二的——至少在Instagram上流行之前是如此。而目前的挑战是找到新颖的服装组合元素，而这些服装元素又足够熟悉，能够唤起人们对服装的理解。这通常需要将自己所在群体的典型时尚与外来元素相结合，借用（也可以说是"挪用"）长期以来与其他社会阶级、民族或宗教有联系的服装、物品和装束。这种对服装符号的特殊使用与捍卫其原始意义之间产生了斗争，如今的许多着装规范就是对这些斗争的回应。

金发野心

2013年8月12日，法琳·约翰逊（Farryn Johnson）被马里兰州巴尔的摩市的猫头鹰餐厅解雇，因为她的金色头发违反了公司的着装规定。任何熟悉猫头鹰品牌的人都能看出其中的讽刺意味。猫头鹰餐厅通过"猫头鹰女郎"树立了一个全球品牌形象：身材火辣的女服务员穿着紧身低胸T恤和橙色短裤，对每一位点炸薯圈的客人进行PG级[1]的挑逗。在该公司的广告和大多数餐厅中，猫头鹰女郎的原型是一位性感的金发美女。就像不会禁止美女暴露乳沟一样，猫头鹰餐厅也不会禁止美女露出金发。然而，法琳·约翰逊并不是典型的猫头鹰女郎，她是非裔美国人，她的金发违反了一项众所周知的着装规范，尽管这项着装规范是不成文的。

> 猫头鹰餐厅的员工手册对着装和仪容制订了详细的标准：
>
> 作为一位猫头鹰女郎，你必须时刻保持猫头鹰女郎的形象。你穿着猫头鹰女郎的制服时，实际上是在扮演一个角色……你必须遵守角色要求的形象和仪容标准……
>
> 头发在任何时候都必须保持迷人的造型并且披散开来，不允许有明显的辫子、编发、马尾辫或类似的风格。

猫头鹰餐厅的着装规定也禁止"怪异、离谱或极端的……发型、风

---

1 PG级指美国电影的普通级，这类电影建议儿童在父母的陪同下观看，部分内容可能不适合儿童观看。——译者注

格或颜色"，以及禁止头发与自然发色"相差两个以上的色调"。约翰逊的金发可能违反了"两个色调"的规定，但审理约翰逊歧视申诉的仲裁员发现，该公司并没有一视同仁地执行这一规定：白人女性（包括该公司广告活动中的某些女性）违反了这一规定却没有受到惩罚。而约翰逊被解雇的原因不同，据她说："经理告诉我，黑人没有金发。"

事实上，很多黑人确实有或曾经有过金发：碧昂斯（Beyoncé）、尼基·米纳伊（Nicki Minaj）、丹尼斯·罗德曼（Dennis Rodman）等。几乎可以肯定的是，他们会像许多白人金发女郎一样，将自己天生的深色头发漂染褪色。（用过氧化物漂染过头发的）金发女郎、漂染金发女郎、白金金发女郎、染发瓶金发女郎、新闻主播金发女郎——这些术语指的都是一个众所周知的事实：大多数金发女郎的金发都是化学加工而成的，而不是天生的。事实上，对大多数黑人女性来说，金发并不比直发更假，而直发正是餐厅所要求的风格。根据猫头鹰餐厅前女服务员雷切尔·伍德（Rachel Wood）的说法，黑人女性觉得有必要拉直她们的头发，或者把头发藏在假发下面，"以创造一个令人满意的猫头鹰餐厅女郎形象"。如果人工拉直头发实际是一项工作要求，那为什么约翰逊女士的人工染发会受到质疑呢？

猫头鹰餐厅需要一种非常特殊的技巧：混合传统和无威胁的女性特征。拉直的头发反映了一种女性美的理想，这种理想在安妮·穆迪坐在密西西比州杰克逊市的伍尔沃斯时已经牢固确立：黑人女性模仿白人女性发型，表明了她们选择接受主流社会的规范和价值观（尤其是女性作为装饰的角色）。但金发是纯洁和诱惑力的象征，仍然是白人的特权。染成金发的有色人种女性强调了大多数金发背后的人工技巧，并跨越了身份界限，表明自己有种族专属的象征。法琳·约翰逊的经理说黑人没有金发的真正含义是，黑人不应该有金发。

无论是性感迷人的梅·韦斯特（Mae West）、拉娜·特纳（Lana Turner）和玛丽莲·梦露，还是天真迷人的邻家女孩桑德拉·迪（Sandra Dee）和多丽丝·戴（Doris Day），金发女郎一直在美国人的性欲想象中占据着独特的位置。阿尔弗雷德·希区柯克（Alfred Hitchcock）著名的"冰雪女王"就是突出的例子，因为这位导演在选角时有不同寻常的自我意识，也非常慎重。希区柯克将经典金发女郎的象征意义发挥到了极致: 爱娃·玛丽·森特 (Eva Marie Saint) 在《西北偏北》(*North by Northwest*) 中扮演一个难以捉摸的狡猾小姑娘; 格蕾丝·凯莉 (Grace Kelly) 在《捉贼记》(*To Catch a Thief*)、《电话谋杀案》(*Dial M for Murder*) 和《后窗》(*Rear Window*) 中扮演一个完美的社会女孩; 珍妮特·利 (Janet Leigh) 在《惊魂记》(*Psycho*) 中扮演一个变坏的女孩; 而最有代表性的是金·诺瓦克 (Kim Novak) 在《迷魂记》(*Vertigo*) 中扮演的角色, 这是一个难以达到的理想女性角色。诺瓦克在影片中的双重角色 (精致的金发女郎马德琳·埃尔斯特和世俗的黑发店员朱迪) 为金发的象征意义提供了案例研究。当吉米·斯图尔特 (Jimmy Stewart) 饰演的伤心侦探斯科蒂·弗格森开始执着地将朱迪改造成玛德琳时, 去发廊就是改造的最后一步, 也是关键一步。当斯科蒂不耐烦地等待朱迪 (玛德琳) 出现时, 发型师放心地告诉他: "这是一种简单的颜色。"——这是对女性使用人工技巧改变发色的讽刺暗示, 在影片中起着关键作用。

希区柯克深知, 尽管20世纪的美国人崇拜天生的金发女郎, 但每个人都知道, 大多数金发女郎都并非天生。随着时间的推移, 金发女郎逐渐进化: 20世纪初好莱坞制片厂体系中完美的人造金发女郎; 20世纪50年代爆炸性事件中的白金金发女郎, 如杰恩·曼斯菲尔德 (Jayne Mansfield)、玛米·范多伦 (Mamie van Doren)、西部乡村歌手多莉·帕顿 (Dolly Parton)、反讽的金发女郎黛比·哈利 (Debbie Harry) [黛比是新浪潮乐队 "金发女郎" 的主唱, "金发女郎" 乐队有一张专辑就名为《再次进入漂白剂》(*Once More into the Bleach*)], 以及后来的麦当娜。麦当娜显眼的黑色发根表明了她与金发形象之间的某种心照不宣的后现代关系 (这种关系在她1990年的 "金发野心" 巡回演唱会中变成了一个名副其实的名称)。金发已经成为一个漂浮的符号, 与种族血统或生物学倾向没有任何一致的、自然的联系。而金发只能参考其他金发女郎的例子: 多莉·帕顿是杰恩·曼斯菲尔德夸张金发的翻版; 黛比·哈利一头深色发根的金发有意颠覆了过去迷人而天真的金发颜色; 麦当娜的金发让人联想到玛丽莲·梦露和拉娜·特纳的性感。在整个20世纪80年代和90年代, 人造金发女郎数量激增, 变得越来越稀松平常, 金发就像人工拉直或烫卷的头发一样普通。

有色人种的女性想要参与其中也就不足为奇了。然而, 直到2013年,人们还会被告知"黑人女性没有金发",这一说法很难不被看成是带有种族主义色彩的反奢侈规范,相当于21世纪禁止黑人穿着"超出自身条件"服装的法律。如果某位有色人种女性敢于用金发为自己加冕,就像屠夫的妻子戴上珠宝头饰一样,那么金发的社会意义似乎会被混淆,其地位也会被削弱。然而,今天的法律并不禁止这种违反身份的行为,而是禁止种族歧视:法琳·约翰逊最终赢得了对猫头鹰餐厅25万美元的民权判决。

文化挪用

如果有色人种可以选择金发,那么天生金发的人是否也可以尝试与有色人种有关的发型呢?在2016年的纽约时装周上,设计师马克·雅可布让年轻女性穿着7英寸厚底凉鞋、闪亮的热裤、银色锦缎风衣,以及带着棉花糖色的脏辫走下T台。这些模特看起来就像蒸汽朋克和华丽摇滚的未来景象:宇宙女孩们穿着盛装参加激光战斗,然后在银河系最酷的迪斯科舞厅度过一个夜晚。《纽约时报》将这场时装秀描述为"一个拉斯特法里[1]嬉皮思想的华丽舞池",以及"一个奇特的,甚至有些另类的角度"。这是一个有趣、轻松、夸张的服装系列,似乎注定要给人带来愉悦感或者困惑。

但在时装秀结束几个小时之后,雅可布就陷入了关于种族和头发的长期争论中。一条Instagram上的帖子写道:"这本来超级酷的,但我发现模特的浅色头发居然被扎成了辫子……如果这是你想要的发型,那就请用有色人种的模特……"其他帖子则更加尖锐:"你为什么不用真正有辫子的模特?!那是他们文化的一部分……这太丑陋了,太令人失望了。"还有帖子问道:"马克·雅可布真的只是围绕着文化挪用来打造整场时装秀吗?"雅可布并不是第一个面临此类指责的设计师。一年前,华伦天奴在一场以非洲风格的服装系列和"玉米辫"发型为特色的时装秀中聘用了一批以白人为主的模特;1993年,让-保罗·高缇耶推出了某个服装

1　拉斯特法里教:20世纪30年代在牙买加兴起的黑人基督教宗教运动。

系列，其灵感来自哈西德派犹太人的服装；1997年，侯赛因·卡拉扬同样推出了某个服装系列，该系列以某些穆斯林女性穿着的全身罩袍为特色。以上所有的服装系列都被人们谴责为文化挪用。

文化挪用是一个定义不明确的术语，但在最坏的情况下，文化挪用的意思包含了更明确的种族越界行为。例如，2014年，亚利桑那州立大学的某个兄弟会在马丁·路德·金纪念日举办了某场派对，在派对上，"非黑人学生穿着宽松的篮球衫，挥舞着帮派标志，用挖空的西瓜喝酒，以此嘲笑黑人"。2013年，弗吉尼亚州阿什兰市伦道夫·梅肯学院的卡帕·阿尔法兄弟会举办了某场派对，派对主题是"美国对墨西哥"，参加派对的人戴着墨西哥宽边帽、留着大胡子，或者穿着边境巡逻服。同年，杜克大学的卡帕·西格玛兄弟会举办了某场名为"亚洲之光"的派对，派对上的人们穿着丝绸长袍、戴着相扑手的大肚腩和筷子发饰，"模仿典型的亚洲口音"。加州理工大学圣路易斯奥比斯波分校举办了感恩节联谊会派对，派对名为"殖民兄弟和纳瓦霍人"，在派对上，男学生扮成了朝圣者，而女学生扮成了印第安人，实际上，这个想法并非原创：哈佛学生可能是最先提出这一概念的人，他们早在2010年的哥伦布日就举办了某场名为"征服者兄弟和纳瓦霍人"的派对。芝加哥大学的阿尔法·德尔塔·菲兄弟会分会也举办了某场以土著民族为主题的聚会，该分会在Facebook页面上邀请来宾"进行征服、传播疾病和奴役土著人"。

不难理解，雅可布被某项指责伤透了心，因为这项指责将他与那些糟糕的人视为同类。雅可布说："某些人大喊着'文化挪用'，或者胡说八道，说着任何关于种族或肤色的废话，却以特别的方式留着特殊风格的发型。真是有趣，他们怎么不指责有色人种女性拉直头发……我看的不是肤色，而是人……看到这么多心胸狭窄的人，我真是感到遗憾。"

某一观点认为留着脏辫的白人女性犯下了文化挪用之罪，而雅可布认为，这一观点表明，把头发拉直或染成金色的黑人女性也不该留着与其他种族有关的传统发型。名为"黑即是美"的运动认为，自然的头发是种族自豪感的表现，所以当时许多人认为拉直的头发是自我厌恶的标志。但是，虽然"黑即是美"运动反对社会对美丽的期望和标准，因为这些期望和标准要求人们通过化学方法改变自己的头发，但文化挪用的观点已经成为了一种新的着装规范，而这种着装规范为特定的民族、种族和文化群体保留了某些特定的时尚风格。

实际上，弄清楚哪些发型属于哪个种族十分困难。当然，不同的发型适合不同的发质，自然发质也会因种族而异。但是，旨在改变发质的技术被所有种族群体广泛使用，并且已经使用了几个世纪：编辫、梳理、烫发、卷发器和卷发钳、直发器和直发钳、染发剂都很常见，更不用说人工接发和假发了，而且通常与种族身份没有什么关系。用技巧改变头发的外观是世界上最自然的事情之一。的确，脏辫是通过技术和人工加工而成，而不是自然的头发纹理，这就是其他种族群体很容易"挪用"它们的原因。作为一种习俗、习惯和文化，脏辫常常与非裔美国人联系在一起。但是，文化会发生变化，在20世纪60年代和70年代，"黑即是美"运动达到高潮，金发的黑人女性会被许多人视为自我厌恶的背叛者。而如今，金发只是黑人女性的时尚选择，并没有包含政治色彩。例如，没有人认为碧昂斯的金发会破坏她作为一个骄傲的黑人女性的形象。

类似的文化转变可能会改变脏辫的意义。马克·雅可布也许能够理解美国华裔篮球运动员林书豪，林书豪的脏辫发型惹怒了前NBA球员肯扬·马丁（Kenyon Martin）。马丁在Instagram的一段视频中说："需要有人告诉他，比如，'好吧，兄弟，我们明白了，你想成为黑人。'……但林书豪姓林。"马丁还补充说，他不会容忍一个"脑子里有这种狗屁想法"的球员在他的球队里。林书豪巧妙地回击道："一切都好。你不必喜欢我的头发，也绝对有权发表你的意见……说到底，我很感激我有脏辫，而你有中文文身……我想这是一种尊重的表现。我认为，作为少数族裔，我们越欣赏彼此的文化，就越能影响主流社会。"

某种观点认为，某些发型应该是某些种族群体的禁区，这种观点的确很难为之辩护。但指责雅可布的人有更合理的担忧。某些人指出，黑人女性被迫拉直头发是因为种族主义的审美标准，他们暗示，正是这种标准导致雅可布选择白人女性作为模特。某位评论者问道："如果你看的不是肤色，那为什么你的模特95％都是白人？"另一些人则指出，尽管雅可布将脏辫作为一种时尚宣言，但有色人种往往因为相似的发型而受到歧视。某位Instagram的用户说："我想这意味着有色人种现在可以自由地留着我们的发型，而仍然能拥有……工作……？"这些抱怨反映了有色人种女性在模特行业占比不足所带来的沮丧，而这种沮丧十分合理。

他们抱怨的是，即使使用的是黑人女性通常穿着的服装款式，雅可布还是决定由白人模特来展示。另一些抱怨则提到了雅可布可能无意中暴露的种族双重标准：对于某些服装款式，黑人或拉丁裔人穿着时看起来具有威胁性或不体面，而白人穿着时却看起来很酷或很时髦。就像连帽衫在特雷沃恩·马丁身上具有威胁性，但在马克·扎克伯格身上却充满魅力一样，脏辫在黑人头上是犯罪的标志，但在白人时装模特头上却成为了前卫的时尚。

2017年，出于对此类双重标准的担忧，匹泽学院的学生在一堵公共墙上提出了一个尖锐的要求："白人女孩，摘下你们的环形耳环！！！"这句话是用白色的大字写在校园的一面专门用来涂鸦和表达艺术的墙上。当学生们困惑不解时，一位名叫阿莱格里亚·马丁内斯（Alegria Martinez）的学生站出来解释说，戴环形耳环的白人女性"挪用了……创造这一文化的黑人和棕色人种的专有风格，而这种文化实际上有着压迫和排斥的背景"。马丁内斯坚持认为，"通常佩戴环形耳环的黑人和棕色人种……通常被视为贫民，在日常生活中不被他人重视……而环形耳环已经成为……反抗的象征"。马丁内斯反问道："为什么白人女孩能够参与到这种文化（戴着环形耳环……）中，并被视为'可爱的/有审美的/民族的'……？"正如马克·雅可布的时装秀一样，人们在这里抱怨的是，某种风格在深肤色女性身上被视为粗俗或具有威胁性，而在白人女性身上却变得时尚前卫。另一个学生说："如果你没有创造文化边缘化的应对机制，那就摘掉这些耳环；如果你的女权主义缺乏交叉视角，那就摘掉这些耳环；如果你试图在创作者再也负担不起的时候挪用我的文化，那就摘掉这些耳环……"

然而，某些人却嘲笑这种观点。例如，《国家评论》（National Review）的作者凯瑟琳·蒂姆夫（Katherine Timpf）坚称："如果你想告诉我，我不能戴一件拧成环形的金属制品……那我就要让你闭嘴……若按照这种逻辑，没有人能拥有环形制品。"事实上，匹泽学院的交叉女权主义者远不是第一个制订着装规范，并规定谁可以佩戴耳环，谁不可以佩戴耳环的人。自从耳环发明以来，关于耳环的各种规定也随之而来。公元前2000年，米诺斯人将耳环作为地位的象征；在古埃及和希腊，耳环象征着社会等级；在古波斯，耳环象征着军事效忠。此后，希伯来奴隶、印度皇室、俄国哥萨克军团，以及公海上的海盗，都将佩戴的耳环作为成员和身份的标志。有时，耳环对那些不幸被迫佩戴耳环的人来说是一种耻辱，比如中世纪晚期的意大利犹太妇女，她们被迫佩戴耳环作为犹太信仰的标志。而在其他情况下，有权佩戴耳环的人则小心翼翼地保护着自己的特权。匹泽学院的女生们绝非第一个声称拥有佩戴环形金属制品的专属权利的人。

阿莱格里亚·马丁内斯坚持认为"白人实际上利用了这种文化，并将其变成了时尚"是正确的。无论是朴素的头巾搭配引人注目的封面女郎妆容，还是蓝眼睛的联谊会女孩佩戴的隐约带有"民族"色彩的珠宝，这些新的、不协调的组合都表明个性才是时尚的精髓。就像宗教纯粹主义者哀叹年轻穆斯林女性为了时尚而牺牲头巾一样，匹泽学院的女学生们也要求制订着装规范，旨在将服装定义为某种表达正统观念的途径。关于"文化挪用"的争论则是另一个例子，说明了几个世纪以来人们对时尚的破坏性影响感到焦虑，这种影响破坏着人们的群体身份和社会地位的象征。在不懈追求新奇事物的过程中，时尚随时准备牺牲任何传统习俗，并对政治斗争和道德特权主张漠不关心。毫无疑问，时尚会利用和挪用文化，但并没有歧视文化。

2018年春，高中生卡西雅·达姆（Keziah Daum）在Twitter上上传了自己的中国风旗袍照，在照片中，达姆从穿着传统的粉彩塔夫绸和雪纺绸服装的同龄人中脱颖而出。某些亚裔美国人并不欣赏她对个性的追求，某条帖子评论道："我们的文化不是你那该死的舞会礼服。"某条跟帖更是批判道："我为我的文化感到骄傲……若它只是屈从于美国的消费主义，迎合白人的审美，那就相当于殖民意识形态了。"另一名Twitter用户坚称："这是不对的。我是亚洲人，但我不会穿着韩国、日本的传统服装或任何其他传统服装，我也不会穿着爱尔兰、瑞典或希腊的传统服装，因为这些服装背后有很多历史。"

似乎只有某些社会才会抱怨"文化挪用"这种行为，而这些社会往往带有明显的种族或民族等级制度。而对于社会地位更稳固的群体，在外人借用其时尚时，这类群体往往会表现得更加宽容。例如，在旗袍的发源地中国，达姆对舞会礼服的选择受到了更热烈的欢迎。某条帖子写道："作为一个中国人，我真的很喜欢你的裙子。我认为这是一种尊重我

图中旗袍结合了西方传统服饰和中国传统服饰的元素。

们文化的方式。"还有帖子建议达姆穿着其他中国传统服装："我是中国人。我们大多数中国人都支持你，希望你能多多宣传中国服装。除了旗袍，我们还有汉服。"在接受《纽约时报》采访时，香港文化评论家周一军（Zhou Yijun）表示："把这种行为称为文化挪用十分可笑。从中国人的角度来看，如果一个外国女人穿着旗袍，并觉得自己很漂亮，那她为什么不能穿呢？"达姆表示，就她自己而言，她并不是有意"引起任何骚乱或误解"，"也许（对文化挪用的指控）需要我们进行严肃的讨论"。不过，达姆坚称不后悔自己的选择，并称自己还会再穿上那条裙子。驻伦敦的文化评论员安娜·陈（Anna Chen）指出，旗袍本身就是文化混合的体现：旗袍是受西方影响的传统满族服装。安娜·陈认为："目前对达姆行为的反对相当于不满亚洲人穿上燕尾服。"事实上，燕尾服本身也是文化混合的体现，它将传统的正式晚宴服装的元素与更具运动感、更休闲的短夹克结合在一起，而短夹克显然是一种非西方元素。英国贵族（可能首先是威尔士亲王）将燕尾服作为一种休闲的餐后服装，随后，纽约塔克西多公园的某位富有居民也穿上了燕尾服，因此该地的非正式名称由此而来。在某种无耻的文化挪用行为中，时髦的男人们在新的、现代的晚餐套装的腰部系上了一条腰封，这种腰封最初为南亚的某种配饰，后来在印度殖民地被英国军队采用（在波斯语和印地语中，腰封被称为ka-marband）。就像留脏辫或穿旗袍的白人一样，这些潇洒的男人们利用

288

另一种文化的传统元素为自己的服装增添个性和浮华。

时尚一直是文化混合的源泉，部分原因是它从流行文化和商业实践中得到了成长和发展，相比于其他受传统文化制度束缚的艺术形式（如戏剧、电影、舞蹈、文学和视觉艺术），时尚的发展更为自由。近几十年来，随着社会身份、文化传统和种族亲缘关系变得越来越不稳定，也越来越容易受到挑战和重新诠释，文化借用和文化混合变得越来越常见。2015年，《纽约时报》首席时尚评论家凡妮莎·弗里德曼问道："文化混合作为最糟糕的文化挪用，是否是对严重问题的轻率回应？又或者是……一个行业用自己的技能来应对现实世界的合理尝试？"弗里德曼得出的结论是，时尚跨越了界限，提出了具有社会、政治和艺术价值的棘手问题："最好的时尚往往是越界的……在最基本的层面上，我们就是这样让女人穿上裤子和超短裙的，而这一切在当时吓坏了许多人……时尚需要冒险……否则……可能失去意义，否则衣服可能仅仅只是衣服。"

预科生风格挪用

文化挪用是双向的：精英和占主导地位的群体将边缘化群体的风格转变为时尚潮流，而边缘化群体则反过来重塑上层社会的习俗，打破上层社会习俗的排他性，并利用上层社会习俗的象征意义达到新的、反叛的目的，于是无论是在风格方面还是在大众可接受度方面，挪用的文化都比原来的文化有所改进。例如，尽管预科生风格崇尚普遍反对上层社会风格，但它也可以是精致优雅的。然而，如今许多人推崇的预科生风格，往往被错误地认为是美国东北部富有的精英阶层所创造的。事实上，预科生风格是一群有才华的摄影师、有品位的男女，以及时装设计师所做出的相对较新的贡献，他们在利用传统贵族带来的神秘感的同时，对新英格兰贵族的服装进行了整理、编辑和重新裁制，使之成为真正时尚潇洒的服装。而这些人中包含非裔美国人、日本人和犹太人，如非裔美国人迈尔斯·戴维斯（迈尔斯将西服套装和牛津布扣领衬衫变成了炫酷的象征）、日本摄影师林田昭庆（Teruyoshi Hayashida）、编辑石津谦介（Shosuke Ishizu）、黑濑俊之（Toshiyuki Kurosu）和长谷川昭一（Hajime Hasegawa）[林田昭庆、石津谦介、黑濑俊之和长谷川昭一运用日本细腻的审美意识，在《常春藤风格》（Take Ivy）一书中展示了美国的运动服]、犹太人丽莎·伯恩巴赫（《权威预科生手册》的作者），以及犹太人拉尔夫·劳伦。拉尔夫·劳伦的原名为拉尔夫·利夫希茨，出生在纽约布鲁克林的工薪阶层家庭里，而纽约布鲁克林后来成为了时尚之都。

在20世纪80年代，劳伦完善了常春藤风格，打造出理想的预科生风格主打款式，如卡其色裤子、板鞋、便士乐福鞋、牛角扣大衣、牛津布扣领衬衫，以及马球衫（即Polo衫），劳伦以"Polo"命名了自己的某个服装系列。就像米其林星级厨师重新构想芝士汉堡一样，劳伦对这些经典服装进行了改造和完善。在此过程中，劳伦通过自己设计的服装刻画了想象中的校园生活，使每个人都能体验到梦寐以求的校园生活。劳伦的崇拜者常常购买各种颜色的Polo衫，有时还会将领子翻起来叠穿，一次穿两件，并且用Polo编织腰带、Polo印花裤子和Polo板鞋来搭配Polo衫。胸怀抱负的预科生们把充满讽刺意味的《权威预科生手册》作为严肃的个人风格指南，而最忠实的预科生甚至从普莱诗、里昂比恩和布鲁克斯兄弟等老派服装品牌那里找到劳伦的灵感来源，结果却发现劳伦比早已过时的这些品牌的原版还要更加贴近预科生风格。渐渐地，曾给劳伦带来灵感的新英格兰精英们也开始从劳伦那里获得灵感。1980年，《权威预科生手册》自信地宣称："运动衫的首选品牌是鳄鱼。"到了2011年，用户名为"常春藤风格"的博客将拉尔夫·劳伦的Polo衫与鳄鱼的运动衫进行对比，并称"鳄鱼的运动衫更好"，而男装界的传奇权威人物雅伦·傅拉瑟（Alan Flusser）告诉记者，在汉普顿的周末，人们的首选衬衫"不是鳄鱼的运动衫……而是Polo衫"。

劳伦的天才之处在于，他不是在模仿预科生风格，而是将对美国式的民主的渴望融入贵族血统中，并将这种渴望与自己的审美意识联系起来。如今的预科生风格反映了时尚的外来者对封闭的种族标志的挪用，并且反映了地位象征向审美情感的转变。

坎耶·韦斯特（Kanye West）在《巴里·邦兹》（Barry Bonds）这首歌中打趣道："我穿着粉色Polo衫很好看，就天才而言，我做得还算不错。"到2007年，拉尔夫·劳伦的"马球骑手"商标与黑人内城区[1]文化之间的联系已经非常牢固（尽管这种联系看起来不太可能存在），因此从康普顿到肯纳邦克港的每个听众都明白了坎耶的笑话。嘻哈艺术家、街头帮派和时髦的孩子们都曾穿着与预科生风格相关的服装：Polo衫、橄榄球衫、滑雪毛衣，以及印有仿制的贵族徽章和镀金徽章的蓝色运动夹克。

在21世纪早期，预科生风格还相对较新。早在20世纪80年代中期，嘻哈风格就包括色彩鲜艳的运动衫和帽子、运动服、篮球运动鞋、华丽的黄金和钻石首饰，或者黑色、深蓝和灰色的长裤、工装夹克和连体裤等暗淡的、带有监狱风格和军事风格的服饰。这两种风格都直接涉及黑人的城市生活：职业运动员是黑人社区的英雄，是表现出色的典型当地男孩。由于年轻的黑人男子普遍有过被监禁的经历，于是有了监狱黑这一服装颜色，而特警队的黑色制服和海军的蓝色制服则表现出无产阶级的强悍与团结，并向20世纪70年代黑人激进主义的军事风格致敬。

嘻哈音乐总是把追求金钱的愿望写在唱片套上。最早的说唱歌手组合"糖山帮"吹嘘自己的财富和性魅力，在1979年的经典歌曲《说唱歌手的喜悦》(Rapper's Delight) 中唱道："支票、信用卡以及傻瓜都花不完的金钱。"从早期的粗金项链和钻石，到后来的豪华轿车、水晶香槟杯和包机，嘻哈音乐时而描述贫民区的困难生活，时而幻想用炫耀性的消费来逃避现实，在这些幻想中，说唱歌手们过着富裕的生活，比华尔街金融家和《财富》(Fortune) 杂志中500强企业的CEO还要富有，并对种族主义的权力体系进行终极报复。而品牌效应在反映奢华生活方面发挥了重要作用：就像弗朗西斯·斯科特·菲茨杰拉德会提到豪华酒店和常春藤盟校，以及伊恩·弗莱明 (Ian Fleming) 会提到007号特工的宾利、阿斯顿·马丁、堡林爵香槟，以及伦敦高级男士俱乐部布雷兹的晚宴一样，为了看上去更加真实，说唱歌手们会说出自己最喜欢的时装设计师和奢侈品，以此抬高自己的身价。

1　黑人内城区指的是大城市常存在社会、经济问题的市中心贫民区。——译者注

在经典的维布雷宁模式[1]中，只有最华丽的地位象征——标志性的商标才能反映其奢华生活，并将奢华生活显眼地展示出来。例如，超大的奔驰车引擎盖装饰变成了项链垂饰，挂在金链子上；金色的水晶香槟酒瓶出现在许多视频和专辑封面上。而古驰和路易威登这两个品牌不断发展，其商标更是成为了服装的纺织图案，它们是成功的音乐家们在购物时珍爱的品牌，也是富有创造力的企业家们进行创造性挪用时珍爱的品牌。达珀·丹（Dapper Dan）作为美国哈莱姆区同名服装品牌的创始人，为说唱歌手LL Cool J、说唱组合Run DMC、说唱组合Eric B. & Rakim和说唱组合 Salt-N-Pepa等著名嘻哈音乐人物设计了飞行员夹克、运动服、靴子，甚至还包括路易威登和古驰面料的汽车内饰，有时还搭配有某些高端品牌商标（例如，在路易威登面料上贴上金色的梅赛德斯·奔驰标志），预示着如今多品牌合作（梅赛德斯X路易威登）的出现。

嘻哈文化利用高端品牌的方式往往带有强烈的讽刺和批判成分。达珀·丹回忆道："我被拒之门外……我想说……我可以做他们正在做的事情，甚至做得更好……这是一个机会……让我可以对那些大品牌嗤之以鼻……"嘻哈的过度消费主义让某些高端品牌的华而不实之处变得更加引人注目。对于追求地位、对资本主义持批评态度的人以及两者兼而有之的人来说，俗丽的商标手袋和镀金的香槟酒瓶是唾手可得的东西。于是，达珀·丹的成功引起了各大时装公司以及公司律师的注意。20世纪90年代末，面对多起投诉和商标侵权诉讼，达珀·丹关闭了在哈莱姆的店铺，转入地下活动，直到2016年，在接受一家由狂热粉丝创办的小型网络杂志的采访时，达珀·丹才再次公开发表言论。2017年，古驰推出了某个系列，其灵感来自于达珀·丹的早期设计，于是情况发生了转变，某些人指责古驰这个高级时装品牌的虚伪和挪用行为，而古驰的创意总监亚历山德罗·米歇尔（Alessandro Michele）则公开承认了自己的过失，并在同年后期邀请达珀·丹成为古驰品牌的官方合作伙伴。达珀·丹在自己位于哈莱姆区的褐石屋里开了一家独家定制沙龙，并在2018年推出了古驰与达珀·丹的联名系列。

1　维布雷宁模式是一种社会心理模式，主要探讨外部环境对消费者的影响，以及消费者购买行为对外部环境的能动反应。——译者注

在达珀·丹辉煌了一段时期后，20世纪90年代的人开始注意到拉尔夫·劳伦创造的更为微妙的贵族风格，并开始模仿。20世纪80年代末，一群来自布鲁克林的年轻人组建了一个帮派，帮派名为"劳·莱福斯帮"（该帮派英文原名为"Lo Lifes"，"Lo"是Polo的缩写），而瑟斯汀·豪尔三世（Thirstin Howl Ⅲ）就是帮派成员之一。根据豪尔的说法，劳·莱福斯帮由两个团体组成，其中一个团体来自布鲁克林的皇冠高地，团体名为"拉尔夫的孩子"，另一个团体来自布朗斯维尔，团体名为"Polo USA[1]"，他们因共同热爱拉尔夫·劳伦的Polo衫而联合在一起，而Polo衫所反映的美国上流社会形象是其吸引人的一大因素。劳·莱福斯帮不只是穿着五颜六色的运动服，还模仿无数杂志广告、广告牌和Polo时装店为拉尔夫·劳伦品牌塑造的形象。正如说唱组合"武当派"的成员瑞空（Raekwon）所解释的那样，"这表示你很有钱。就像你想到自己Polo衫上的那匹马，而那匹马象征着那些在外面打马球的人。你知道他们大多数人都很富裕，而且生活舒适，所以这就让人觉得，如果你穿上Polo衫，就代表你有钱了，而且在邻里有一定地位"。根据录制2010年专辑《POLO Dro》的说唱歌手Young Dro的说法，劳伦的服装给人某种向上层社会阶级流动的幻想："一旦我们穿上劳伦的服装，我们就可以在白人的地盘活动自如……穿上这些衣服，我就可以去很多地方，不是吗？穿上这些衣服，我就可以在这里谋生、在这里生活……"同样，瑟斯汀·豪尔三世回忆说："劳·莱福斯帮里有很多人曾经被人嘲笑过穿着，而这些人并不是什么衣服都没有……这就是组建劳·莱福斯帮的原因……这就是为什么这些人选择穿上劳伦的服装，并且想让自己看起来最时髦的原因……他们得说些什么，因为外人的屁话特别尖锐。"

劳·莱福斯帮和达珀·丹的审美情感体现了某种毫无保留地接受品牌效应的做法，而某些人可能会对这种做法表示怀疑。这不正是托尔斯坦·凡勃伦在《有闲阶级理论》中批判的那种谄媚的地位模仿吗？这不正是E.富兰克林·弗雷泽在《黑人资产阶级》中毫不留情地揭露的那种逃避现实的幻想吗？虽然这些批判是有道理的，但也有些言过其实，而

---

1   USA:United Shoplifters Association，美国扒手协会。

且是不全面的，因为当代文化中有很多文化是通过商业品牌来传播的，而这些批判有点像是在谴责文艺复兴时期的艺术家过度关注宗教和贵族赞助人一样。无论是好是坏，品牌名称和品牌标志已经成为我们服装词汇的重要组成部分，是众多服装符号的简称。商标是情感、个性、设计美学和生活方式的象征。爱马仕醒目的"H"字母让人想起从前精细的工艺、高档的马术和时尚的巴黎（以及爱马仕的魅力客户，如格蕾丝·凯莉和简·伯金，爱马仕用她们的名字命名了两个最高档的爱马仕手袋）。克里斯提·鲁布托设计的红底鞋散发出性感的都市魅力，是投资信托基金的社会名流和拥有白金销量的饶舌歌星的选择。拉尔夫·劳伦的Polo标志促进了预科生文化的风格化，这种文化在许多服装、广告和零售商店中都有体现。商标可以是地位标志、社会宣言和个性的反映。

　　服装的地位象征不仅仅是胜人一筹的手段，还是引起情感共鸣的文化标志。时尚历史长达6个世纪，而精致的服装反映了时尚历史中形成的复杂审美情感。由于精致的服装是由重要人物在重要场合穿着的，因此这种服装成为我们历史和文化想象的一部分：当我们回想重大事件或有影响力的人物时，服装就起到了重要作用。服装之所以能传达信息，是因为我们将特定的服装与历史联系在一起，即使这种联系是间接的；还因为我们从旧的服装符号中创造出新的服装符号。例如，双排扣西装外套上的纽扣位置或运动外套上的V形翻领缺口都很有意义，因为它们与军装和贵族运动有着久远的联系。而Polo衫、鞋子或手提包上的商标则反映了服装的地位象征，涉及了一系列服装、设计元素以及与之相伴的神话和幻想。大众的历史进程会使精致的服装变得更有意义，而对于这一进程，君主、宗教权威、政治家、商人，甚至今天的跨国公司都只能对其产生影响，却永远无法完全控制。

　　时尚品牌在达珀·丹和劳·莱福斯帮手中有了新的意义。达珀·丹的作品并不是设计师品牌的仿制品，而是对这些设计师品牌的嘲讽，甚至是批评。同样，劳·莱福斯帮也没有试图把自己伪装成安多佛学校的学生。昂贵的名牌服装象征着精英特权，前提是人们认为名牌服装是穿着者真正花钱买的，任何有关名牌服装是乞求或借用而来的怀疑（更不用说是偷来的）都会损害穿着者的声誉，并且暗示穿着者的名牌服装是通过不正当手段得来的。穿着Polo衫的帮派并不总是通过合法手段来获得

Polo衫，豪尔回忆说："每天都有一场时装秀，每天都有人在北部商场和曼哈顿的商店里疯狂行窃。"此外，这些帮派还以"Polo USA"这样的名字自豪地承认行窃事实。对于劳·莱福斯帮来说，昂贵的名牌服装传达了某种不同的地位象征："如果你想保持光鲜亮丽，你就必须捍卫你的东西……你必须知道如何斗争……否则你不会光鲜亮丽多久。"

就像18世纪的平民佩戴并改造了贵族式的扑粉假发一样，劳·莱福斯帮和达珀·丹毫不掩饰地挪用高级时装的商标，利用知名的奢侈品形象来表达自己的想法。劳·莱福斯帮渴望获得Polo品牌所代表的财富和声望，但他们要以自己的方式获得——他们并不想沿着社会阶梯往上爬，而是想把社会阶梯拉下来。在这一点上，他们效仿了18世纪的奴隶，这些奴隶带着骄傲和嘲讽的蔑视穿上了欧洲服饰。正如记者邦兹·马龙（Bonz Malone）所说："他们通过穿着Polo衫来挑战阶级主义，把本不属于自己的东西变成了自己的东西。"

优雅是一种生存技能

萨普协会又称"氛围营造者和雅士协会"，该协会由非凡的绅士组成，致力于遵循严格的个人风格标准。萨普协会成员遵循着严格的着装规范——"萨普着装规范"，该规范规定了发型、袜子高度、西装袖口上单颗纽扣的解开方式等细节。根据历史学家奇·迪迪埃·贡多拉（Ch. Didier Gondola）的描述，萨普协会成员通常手持象牙柄或银柄手杖，身穿精心定制的西装，手戴卡地亚手表，脚穿威士顿蜥蜴皮乐福鞋，喷着名牌古龙水，戴着角质镜框眼镜和丝绸口袋方巾。某位萨普协会成员声称自己拥有30多套由欧洲最好的裁缝制作的西装，以便自己不用将同一套西装穿两次。某些萨普协会成员喜欢穿着中年CEO偏爱的柔和色调的服装，而另一些萨普协会成员则喜欢名牌时装，名牌时装的用色之大胆，堪比野兽派画家风格。萨普协会成员穿着自己最漂亮的衣服，聚集在城市的街道上散步，在服装上，他们是优雅和自尊的现实典范，是博·布鲁梅尔和奥赛伯爵那样的花花公子。

在世界上任何一个时尚大都市，萨普协会成员都是值得人们关注和拍照的。但是，这些21世纪的"花花公子"来自刚果共和国首都布拉柴维尔和刚果民主共和国首都金沙萨，这两个国家是世界上最贫穷和最混乱的国家。根据世界银行的数据，2016年，刚果民主共和国的人均国内生产总值只有445美元。19世纪欧洲引人注目的优雅风格在21世纪的撒哈拉以南非洲有着独特的意义。萨普协会成员采用了（可以说是挪用了）欧洲的服装传统，但这不是对当时欧洲殖民者的谄媚模仿，而是为了适应当地条件，在他们手中，做工精致的成衣成为了礼仪性的服装。高级时尚商标成为公民理想的标志，而看似为地位而进行的破坏性斗争，实际上是一场精心编排的舞蹈，象征着为争取社会尊严而进行的和平竞争，表达了对饱受压迫、腐败和地方性暴力毒害的社会的批判。

根据贡多拉的说法，萨普协会诞生于法国殖民者和比利时殖民者统治刚果期间。就像美国南部的白人奴隶主一样，某些白人殖民者也以其仆人体现出的优雅为荣，并鼓励仆人穿着欧洲时装。时尚的服装成为非洲黑人地位的象征，他们接受并适应了欧洲的时尚。就像在美国的黑人一样，非洲黑人若穿着与自己地位不符的服装，也会受到指责和嘲讽。在20世纪早期，某位欧洲作家懊恼地指出："布拉柴维尔地区的当地人为了炫富而过分打扮。许多人以追随巴黎时尚为荣……现在还得意地戴着优雅的巴拿马草帽。"同样，某位殖民地总督以居高临下的怀疑态度写道："布拉柴维尔的上层人士穿得相当奢华，甚至还带点优雅。"如今的萨普协会成员捍卫着刚果悠久的优雅服装传统，某位萨普协会成员说："萨普协会由我们的父辈和祖辈创建而成……我的父亲是一个优雅的人，他会在睡衣胸前缝上一个口袋。"

刚果优雅的服装传统并不能说明生活的安逸、富裕或特权。刚果曾遭受历史上最残暴、最具剥削性的殖民政权统治。威尔士探险家亨利·莫顿·斯坦利（Henry Morton Stanley）最先侵占刚果这片土地，使刚果成为了比利时非洲国际协会的私有土地，该协会表面上是一个致力于科学研究和改善当地居民生活条件的慈善组织，实际主要活动是通过剥削当地劳动力，以获取象牙和开采橡胶与矿物，并将产品流入世界市场销售。在1885年到1908年间，数百万刚果人死于不人道的工作条件、饥饿和欧洲人带来的疾病，有人曾估计这一死亡人数多达当地人口的50%。即使以当时典型的殖民剥削标准来衡量，比利时对刚果实施的暴行也依然非常突出，并引发了国际抗议。其中最著名的是，1899年约瑟夫·康拉德（Joseph Conrad）撰写的经典著作《黑暗的心》（*Heart of Darkness*），描述了刚果的恐怖生活；1905年，马克·吐温（Mark Twain）发表了某篇讽刺性的谴责文章，题为《利奥波德国王的独白》（*King Leopold's Soliloquy*），利奥波德国王指的是当时比利时的统治者；1909年，《福尔摩斯探案集》的作者阿瑟·柯南·道尔（Arthur Conan Doyle）出版了著作《刚果之罪》（*The Crime of the Congo*）。当时两位最伟大的非裔美国人领袖布克·T.华盛顿（Booker T. Washington）和W. E. B.杜·波依斯（W. E. B. Du Bois），抛开了彼此在黑人问题上的严重分歧，共同谴责比利时在刚果的统治。刚果的改革是缓慢的、不平衡的、不完整的，这个国家于1960年获得独立，并于1971年成为扎伊尔共和国。

金沙萨和布拉柴维尔分属非洲两个不同的国家，但从地理上讲，其本质是同一个城市，仅有刚果河相隔，而这两个地区的萨普协会成员都认为自己共属于同一群体。布拉柴维尔的萨普协会成员在服饰上更倾向于古典风格，而金沙萨的萨普协会成员则更喜欢大胆的颜色和古怪的风格，历史学家认为这种差异产生的原因是，金沙萨在20世纪70年代和80年代禁止当地人穿着西式服装。20世纪70年代初，扎伊尔总统蒙博托·塞塞·塞科（Mobutu Sese Seko）实施了一系列文化改革，称为"回归真实"运动，旨在摆脱欧洲的影响。以欧洲人和殖民官员的名字命名的城市被赋予了新的非洲名字：利奥波德维尔改名为金沙萨，斯坦利维尔改名为基桑加尼（斯坦利维尔原是建立欧洲统治的威尔士探险家的名字）。蒙博托政府还鼓励公民更改自己的教名，并对任何给孩子取西方名字的父母判处5年监禁。

蒙博托还禁止公民穿着欧洲服装，强制推行国家统一服装，该制服是带有中山装风格的外套，名为"阿巴科斯特衫"（abacost），意思是"脱下西装"，其灵感来自1973年蒙博托在中华人民共和国的某次访问。阿巴科斯特衫以及厚厚的角质镜框眼镜和豹纹毡帽，成为了蒙博托的个人标志，蒙博托一直控制着扎伊尔共和国，在人民挨饿的情况下，他从国民经济中攫取了数十亿美元，直到1997年，内战结束后，他被迫逃离了扎伊尔。具有讽刺意味的是，这件旨在统一国家、消除社会差别的阿巴科斯特衫，却成了这位腐败的后殖民独裁者的国际标志。

扎伊尔共和国于1997年更名为刚果民主共和国，此后又遭遇了两次残酷的内战，经历了持续的种族和部落冲突，以及大规模的赤贫。在残酷和贫困的背景下，萨普协会重新出现了。在较好的环境下，萨普协会成员的行为可能属于无害的放纵，但在暴力和贫穷的刚果，萨普协会成员的行为却是某种不计后果的逃避：萨普协会中充斥着某种绝望，甚至是自我毁灭的情感。例如，某个萨普协会成员"干了八个月的兼职工作……为了赚取足够的钱来购买一套西装，而类似的西装他已经拥有30套了……他让前女友抚养他们5岁的儿子，而自己却仍然与父母住在一起，每天睡在……仅有床垫的小储藏间里"。然而，萨普协会成员也有强烈的自尊，甚至有道德信念。从根本上说，萨普协会成员的行为是为了应对刚果的社会和政治状况，而不是逃避。"萨普着装规范"既是严格的着装规范，也是严格的道德规范。西班牙摄影师赫克托·梅迪亚维拉（Héctor Mediavilla）表示，他从2003年开始研究和拍摄萨普协会成员，"尽管自刚果独立以来……发生过三次内战，但按照解释，'萨普协会成员'属于非暴力者。他们代表着高尚的道德……正如他们所说，'只有在和平的时候，才会有萨普协会'，而他们的座右铭是'让我们放下武器，让我们工作，让我们穿着优雅'"。萨普协会成员有意将几十年以来摧残国家的暴力行为转变为一场服装竞赛：他们上演着"打斗"场面，"萨普协会成员相互'打斗'，亮出一个又一个服装标签，试图击败对手，必要时还会把衣服脱到只剩内衣"。据梅迪亚维拉所说："这是一场战斗，而衣服就是武器。"就像穿阻特装的墨西哥裔少年一样，萨普协会成员利用对时尚的幻想来想象另一种社会秩序，在这种秩序中，优雅和时尚取代了腐败和暴力。萨普协会成员在恶劣的环境中找到了尊严、希望和欢乐。根据梅迪亚维拉的说法，萨普协会成员在自己的社区里小有名气："葬礼以及聚会和其他庆祝活动都需要他们在场，以给这些活动带来一点时尚感……每个人都知道他们是谁，从哪里来，住在哪里……他们为同胞们履行着重要的社会职能。"

　　萨普协会展现了一个不一样的非洲，与西方媒体通常描绘的战争、饥荒、狩猎和夸张的原始部落截然不同。萨普协会是殖民时期残酷剥削的产物，而萨普协会成员带着殖民主义的伤痕，同时也被殖民主义的暴力所塑造。萨普协会成员的奢侈与周遭的赤贫并存，反映了第一世界与第三世界、大都市与殖民地之间的对比。后殖民主义承诺解放人民，却失信于人民，于是，萨普协会由此产生：如果蒙博托的阿巴科斯特衫象征着所谓的"回归（前殖民时期的）真实"，那么萨普协会成员体现的欧洲时尚则象征着对保守的文化民族主义的拒绝。萨普协会既有令人心碎的一面，也有美丽的一面：它展示了人类精神的韧性，以及现代营销对人类生活的渗透，还表现出非凡的创造力和卑微的地位追求。"萨普着装规范"既反映了现代时尚的精华，也反映了现代时尚的糟粕。

服饰符号不仅仅是社会等级、社会地位和从属关系的象征，它们还涉及传说、故事、个性、理想和生活方式。由于这些符号是时尚语言中熟悉的、能够引起共鸣的部分，个人和群体不可避免地会对它们进行挪用和重组，创造出具有新内涵的新服饰。今天的着装规范延续了一个始于中世纪晚期的时尚进程，在这一进程中，时尚吸收、利用和重组了传统的礼仪服装及其相对稳定、易读的象征意义，从而产生了能够引起强烈共鸣的、但又相对模糊的服装象征。在19世纪中期至20世纪中期，这一进程发展成熟为哲学家吉勒·利波维茨基所说的"时尚世纪"，并接近于现在的时尚，从那以后，"曾经作为阶级和社会等级的标志……变成了……心理标志，表现出人们的灵魂或个性"。

劳·莱福斯帮将预科生风格的Polo衫变成了街头嘻哈的象征。萨普协会成员将西装从欧洲文化霸权的象征，转变为对后殖民时代国家恢复发展的时尚庆祝。黑人和拉丁裔女性将古老的环形耳环作为时尚宣言，而环形耳环后来成为了民族自豪感的象征，却被白人女性当作某种被驯化的前卫标志——没有痛苦且永久存在的文身。同样，脏辫作为隐约以非洲为中心的宣言流行起来，渗透到拥有国际知名度的牙买加流行音乐之中，几十年后，脏辫已经成为感情深切的艺术特征的标志，并被时尚行业重新利用。金发起初作为理想化女性的至高荣耀，是种族排外的标志，后来变成了小明星们的性感发型，成为所有人都可以拥有的自信女性气质的标志。时尚的地位象征仍然标志着长久以来对阶级、信仰、国家和亲属关系的拥护，但也是个性的标志，并且是与帮派、小团体、亚文化和反文化关系密切的象征。

着装规范的历史就是对旧的服装标志进行创造性循环利用的故事：被异化和污名化的犹太人耳环成为了基督教精英的装饰品；富有冒险精

神的女性穿着男性服装，宣示了自己的独立；法国贵族的浮夸假发变成了小资产阶级的实用头饰；非洲奴隶采用了欧洲礼服的服装元素，蔑视白人至上主义；朴素的头巾成为了反殖民主义的抵抗宣言；路易十四的红色鞋底成为了21世纪的高级时尚元素，后来又成为说唱天后卡迪·B的"血色鞋底"。独特的地位象征可以用于重塑个人，是表达个人尊严、社会批判和政治反抗的新途径。

时尚经常被人们描述为真实的对立面：时尚是肤浅的、虚伪的、有地位意识的，而真实则体现了诚挚、正直和脚踏实地的精英价值观。我希望我至少对这种描述提出了一些质疑。通常情况下，当人们为了体现真实性而强加或抵制着装规范时，他们喜欢的服装与他们拒绝的"不真实"的服装一样，都是人为制成的、非自然的：我们得到的是蒙博托的阿巴科斯特衫，而不是西方时尚；穿的是中城制服而不是西装。所有的服装都是巧妙制成的，旨在传达某种意义和产生某种效果：托马斯·莫尔的《乌托邦》中平平无奇的斗篷所传达的意义和产生的效果，与亨利八世的貂皮和深红色丝绸一样多；学生非暴力协调委员会的年轻激进派穿着的牛仔工作服所传达的意义和产生的效果，与早期民权激进分子穿着的周日盛装一样多；端庄的西装所传达的意义和产生的效果，与紧身的长袍一样多；朴素的头巾所传达的意义和产生的效果，与性感的迷你裙和细高跟鞋一样多；非洲人后裔留的脏辫所传达的意义和产生的效果，与蓝眼睛的时装模特留的脏辫一样多。从某种意义上说，每一个真实的个体都是由遗留下来的文化构建而成，并通过人类文明（哲学、文学、心理学、戏剧、电影、视觉艺术和时尚）得以完善。从混乱的大众文化宝库中构建出无数独特的个人角色，是现代化的一个奇迹。我们最深层、最真实的自我不是天生的，而是塑造出来的。

结论

解读着装规范

时尚仅是试图在生活方式和社会交往中把艺术变成现实。

——弗朗西斯·培根爵士（Sir Francis Bacon）

体现时尚

正如法国符号学家罗兰·巴特和意大利设计师缪西娅·普拉达等敏锐的观察者所言，时尚是某种可穿戴的语言。不仅如此，它还是某种切实的体验，服装影响着我们的动作和身体仪态，这与时尚传达出的信息同样重要。因为服装覆盖、约束和微微摩擦着我们的身体，影响着我们对自己的感觉以及我们与世界的关系。穿着性感连衣裙的女人不仅仅给人以性感的印象，还以语言无法表达的方式体现出性感，此外，如果她不仅看起来性感，而且性欲萌动，那么她在向欣赏或不欣赏这一穿着的他人展现性感的同时，自己也感受到了自身体现的性感。同样，穿着有影响力的服装或机械工工作服的女人，可能体现出因摆脱传统的性别期望而获得的自由及更大的潜力，她轻松而不受阻碍的动作和脚踏大地的姿势表现出自己从父权制的束缚中解放出来。

这些受时尚影响的经历既反映了我们对世界的看法，也启发我们对世界展开思考。服装与思想、服装与社会意义之间的关系是双向的，或者更确切地说，是混乱的，服装的美学与触感和我们与服装相关的更抽象的概念、理想、价值和存在方式密不可分。例如，"男性时尚大摒弃"反映了启蒙时代勤奋、脚踏实地和公民平等的理想，但同样重要的是，改革后的男性服装也促进了男性和自己身体之间的新型关系，改变了他们在世界上的活动方式，例如18世纪英国贵族的轻便礼服为英国贵族提供了有形的身体自由，暗示并鼓励了英国贵族从政治束缚中解放出来。同样，当19世纪早期的黑人奴隶骄傲地穿着欧洲贵族的精致服装时，他们把自己的身体（被贬低为野蛮和兽性的身体）变成了对白人至上主义的驳斥，而这种驳斥是有形的、无可指责的。此外，19世纪晚期和20世纪早期的女性着装改革不仅反映了性别平等的理想，还让女性摆脱了笨重的服装和需要作为装饰品的负担，从而体现了性别平等的理想。在这些情况和许多其他情况下，时尚不仅仅是一种表达方式，更是一种自我创造的行为。时尚不仅能够传达出信息，还让我们从身体上感受和体现自己的理想及社会抱负。新的时尚改变了人们的日常生活，在这个过程中，时尚慢慢地、微妙地却也必然地影响了人们的新思维方式，而这些新思维方式反过来又激发了社会变革。服装所带有的这种有形的、可触摸的特点与众不同，它解释了时尚的魅力和围绕着时尚产生的持久焦虑，以及关于时尚的普遍性规则。

在描述社会关系和政治发展时，人们很少承认服装的重要独特性。在某种程度上，这是由目光短浅的唯物主义造成的，这种唯物主义强调的是财富和资源，而不是文化、声望和心理自尊这些难以衡量的事物。这也可能反映了作家、学者和知识分子心中自然的唯心主义偏见，即从事思想和文字工作的人倾向于认为自己是脑力劳动者，因为"脑力"的本质存在于非物质的灵魂中，或存在于通过自己的思维认识到自己（我思故我在）的无实体意识中，或存在于今天的想象中，而它可能很快就会被数字化的人工智能俘获。

如今，人们通常认为，技术、社交媒体以及日益重要的在线互动和"虚拟"互动，让服装和身体的存在变得往往不那么重要，因为短信取代了面对面的互动，而数字化身代替了有血有肉的、穿着服装的个人。但如果说有什么区别的话，那就是社交媒体放大了服装的重要性。例如，Instagram上的内容主要由个人照片组成，无论是静态照片还是动态照片，通常都经过了用户的精心制作和设计，以塑造引人注目的自我形象。不可避免的是，这种形象很大程度上是由服装塑造出来的，很明显，许多社交媒体用户在选择网络照片中的穿着时，与最敬业的时尚专家在时装周期间准备夜晚外出时一样谨慎。其他曾经以文字内容为主的社交媒体平台，现在也越来越依赖图片，事实上，这给人的印象是，这些图片可以取代面对面的社交互动。我们使用隐含的着装规范来理解自己在社交媒体上找到的内容，朋友、未来的恋人、潜在的雇主和大学招生人员都用敏锐的眼光查看这些内容，寻找其中关于个性和性格的线索。此外，社交媒体恢复了服装的影响力，并让服装的影响更加深远，无论这种影响是好是坏。一个人永远不会有第二次机会给他人留下第一印象，这是事实，但现在，第一印象也是某种永久的印象。一件选择不当的服装永远无法真正脱下来——人们实现的每一次时尚胜利或犯下的每一次时尚之罪都将永远保存在数字档案中。

数字通信可能试图模拟现实接触的感觉，但却无法取代它。事实上，网络上枯燥乏味的社交互动让现实的社交互动变得愈加重要。2020年新冠疫情暴发后实施的就地避疫令，让人们不可避免地为脱离现实而互动的不足之处所困扰。工作会议比往常更加无趣，与朋友和家人的在线聊天也让人们想起令人沮丧的事实，即自己已丧失了社交能力。尽管酒精的作用让人愉快，但偶然相识的人或陌生人之间举办的"虚拟鸡尾酒会"（登录网络并为自己倒一杯酒!）却令人沮丧和尴尬，这证明了真正的社会联系总是需要与另一个人有现实接触。难怪人们会找任何借口来应付隔离的限制，寻求他人的现实陪伴。某些城郊居民喜欢一边把垃圾带到路边，一边与邻居进行短暂的交流，于是不久后，在垃圾日举办鸡尾酒会的传统出现了，而人们会穿着考究的鸡尾酒会服装参加酒会。很快，在垃圾日盛装打扮成为了全球现象，而相应的Instagram页面和Facebook群组也随之出现。即使站在离以前很少交流的邻居六英尺远的地方，把一杯桃红葡萄酒放在装满一周垃圾的垃圾箱上，也比与没有实体的同伴进行虚拟互动要好得多。

我们最深层的自我与我们的身体密不可分，这不仅是出于身体的需要，还因为我们的意识本身是由我们的身体经历形成的，我们遮盖、修饰和呈现身体的方式影响着我们如何理解自己在这个世界上的位置。我们的衣着可以让我们从臣民变成公民；可以把我们的互动从为生存而进行的兽性斗争，转变成为追求卓越而进行的文明竞争；可以把我们的性欲从动物的性冲动，提升为诗意关系的表达；可以把社会义务转变为迷人的冒险；可以把孤独的日常琐事变成时尚的个人传记。我们的经历、抱负和理想与我们的身体以及我们如何向世界展示我们的身体密不可分。

塑造个人主义

时尚通过量身定制的服装讲述了个人主义的历史。各种各样的着装规范塑造了现代世界的感性，揭示了个人主义的文化理想是通过男裁缝的技术和女裁缝的技能而变得有形的。在现代，古典政治自由主义将个人自由置于新政治意识形态的中心，而哲学和心理学将个人认知置于对人性的新理解的中心。时尚让人们通过穿着来表达和体验这种新思潮，既突出了个人身体的独特轮廓，又展现了独特的心理渴望。启蒙哲学中的自由公民和现代心理学中的真实自我并没有在人性中完全形成，它们是被塑造出来的。

时尚朝着越来越强调个人表达的方向稳步发展，这在很大程度上牺牲了服装可以表现社会等级、生理性别和群体成员身份的功能，在某种程度上，地位、性别和权力的重要性已经被表达个性的必要性所取代，但前者并没有被后者所掩盖，相反，它们已成为个人表达的元素。新的着装和仪容能够传达个性，往往是通过非传统地运用传统上与独特的社会地位、社会阶层、种族和性别有关的时尚风格来实现的。事实上，这种对旧服装符号"断章取义的引用"是时尚语言表达新情感的最重要的方式之一，因为地位、性别和权力的服装标志已经成为我们塑造个性的基石，而这可能会让新的个人时尚宣言引人注目，并且能够引起共鸣，但也可能破坏旧的亲缘关系的完整性，从而引起人们的不安、厌恶和对挪用的指责。事实上，时尚的个人主义可能以牺牲社会关系和社会责任为代价，在最糟糕的情况下，它可能会变成自私和唯我主义，而某些常见的对时尚的批评就反映了这种合理的担忧。某些人常常反对没有灵魂的现代性和疏离的现代生活，而时尚作为快节奏的、无根基的、国际化的现代世界的象征，是这些人反对的明显目标。

但是，时尚的个人主义与自由放任经济理论中冷血自私、精于算计的个人主义并不是一回事。时尚的个人主义是旺盛的、有情感的、富于表现力的，它可能以自我为中心，但它往往不会精于算计，因为它首先寻求的不是理性的自我利益，而是感性的自我主张。

当然，看起来像个人自我表达的东西，可能只是一系列时尚潮流，而数百万人随大流而行。尽管我们在着装上享受着前所未有的自由，但人们往往会被有限的几种时尚风格所吸引。人们看到的不是个性，而是不同的人群，每类人群都有自己独特但内在相同的服装。从某种程度上说，这种现象是真的，而这可能是因为人们想要在数量上寻求安全感。在越来越多的情况下，我们可以自由地穿着自己喜欢的服装，但我们知道，其他人会根据我们的穿着来评判我们，而与其他人有类似穿着是聪明的做法，能够保证我们不会受到太苛刻的评判。此外，即使对于勇敢的人来说，也只有有限的几种穿着方式能为社会所理解。时尚的历史提供了大量但仍然有限的服装词汇供我们选择，在这些词汇中，许多服装明显已经过时，相当于服装方面的废弃语言，而某些其他服装又不合时宜，难以辨认。当我们从剩下的服装中做出选择时，我们表达了由当前时代所塑造的抱负、理想和幻想，而与我们同时代的人也是如此，所以不可避免的是，不止一个人会有同一种想法。这就解释了时尚潮流的时代精神，这些时代精神往往在所有设计师或时尚杂志编辑还没来得及发现或宣传它们之时就出现了。

也许，真正的个性化着装几乎从未出现过，但个性的理想无处不在，即使这种理想被许多不同的人以同样的方式表达出来。将今天的个性时尚与真正的制服，甚至与传统西装等类似制服进行对比，我们会发现，制服的设计是为了表明一致性，即使有几十个小细节可能因人而异，但人们穿上它是为了表明自己与其他人的相似性，相比之下，即使服装是批量生产的，并被一大群人以几乎相同的搭配穿着，现代时装的设计目的也是为了彰显个性。"中城制服"的设计是为了体现没有着装规范的存在，尽管它实际上比它所取代的西装更不具个性化特征。当硅谷的某位软件设计师选择穿着具有讽刺意味的T恤时（例如"泡泡先生"T恤），即便这件T恤的产量有数十万，并且被大量从事类似工作的人穿着，而这些人也都穿着其他类似的服装，包括不扣扣子的格子衬衫（就像夹克一样）、工装短裤和人字拖鞋，这件T恤也体现了穿着者的奇特个性，而不是体现出穿着者的统一性。

时尚凸显了伪装在塑造个性中的重要性，引发了人们的焦虑，那些看似自然和真诚地反映个性的事物，实际上可能是做作且不真实的。人类个人主义的理想认为，我们每个人都有本质的、独特的个性，就像雪花一样，我们的决定性特征是内在本性的产物，所以没有两个人是完全一样的。因此，可以理解的是，许多人渴望越过时尚看到某个人的真实性格。但是，个人性格大多以风格化的自我展示形式呈现，换句话说，就是大多以时尚的形式呈现。时尚提醒着我们某件事实，即我们珍视的个性，作为与生俱来的、不可剥夺的权利，可能是脆弱的人为创造性项目，是文化的产物，而不是自然法则。

尽管我们离不开时尚，但对个性真实性的焦虑导致许多人反感时尚的影响。在18世纪早期，就在男性摒弃服装上的显眼装饰时，英国诗人亚历山大·蒲柏在欺骗性的修辞和不适当的着装之间做了这样的类比：

语言的表达是思想的外衣
看起来总是越是适合就越是得体
用华丽的辞藻表达拙劣的言辞
宛如小丑穿着一身高贵的紫袍

或许具有讽刺意味的是，着装规范常常试图削弱时尚的影响力，通过确保服装只是更深层次的、不那么显眼的个人优点或缺点的标志，让服装本身变得不那么重要：紫色和红色的丝绸是高贵的标志；衣着朴素是性行为得体的标志；虚荣是道德沦丧的标志；体面的服装是社会地位的标志；性别化的服装是性别和生殖角色的标志。纵观历史，着装规范一直是确保着装能准确体现真实个性的方式。

除此之外，还有许多时尚的伪装需要根除。即使是没有歪曲事实的时尚，也可能会具有欺骗性，因为它让人们享受到某种优势，同时又否认这种优势，例如穿着紫色伪装外衣的小丑，但即使是国王也会抓住这个不劳而获的优势，因为其部分威信也来自于自己的服装，而不是完全来自于自己的性格。同样，某个女人穿着引人注目的裙子或性感的鞋子，会招致一本正经之人和迂腐守旧之人的不满，部分原因是这些人怀疑这个女人悄悄地从性感的外表中获益，而这个女人本应该仅仅依靠自己的美德来获得他人的评判。服装在视觉上改变身体的能力让服装能够带来一点错觉：我们的服装不是需要分析或评判的个人声明，而是在他人可以深思熟虑之前，在潜意识层面上说服他人的演示。这在很大程度上解释了为什么时尚往往与颓废甚至卑鄙联系在一起，也解释了为什么不断有人呼吁抵制时尚的诱惑，支持诚实的美德。与此同时，许多人试图反驳一直存在的某种怀疑，即时尚是一种诡计，旨在通过利用微妙的服装地位象征，以及伪装成实用或功能性服装的隐形时尚，来获得不应有的优势（比如曼哈顿中城的金融分析师所穿着的巴塔哥尼亚羊毛衫），从而促进了某种潜在的社会等级制度的形成，而这种制度永远不需要被证明是正当的。

重塑着装规范

个人主义的首要地位让我们认为，对自我表达的任何限制都是非常不公的，与此同时，人们普遍认为服装无关紧要，这让任何试图控制着装的行为都显得微不足道和爱管闲事。个人主义违背了着装规范，因为着装规范约束着个人表达，并且似乎过分看重肤浅的自我形象。在对着装规范的研究中，我确实发现了许多傲慢、刻薄和具有歧视性的规定，但我也发现了许多合乎情理的集体尝试试图塑造和利用时尚的表现力。有些尝试相对来说无足轻重，有些尝试则影响深远。如果服装十分重要，那么人们有时会有很好的理由来控制它。事实上，许多着装规范只是某个群体将着装作为集体表达和群体自我塑造的一种方式。特殊活动的正式着装规范可以营造优雅的氛围，确保每个人都表现出对这个场合的尊重。工作场所的着装规范让企业能够塑造同心协力的企业文化，传达专业价值观，并为客户创造独特的体验。学校的着装规范可以减少青少年之间拉帮结派的行为，抑制青少年对地位的竞争。争取社会正义和民权的激进分子们利用着装规范来传递自尊的信息，并对尊严待遇提出一致要求。就连对文化挪用的指责，在本质上也是着装规范，其目的是保护特定文化群体的某些服饰的排他性。因此，着装规范可以成为群体利用时尚力量的重要方式。

此外，明确的着装规范可以通过提前展示社会期望，从而让个人受益并促进平等。虽然我们通常认为着装规范是对个人自由的约束，但着装规范可以让我们摆脱他人对我们时尚选择的评判。具有讽刺意味的是，如今轻松随意、个性古怪的文化，可能会像最严格的企业着装规范一样迫切地要求人们保持一致。这些非正式的着装标准可能比任何书面的着装规范都要更苛刻、更危险：不尊重良好品位的习惯是无知和没品位的标志，但过于死板地遵守规则却可能是缺乏自信的标志，因而也可能是缺乏教养的标志。虽然明确的着装规范只要求人们简单地遵守，但如果没有着装规范，人们就会无所适从，被迫在品位、优雅和风格方面摸索不可言喻的标准，而许多标准都模糊不清且不成文，或者过于确定且有争议。正如历史学家安妮·霍兰德所言："尽管我们不需要以规定的方式尊重场合本身，但我们必须根据场合对我们个人的要求做出自己的解释……我们被迫展示自己……现在，我们的服装选择构成了一个图画故事，一个关于我们在内心深处感受自己与世界关系的个人写照……"随着服装选择自由的扩大，要把这个故事讲清楚的压力也随之增加，甚至要把刻意表现出来的淡然的最细微之处讲清楚。我们都知道穿什么衣服合适，穿什么衣服不合适……我们有选择服装的自由，但却成为了他人评判的奴隶。美国环境保护署的报告称，自1960年以来（恰恰是美国社会的大部分人开始放弃明确的共同着装规范的时候）被丢弃的服装数量增加了750%，这也许反映了在没有规则却充满评判的世界里，数百万人疯狂地寻找合适的服装，但最终都失败了。

休闲装放任人们沉溺于富有表现力的个人主义和身体上的舒适，所以设计师设计的"运动休闲装"现在成为终极奢侈时尚也就不足为奇了。但有迹象表明，时尚趋势可能正在从休闲装的误导性放任状态转向，回到对服装精致和得体的追求上。2018年，在筹备这本书时，我与《时尚先生》杂志的创意总监尼克·沙利文（Nick Sullivan）进行了交谈，沙利文说："我们正被某些人开着豪车、穿着运动衫和运动鞋的照片轰炸……但现在的年轻人都说'我爸爸穿的是……运动鞋，我可不想被别人看到自己死的时候穿的是运动鞋……'。当每个人都穿T恤时，打领带则变成了某种叛逆行为。"沙利文看到了年轻人的逆反心理。20世纪70年代，某位父亲和上大学的儿子见面喝酒时，会穿上夹克并打上领带，而他的儿子会穿上牛仔裤和运动衫。如今，父母和孩子可能已经交换了衣柜，已身为父母的美国婴儿潮一代[1]穿得像自己年轻时反主流文化的青少年形象，而20多岁的孩子则穿得像自己渴望变成的成熟成年人。近半个世纪以来，年轻人第一次发现了定制服装带来的精致乐趣，这些定制服装包括西装、运动夹克和运动外套，以及更精致的面料和皮鞋，简而言之，他们正在体验像成年人一样穿着的特权。许多人乐于放弃松紧腰带和棉质运动衫带来的生理舒适，重新发现暗含细心和创造力的得体穿着所产生的更深层次的社会和心理舒适。

我们的着装具有政治、职业和社会方面的影响，每套新服装都能成为一种策略，以达到某种效果。但我们的着装几乎从来都不具备完全的策略性功能，因为着装也很真诚地反映了我们的自我形象。文艺复兴时期的新贵们穿着红色丝绸和引人注目的宽松短罩裤，想给陌生人留下深刻印象，但他们也想表现对自身和其社会地位的良好感觉；殖民时期的美国人穿着朴素的家纺服饰，一方面是为了想摆脱英国的进口服装，另一方面也是因为这反映了他们个人的节俭和谦虚；民权活动家们会穿着"周日盛装"，以树立体面的榜样，但也是因为这些优雅着装会带来一种心理安慰和自尊；有些女性穿高跟鞋是为了看起来职业化或取悦男性，但也有很多人只是觉得，鞋子能更突显她们的能力和身材。这使得所有关于时尚的批判性评论都既是对策略的评估，也是对个性的攻击；每一条着装规范是实用的社会规范，但或许也是一种对个人的侮辱。

在我研究着装规范的历史之前，我和许多致力于社会平等与公正等重大深刻问题的律师一样，低估了一些着装规范对个人自尊心的伤害程度。例如，尽管我个人不赞成着装规范禁止所有辫子发型，但我对蕾妮·罗杰斯和查斯蒂·琼斯在法庭上挑战这些职场规定不予认可，因为他们承受的压力并没有大到可以侵犯公民权利。毕竟，我认为，这只是一个发型，而且很多人，不管是什么种族，都要为工作改变自己的发型和服装。

研究发型和着装在历史上政治斗争中的中心地位（尤其是在黑人权力运动中），让我重新思考这个问题。基于白种人主导的美貌和气质的标准，辫子发型已成为非裔美国人种族自豪感的重要象征。此外，黑人女

1　　指在1946年到1964年出生的一代人。——译者注

性还创造了一系列讨人喜欢、迷人且令人印象深刻的全辫发发型。有短而严谨的发辫，止于衣领处；有像绳子一样浓密的鬓毛，层层叠叠的"锁环"；有引人注目、用珠子装饰点缀的及腰的辫子；还有许多其他的风格，有些是得体的，有些是性感的；有些是有棱有角的，有些是稀奇古怪的；有些是为做生意而设计的一本正经的发型，有些则是波希米亚风格的发型，十分浪漫。随着这种风格的增加，越来越多的女性，以及越来越多的男性都采纳了这种风格。即使在黑人女性中，那些曾经不怎么寻常的时尚宣言，如今也很普遍地成为个人的打扮方式。事实上，这些风格在黑人女性中非常流行，禁止这种风格的着装规范会被视为一种种族侮辱。这就是为什么越来越多的城市和州正在通过新的法律来阻止企业和学校禁止这些风格的打扮。这些新法律通常以CROWN法案的名义通过，这对发型和着装打扮、对个人和种族尊严的认可都至关重要。

有些人可能会认为，CROWN法案证明了一种观点，即发型和着装打扮不太重要，不值得雇主或其他任何人去特意关注。但这不也意味着，发型和着装打扮太微不足道，因此不值得法律去提供保护吗？因为判断美与职业精神的标准往往都是带有偏见和种族歧视的，所以更好理解CROWN法案的方式，应该是呼吁雇主们重新审视那些针对美和职业精神的标准，而不是完全忽视个人外表；要求更好的着装规范，而不是取消所有的着装规范。在这方面，我们的灵感来自"黑即是美"运动，这需要一种以非洲为中心的审美观，而不是那种要求我们忽视外表的某些方面的色盲理想，但这个目标已经被证明是难以实现的。正如"黑即是美"运动主张的那样，如果真正地基于整体自我（本质、外表、性格和肤色）来评判黑人，他们就会被认为是美丽的。肤色和发质从来都不是问题，事实上，人们看到也不会去评估和评价。问题是评价标准被扭曲和腐化，并成为种族等级制度存在的理由。

人们会说，关于美的标准也有类似之处：人类美的传统标准，尤其是关于女性的标准，非常狭隘和简单。我猜想，大多数人未能培养出更细致入微的着装敏感度，很大程度上是因为我们一直被教导，个人外表是不值得考虑的。举个最明显的例子，将典型的、卡通般简单化的女性对美的理想（正是女权主义者攻击的这种理想）与丰富的、复杂的、多样化的理想美进行对比，这些理想美都充斥着美术、建筑、设计和时尚（包括在时尚行业之外发展起来的大胆的、具有挑战性的风格，时尚设计师们从其中汲取了很多灵感——也就是一些人所说的"街头时尚"）。这些方式可以为更广泛的美和职业性概念提供参考，着装规范也因此能得到更好的规整。

法律无法规定这些细微差别。但是，法律可凭借一般但有限的个人自主权来鼓励着装打扮。关于这一点的举例，请回顾查斯蒂·琼斯的案例，她因拒绝剪掉自己的脏辫，而在申请某个呼叫中心的工作时遭到拒绝。法律条文并没有给她提供任何庇护：着装规范并不具有歧视性，但她也无法证明拒绝过程带有歧视性。真正的问题是，该着装规范根本不合理。脏辫发型是永久型的，所以琼斯无法在工作时改变发型，在下班休息时又更改回来，而为了遵守着装规范，她需把头发剪掉。实际上，着装规范不仅规定了琼斯要如何在工作中展示自己，还要求她对自己的外表做出永久性的改变，以获得一个呼叫中心接线员的职位，而这个职位根本就不会接触到顾客。对很多人来说，发髻是种族自豪感的体现，类似于展现个人信念的宗教服装。事实上，该事件中的所有实际情况都与着装规范不符，但这些都与法律无关。

法律本应如此：适度的法律准则可以解决许多明显不涉及歧视或类似言论表达的着装规范，不是不加区别地禁止它们，而是要权衡利弊。改变个人外表的长期要求显然比那些下班后很容易被逆转和遗忘的要求更具有压迫感。相对于仓库或呼叫中心的员工，在一个注重形象的行业中，若处在一个可见度很高的职位上，便更有理由要求员工遵循严格的着装规范了。学校的着装规范和餐馆或娱乐场所的顾客的着装规范，也应予以类似考虑。相比着装规范所要求的高跟鞋、尼龙长袜或西装和领带，"不穿鞋子，不穿衬衫，就不提供服务"就更不合理（如果这种形式是合理的，为什么不让每个人自己选择穿高跟鞋还是打领带，而不是根据出生性别来决定其穿着）。

当然，要区分合理着装规范和不合理着装规范并不总是那么容易。但这总比废除所有着装规范要好，不仅因为它具有现实性，而且还给予了时尚应有的地位。当人们花时间和创造力在自我展示上时，他们更希望被别人注意到，而不是被忽视。从广义上讲，我在这本书中使用了时尚这个词，时尚是一种通俗且日常化的艺术，是为数不多的每个人都能接触的艺术之一，我们每天都可以无代价地在自己身上展示时尚。时尚以一种深刻、往往是间接或微妙的方式，帮助人们塑造了对自己以及个人在社会中所处地位的看法。

只有当人们相信存在一些柏拉图式的美德、功绩或人格的理想，同时还不被世俗和具体的表现所玷污时，自身才不会感到遗憾或反感。但是，如果技巧能在自我塑造的奇迹中发挥作用，那么它反而会成为人类文明的一项非凡成就。认为个人外表微不足道，不应该被重视的观念，是对数千千万万个体的侮辱，因为人们在努力创造出实用的服装来展现自己的美，更不用说那些很在意自己外表的人。我想放弃时尚被误认为是一种美德，而对时尚感兴趣被视为是一种恶习，这些并不是因为时尚"微不足道"，对生存来讲不是必需品（毕竟文学、美术、高级烹饪也是如此，事实上，人们经常将时尚的不实用性与被大肆吹嘘的舒适性进行对比），而是因为时尚涉及到人体，自古以来，时尚就会给人们造成羞耻感和道德焦虑。导致人们放弃时尚的不是实际的实用主义，也不是一种崇高的平等主义，而是一种过分规矩却又考虑欠周的尝试，这种尝试试图将世俗的身体与神圣的智慧隔绝开来。

时尚法则如何创造历史

每当我们穿上一件时尚的夹克、一双粗犷的靴子、一件优雅的运动外套、一件性感的连衣裙、一条时髦的围巾或一套别致的套装时，我们都会从时尚中受益，并会因此而感到更为自信、更具有中心意识和自我意识。无论何时，只要有人精心挑选了自己的服装，并满怀信心和信念地穿上它，就算得上是人类发展的一个小胜利。我个人是创意、大胆和挑衅性时尚的爱好者，无论是前卫还是优雅，精致还是俗气，严肃还是性感，高级时装还是前卫的街头服饰，我都不会抗拒。但这并不意味着每一套吸引眼球的服装我都会喜欢，也不意味着我认为你应该去喜欢。但是，即使是那些看起来粗俗、怪异或欠考虑的服装，也能传达出重要的信息，不仅能创造新的自我认知模式和存在方式，还有助于丰富大众文化。从历史的长河来看，着装规范讲述了以下人物：中世纪的异性装扮者、伊丽莎白时代的自命不凡之人、文艺复兴时期的朝臣和美国殖民时期的奴隶；

维多利亚时代的花花公子、工业时代的上流社会人士、极其性感的新潮女郎，和心怀不满的阻特装爱好者；穿着周日最佳服装的活动家、时髦的激进分子和激进的女权主义者；金发碧眼的非裔美国人和留着脏辫的天然金发女郎；戴时髦头巾的女郎，预科生、街头帮派和高科技时尚达人。每个人都为我们提供了一些珍贵的事物，即使许多人在他们那个时代遭到误解和诋毁。

当我刚开始做这个非正统、特殊的项目时，我的许多律师同事和学者们（都投身在重大争议和严肃话题上）那不解的眼神和疑惑的表情，让我知道我还有很多工作要做，以证明着装规范是值得长期研究和分析的。起初，我对这个主题为什么重要只有一个模糊的概念。在写这本书的这些年里，我逐渐意识到，着装规范的故事是一部自由主义和个人主义的平行史。今天，政治哲学家所宣称的古典自由主义观点（就其本质而言，就是个人自由和人类繁荣必须是体面社会和政治秩序的中心），似乎受到来自四面八方的攻击：来自反动的种族民族主义，颂扬基于鲜血和土壤的原始部落主义；来自腐朽的怀疑主义，巧妙地识别出自由社会的每一个弱点和伪善，以暗示其堕落的彻底性。扎根于伦理哲学和法理学的自由主义，在面对这些"敌人"和由此衍生的幻灭、异化和怨恨的强烈情绪时，其（自由主义的）分析性辩护，似乎都是站不住脚的。

然而，自由主义的文化、艺术和美学遗产十分深厚。自由人文主义最伟大的成就不在政治论战和学术渊博的学者所创作的学术论文之中，甚至也不仅仅存在于为宣扬正义和平等而发动的社会运动，以及所进行的勇敢斗争之中。自由人文主义存在于普通人的日常生活之中，这些普通人坚信自己的故事值得被倾听，自己的身体是骄傲和美丽的来源，而不是耻辱或罪恶的对象，从而实现了自我承诺。因此，时尚的历史不只是贵族的华丽服装、著名时装设计师的艺术创作以及跨国公司的全球营销活动，尽管以上要素都发挥了自己的作用，但这些是无法囊括整个时尚发展历史的。最重要的是亿万人民大胆而巧妙、真诚而精心的设计，以及富有技巧而又不断摸索这一过程，他们凭借自己的想象力丰富了自己的衣橱，将个性淋漓尽致地体现在了着装上。在着装规范的历史中，英雄们或至少是重要的主角们，不是国王和王后、神职人员、行业领袖、朝臣或革命者，而是下列这些人物：理查德·瓦尔维恩的"衣橱"打乱了伊丽莎白时代英国的权力结构，以至于警察都会去追捕他；德昂爵士通过束身衣和衬裙的剪裁原则发现了女权主义的美德；新潮女郎让女权主义流行起来；黑人男女的时尚品位是对白人至上主义的视觉反驳；"劳·莱福斯帮"将预科生的形象，由精英阶层转变成了具有破坏性的流动阶层；萨普协会成员巧妙地避开了后殖民文化中的威权主义和部落主义的暴力。时尚并不是对压迫和剥削的一种防御。但从某种意义上说，时尚是对压迫和剥削的反击，因为时尚坚持认为，个人的光彩是最重要的，比权贵的野心、传统的负担或道德权威的规定更为重要。时尚也许不能帮助我们对抗人类的敌人，但它让我们看到了我们为之奋斗的目标。

尾声

着装规范之裸体主义

在我的记忆里，我和家人们经常去旧金山市，所以参观过这个大城市的许多景点。在旧金山一个清凉的夏天，当我们沿着吉尔里街向剧院区走去时，遇到了一位裸体主义者。那人竭力装出一副若无其事的样子，仿佛在说："我才是这群人里保持理智的那个，你们这些穿着烦琐可笑衣服的人，才看上去很傻。"在十字路口等红灯时，他站在我爸爸旁边，转过身来，挑衅地看着我们。母亲转过头来，把我和妹妹拉向她，用手几乎遮住了我们的眼睛。但我父亲却转向了那个男人，上下打量了一番，语气中没有一丝惊恐，问了一句："你不冷吗？"

　　"习惯这样了。"这个男人回复道。

　　"真的吗？"我父亲问道，语气中带着怀疑，我想，他指的不仅仅是气温。

　　旧金山湾区是美国最活跃的裸体主义运动发源地之一。每年，裸体主义者都不顾公共道德法规，一丝不挂地走在旧金山和伯克利的街道上，赤裸地走进当地政府的会场，抗议强制性的着装规范——这是最经久不衰的着装规范。他们坚持认为，衣服是不自然和不舒服的，痴迷于遮盖身体是一种非理性的道德主义。但到目前为止，裸体主义运动还没有吸引到众多追随者。从某种意义上说，裸体主义者的道德观，与坚持认为时尚是愚蠢的、无关紧要的那批人的道德观完全相同，这是令人惊讶的。如果衣服只是分散了人们对物质的注意力，那为什么还要为此烦恼呢？这些裸体主义者甚至比马克·扎克伯格衣柜里的灰色T恤还要多，他们不需要花费精力和心思去选择和穿上禁欲主义的着装。就舒适度而言，在加利福尼亚的季节性气候之中，一年的大部分时间里，裸体都是一个完全可行的选择。

　　我猜想，他们的裸体行为之所以没有激发更多人的模仿，是因为裸体永远无法实现其施行者所渴望的目标，即没有时尚的影响，自然的纯真就会流露出来。圣经故事告诉我们，当我们获得自我意识时，我们就永远失去了自我。因为我们有自我意识，所以我们不可避免地会有自知，会对自我表现感到焦虑，从而急于塑造自己。那么，就像绘画和雕塑学者断言的那样，大人的裸体行为与婴儿和小孩的裸体不同：裸体总是具有自我意识及有教养的体现，并承载着其他意义。无论是从未加修饰的维纳斯的姿态，还是从中年裸体主义者抗议公共道德法律的姿态来看，裸体也是一种时尚宣言。即使不穿衣服，人们也无法逃脱着装规范的决定性力量。

致谢

学术写作可能是一场孤独的冒险，因为写作者需要花许多时间独自端坐在电脑前，或者有时独自待在图书馆里。我在写这本书的时候也感受到了这种孤独，但幸运的是，这本书也得到了某些人的关注，这些人是我职业生涯中遇到的最慷慨、最有思想、最有见地的人。为了达到修辞效果，我曾拿学术界同事的着装开玩笑，但事实上，作为一个群体，他们的着装相当不错，更重要的是，他们严谨但仍然友善，在思考和理解方面有胆识但仍然脚踏实地，总的来说，和他们相处十分有趣。我非常感谢他们愿意在这个项目多年的发展过程中，对这个项目进行讨论并发表自己的见解。特别要感谢伯纳黛特·梅勒（Bernadette Meyler）和阿玛莉亚·凯斯勒（Amalia Kessler），感谢他们为我提供了一流的历史资料，还要感谢黛博拉·罗德（Deborah Rhode），感谢她在我赞美女性时尚的表达潜力时，始终指出女性时尚的不光彩之处。2019年，在某次关于着装规范的研讨会上，我与一群充满活力的斯坦福大学法学院一年级学生相处得很愉快。其中一名学生纪尧姆·朱利安（Guillaume Julian）后来成为了我的研究助理，给了我很大的帮助，包括将本书的后期草稿定稿，获得图片权限，协助进行法译英，并指出乔治·华盛顿很可能没有佩戴过假发，从而让我避免了一个尴尬的错误。我很荣幸与其他三名出色的斯坦福大学法学院学生合作完成了这本书，这三名学生包括肖恩·贝克尔（Sean Becker）、希瑟·休斯（Heather Hughes）和艾米·坦南鲍姆（Amy Tannenbaum）。肖恩·贝克尔在写作中期阶段阅读草稿时，对结构、叙事的连贯性和显著的语言意象有着敏锐的洞察力和锐利的眼光。希瑟·休斯查找了大量重要资料，仔细阅读了早期的草稿，并从"后千禧一代"的角度，温和地纠正了本书中术语和礼仪方面的错误。艾米·坦南鲍姆帮助我启动了这项研究，并确定了项目的方向。我的行政助理科里萨·帕里斯（Corissa Paris）在帮助校对和获得图片权限方面做得非常出色。斯坦福大学图书馆的工作人员也一如既往地出色，尤其要感谢图书管理员里奇·波特（Rich Porter），感谢他的大力协助，为我提供了许多我从未想到能够找出来的资料。

我在伯克利法学院、乔治城法律中心、芝加哥大学法学院、罗杰·威廉姆斯大学法学院以及皮埃尔·埃利奥特·特鲁多基金会的年度会议上，展示了这个项目的不同发展阶段，并从围绕这些讲座的对话中受益匪浅。我还喜欢与许多人交谈和通信，并从中受益颇多，这些人包括《纽约时报》的首席时尚评论家凡妮莎·弗里德曼、《时尚先生》杂志的创意总监尼克·沙利文、《嘉人》杂志的创意总监凯特·兰菲尔、专业时尚顾问乔迪·特纳多特（Jodi Turnadot）、时尚与风格顾问玛拉·科莱萨斯博士（Mara Kolesas）、旧金山内享受社交活动和奢侈生活的传奇人物们，以及前沿服装零售商MAC（Modern Appealing Clothing）的经营者本（Ben）和克里斯·奥斯皮塔（Chris Ospital）。特别感谢纽约大学法学院的珍妮·弗罗默教授（Jeanne Fromer）提醒我（犹太已婚妇女佩戴的）假发的存在。感谢乔治城法律中心的拉玛·阿布-奥德教授（Lama Abu-Odeh），感谢她对（穆斯林妇女出门佩戴的）头巾的耐心讲解，并提出了宝贵建议，我知道拉玛认为我写的内容反映了矛盾的、信奉西方自由主义的后现代主义者的局限性，毫无疑问，这确实如此，尽管我有不足之处，但在听过她的见解后，我将这本书的内容改善了很多。特别感谢时髦优雅、风趣幽默的道恩·谢格比（Dawn Sheggeby），她曾是《时尚先生》杂志和赫斯特集团旗下男性杂志的综合营销总监，感谢她对时尚世界和个人风格的重要性的深刻见解。

我非常荣幸能够和西蒙与舒斯特公司的传奇人物爱丽丝·梅休（Alice Mayhew）（已故）合作。她不仅在这个项目的最初阶段看到了它的前景（当时很少有人能看到），而且还促进了这本书的形成。她对叙事结构的洞察力真是不可思议，我会非常怀念我们在曼哈顿的海洋烧烤餐厅共进午餐的时光。没有什么能真正减轻失去爱丽丝这个编辑对我的打击，还好我后来遇到了艾米丽·格拉夫（Emily Graff）。在撰写这本书的最后关键阶段，艾米丽一直都在慷慨、亲切且积极地指导我。温迪·斯特罗特曼（Wendy Strothman）是我十多年来的文学经纪人，她是第一个看到这个想法前景的人，无论是成功还是失败，她都相信我和我的工作，除了寻找出版商和商谈出版协议，她还付出了很多很多，在漫长又往往令人费解的出版过程和出版后的宣传过程中，她始终是一个体贴且令人欣慰的忠实伙伴。她的助手劳伦·麦克劳德（Lauren MacCleod）和她不相上下，劳伦同样积极投入，富有魅力，在思考新的受众和社交媒体的潜力方面富有创新精神（我年纪大了，无法完全独自掌握这些内容）。

　　我还要感谢我的家人，他们给予我的不仅仅是爱和支持。我的母亲南希·福特（Nancy Ford）和姐姐罗宾·福特（Robin Ford）帮助我理清了某些细节，加深了我对父亲的记忆，也加深了父亲对我的深远影响。我的孩子科尔和艾拉，除了给我带来欢乐并让我保持乐观之外，他们还在玛琳拍摄的照片里一个坐着不动，一个拒绝坐着不动，提升了我在《时尚先生》杂志的评选中作为一个"真正的"男人的形象。最后，我要感谢我的妻子玛琳，她是现代女性兼顾家庭和事业的代表，她既是家庭成员的核心，也是律师行业中最高水平的执业律师，她对职业女性面临的多重且相互冲突的需求表示支持和关注，并对这些需求有着耐心的洞察，她还就商标法提出了宝贵的建议。顺便说一句，她穿着鲁布托高跟鞋的样子美极了。

图书在版编目(CIP)数据

创造历史的时尚法则: 着装规范/(美)理查德·
汤普森·福特(Richard Thompson Ford)著; 曾早垒,
赵蔚嵋, 李雪婷译. -- 重庆: 重庆大学出版社, 2023.7
(万花筒)
书名原文: Dress Codes: How the Laws of Fashion
Made History
ISBN 978-7-5689-3866-2

Ⅰ. ①创… Ⅱ. ①理… ②曾… ③赵… ④李… Ⅲ.
①服饰美学 Ⅳ. ①TS941.11

中国国家版本馆CIP数据核字(2023)第068216号

创造历史的时尚法则: 着装规范
CHUANGZAO LISHI DE SHISHANG FAZE: ZHUOZHUANG GUIFAN

[美] 理查德·汤普森·福特(Richard Thompson Ford)　　著
曾早垒　赵蔚嵋　李雪婷　译

责任编辑: 李佳熙　　书籍设计: M^ooo Design
责任校对: 邹　忌　　责任印制: 张　策

重庆大学出版社出版发行
出版人: 饶帮华
社址: (401331)重庆市沙坪坝区大学城西路21号
网址: http://www.cqup.com.cn
印刷: 天津图文方嘉印刷有限公司

开本: 880mm × 1230mm　1/32　印张: 11.5　字数: 370千
2023年7月第1版　2023年7月第1次印刷
ISBN 978-7-5689-3866-2　　定价: 69.00元

版贸核渝字（2021）第094号